装配式精密电子厂房施工关键技术与建造管理

王建刚　李向阳　张　清　王雪艳　梅　源　著

中国建筑工业出版社

图书在版编目（CIP）数据

装配式精密电子厂房施工关键技术与建造管理/王建刚等著．—北京：中国建筑工业出版社，2022.3（2025.1重印）

ISBN 978-7-112-27245-7

Ⅰ.①装… Ⅱ.①王… Ⅲ.①电子设备-厂房-装配式构件-工程施工 Ⅳ.①TU27②TN02

中国版本图书馆 CIP 数据核字（2022）第 052876 号

本书分为概述、技术篇和管理篇，内容包括预制装配式结构发展历史与趋势、电子工业厂房发展与政策导向、工程简介、装配式精密电子厂房结构设计、装配式精密电子厂房结构施工、效益分析、装配式精密电子厂房项目组织形式与基本管理制度、装配式精密电子厂房项目标准化管理要点、装配式精密电子厂房绿色施工理念与制度体系、装配式精密电子厂房项目信息化管理。可供从事工业厂房设计及施工人员选用。

责任编辑：王华月 杨 杰
责任校对：芦欣甜

装配式精密电子厂房施工关键技术与建造管理
王建刚 李向阳 张 清 王雪艳 梅 源 著
*
中国建筑工业出版社出版、发行（北京海淀三里河路 9 号）
各地新华书店、建筑书店经销
北京龙达新润科技有限公司制版
北京中科印刷有限公司印刷
*
开本：787 毫米×1092 毫米 1/16 印张：13 字数：318 千字
2022 年 6 月第一版 2025 年 1 月第二次印刷
定价：**85.00** 元
ISBN 978-7-112-27245-7
（39043）

版权所有 翻印必究
如有印装质量问题，可寄本社图书出版中心退换
（邮政编码 100037）

作者简介

王建刚，男，1977年12月生，正高级工程师，陕西建工第五建设集团有限公司副总经理，兼任精密电子厂房事业部和总承包事业部经理。注册一级建造师、注册监理工程师、注册造价工程师，长期在施工一线从事项目管理工作。近年来，作为主要完成人参与省部级项目1项、厅局级项目2项，完成企业课题3项，参编规范2部、教材1部，获准国家专利多项。获得省级科技进步奖2项、省级科技创新成果奖1项，多次被评为西安市和陕西省优秀项目经理。

李向阳，男，1976年11月生，高级工程师，西安市高层次人才（地方级领军人才），陕西建工第五建设集团有限公司党委副书记、总经理、技术中心主任，注册一级建造师。近年来，作为主要完成人参与省部级项目1项、厅局级项目1项，完成企业课题3项；获得省级科技进步奖2项。获“国家优质工程奖突出贡献者”“陕西省企业文化建设突出贡献人物”称号。

张清，女，1984年3月生，陕西建工第五建设集团有限公司精密电子厂房事业部技术部部长。注册一级建造师，高级工程师，长期从事施工一线技术管理工作。近年来，作为主要完成人参与省部级项目1项、厅局级项目1项，完成企业课题2项；获准国家专利多项。获得省级科技进步奖2项、省级科技创新成果奖1项。

王雪艳，女，1984年6月生，博士，西安工程大学副教授，主要从事土木工程建造与管理方向的教学和研究工作。近年来，主持省部级项目1项、厅局级项目1项，作为主要完成人参与厅局级项目3项，参编教材1部，在国内外高水平期刊或会议上发表论文10余篇。

梅源，男，1983年6月生，博士，西安建筑科技大学副教授，主要从事土木工程建造与管理方向的教学和研究工作。近年来，主持国家自然基金项目1项、省部级项目2项、厅局级项目3项，作为主要完成人参与国家自然基金项目1项、省部级科研项目5项、厅局级项目6项，完成企业横向课题20余项。出版专著2部，参编教材1部。在国内外高水平期刊或会议上发表论文20余篇，获准国家专利10余项。获得省部级科技进步一等奖1项，省高等学校科学技术一等奖1项，校科技进步奖2项、专利奖3项。

推广应用装配式建筑
提高新型工业化水平

吴涛

加快新型建造方式发展
推动建筑产业转型升级

吴涛

——中国建筑业协会原副会长　吴涛 题词

序

党的十八大以来，由于绿色环保理念的深入和新型建筑材料生产的多样化，党和国家着眼于全球化和发达国家的发展实践及我国新型城镇化建设的要求考虑，高度重视发展装配式建筑。2016年，国务院发布了《关于大力发展装配式建筑的指导意见》。2020年，住房和城乡建设部等八个部门《关于加快新型建筑工业化发展的若干意见》又强调提高城镇化建筑中的绿色建材应用比例，进一步提高了社会对装配式建筑的认知度，同时有力地推动了以装配式建筑为载体的新型建筑方式的创新发展，已成为现阶段建筑业贯彻新发展理念、构建高质量发展格局的必然要求和有效途径。

装配式建筑从建造模式上主要有三种，一是钢结构，二是木结构，三是目前推广应用较多的钢筋混凝土装配式（PC）建筑结构。预制装配式结构通过把房屋拆分成各种构件（柱、墙、梁、板、楼梯）后在工厂进行预制生产，再在现场通过必要的节点连接、局部现浇等方式将构件拼装成整体，基本上实现了建筑从现场施工向部件工厂化“制造”再到工程项目全寿命周期的绿色智能化建筑转变。

陕西建工第五建设集团有限公司建造的“三星（中国）半导体有限公司12英寸闪存芯片二期项目FAB生产厂房”是三星集团海外投资规模最大的工程项目，总投资70亿美元，装配率达80%，不但是三星集团海外投资历史上投资规模最大的项目，也是改革开放以来我国电子信息行业最大外商投资项目，是陕西乃至西部地区引进的最大外商投资高新技术项目。

该项目在建设时需面临许多挑战和难题，其生产产品的时效性强，使得整体工程的工期紧、任务重；涉及的构件种类多、施工过程比较复杂且缺乏可借鉴的施工经验；不同结构需交叉施工，安全管理难度大、施工周期长。钢结构合龙时的安装精度要求高、受外界因素影响大；精密电子厂房地面施工的平整度和耐磨度要求极高，难以控制混凝土地坪的施工精度；PC构件的“干式连接”问题也是项目的一大难题。但建设者不忘初心、不畏艰难、勇于探索，通过实践不断尝试和创新，集中攻坚打通“咽喉”，既创造了该工程具有更加节能、节材，应用新技术发展循环经济的优点和亮点，又彰显了装配式建筑建造标准化、一体化的特征，实现了预制装配式电子工业厂房建设的新突破，取得了良好的经济效益和社会效益。

本书对三星（中国）半导体有限公司12英寸闪存芯片二期项目FAB生产厂房项目建设过程中的结构体系与布置设计、结构空间力学性能、施工工艺创新、施工工序改进及项目管控等内容进行了系统总结，编写思路清晰，内容丰富全面，对同类预制装配式工业厂房建设具有理论研究、实践应用、创新发展的指导和参考价值。本书的出版必将推动预制装配式工业厂房建设，运用现代信息技术与工程管理的深化融合，促进数字建造理论研究和建筑产业变革，实现中国建造由“高速发展”向“高质量发展”的重要转变。

——中国建筑业协会原副会长　吴涛

前言

预制装配式建筑具有节能环保、资源利用率高、施工速度快以及施工质量稳定等优点，此外，因其能够很好地满足现代建筑对高结构、大空间、高强度的要求，在仓库、大型公共建筑、超高层和高精度电子工业厂房等建设中颇受青睐。国内外学者做了很多关于装配式建筑的节点构造、抗震性能、装配式构件施工方法等问题的研究工作，但对于预制装配式精密电子厂房施工关键技术的研究却很少。因此，为满足在精密电子厂房中加工生产高精密电子元件时厂房恒温、恒湿、恒压以及微振动的生产环境，研究预制装配式精密电子厂房的结构设计与施工关键技术具有重要的理论意义和应用价值。

本课题研究得到了陕西省住房和城乡建设厅 2018 年度建设科技计划项目“大型装配式工业厂房关键技术研究”的资助。采用调查研究、理论分析、数值分析、BIM 可视化虚拟仿真等多种手段，依托三星（中国）半导体有限公司 12 英寸闪存芯片二期项目 FAB 生产厂房项目，研究预制装配式精密电子厂房建设过程中，结构体系与布置设计、结构空间力学性能、施工工艺创新、施工工序改进等内容。深入分析了该精密电子厂房结构体系的节点传力性能以及抗震性能，论证了其可靠性与安全性，为类似工程的结构设计优化提供了理论依据。创新性地提出了装配式电子工业厂房建设过程中的现浇混凝土柱半装配化技术、预制构件加工及安装技术、混凝土超平地坪免切缝技术等，施工效果好，具有良好的应用前景。本书研究成果，对于预制装配式精密电子厂房的建设具有非常重要的理论和现实意义。

本书是由陕西建工第五建设集团有限公司科技研究开发计划项目“大型装配式工业厂房关键技术研究”的课题研究报告及其论文、专利和工法成果，以及工程施工过程中产生的技术资料系统总结而成。本书由陕西建工第五建设集团有限公司（主要执笔人：王建刚、李向阳、张清，约 16.5 万字）、西安工程大学（主要执笔人：王雪艳，约 10.3 万字）及西安建筑科技大学（主要执笔人：梅源，约 5 万字）共同执笔撰写，西安建筑科技大学硕士研究生肖男、张钰杭参与了部分章节的编写工作。

本书的撰写是在众多领导、专家的悉心指导及大力帮助下进行的，在课题开展的过程中针对本课题提出了许多宝贵的意见。诸位领导、专家严谨的工作态度和敬业精神将使课题组及全体项目部成员受益终身。

本书全体作者诚挚地感谢陕西建工第五建设集团有限公司以及工程其他参与单位领导同志的关心和指导，在此特向各位领导、专家表达无尽的谢意！同时，诚挚地感谢项目参建各方对本课题素材的提供！

由于本书内容较多，研究过程比较复杂，许多帮助过课题组的专家姓名难免有遗漏，在此表示歉意和由衷的谢意！

目 录

概　述

第1章　预制装配式结构发展历史与趋势

1.1　预制装配式结构体系介绍

1.1.1　预制装配式结构体系概念与分类

预制装配式建筑是一种新的建筑形式，它是把传统建造方式中的大量现场作业转移到工厂进行，在工厂制作好建筑用构件和配件（如楼板、墙体、楼梯、阳台、预制梁、预制柱等），运用多种方式的拼接组合，将各预制构件通过可靠的连接件装配而成的建筑形式。

按照建筑主体结构进行分类，我国主要采用装配式混凝土结构体系、钢结构体系和木结构体系这三种结构[1]。20世纪五六十年代是住宅工业化的起步时期，自此之后，我国逐渐构建了工业化的建筑生产体系。经过数十年的发展，装配式建筑作为住房工业化的主要形式，大大提高了住房的质量和性能。各类建筑资源的有效循环利用促进了装配式混凝土结构的快速发展，并逐渐成为装配式建筑的主流形式。在2014年正式颁布施行的《装配式混凝土结构技术规程》JGJ 1—2014，标志着我国近年来在装配式混凝土结构领域进入了新的发展阶段，也推动了装配式混凝土结构技术的不断进步。装配式混凝土建筑结构中的主要结构体系包括装配式混凝土框架结构、装配式混凝土框架—现浇剪力墙结构和装配式混凝土剪力墙结构等类型，承重体系包括“骨架式”“骨架式+(现浇）板式”和“板式”等承重形式。其中，装配式混凝土剪力墙结构是近几年来在我国应用最多、发展最快的装配式混凝土结构技术。除以上几种装配式混凝土通用结构体系外，在工程应用实践中，还在此基础上发展出了多种针对性的特殊结构体系。

相较于预制装配式混凝土结构体系，在装配式结构中占比次之的是钢结构体系[2]。装配式钢结构建筑主要由主体结构、围护结构、楼（屋）盖结构、装修装饰结构等部分组成。其结构体系主要包括钢框架结构体系、钢框架—支撑结构体系、钢框架—延性墙板结构体系、空间网格结构体系、筒体结构体系、巨型结构体系、平面桁架结构体系、交错桁架结构体系、门式刚架结构体系、预应力钢结构体系、低层冷弯薄壁型钢结构体系等类型。除此之外，还包括钢管束混凝土剪力墙结构体系、方钢管组合异形柱结构体系、约束混凝土柱组合梁框架—钢支撑结构体系、自复位装配式钢结构体系等复合钢结构体系。目前，装配式钢结构建筑大量应用于民用建筑及厂房建筑中，占据着举足轻重的地位。与传统的钢筋混凝土结构相比，钢结构具有强度大、自重轻、抗震性能优良、施工快捷、能够实现批量化生产等优点，特别适用于建造超高、超重型及大跨度的建筑物。对于相同建筑面积的楼层，钢结构的重量比传统建筑轻约 30%。钢结构建筑体系也符合环保、绿色、节能和可持续发展的方向，随着装配式钢结构行业规范、标准的不断完善，装配式钢结构体系必然会给建筑行业带来一场深层次的革命。

木结构作为中国几千年建筑历史上最重要的建筑形式，具有良好的装配式应用底蕴[3]。但自 1960 年，新建木结构建筑在我国占比逐年降低。木结构体系在环保性能、节能保温性能、抗震性能等方面有巨大优势，且木结构建筑大量构件能够通过工厂预制成型，工地现场安装，结构件和连接件的生产和施工可以在全年任何气候条件下进行，减少了施工所需的劳动力，降低了操作强度，节省了劳动成本。我国装配式木结构也具有较好的应用前景，随着近年来我国装配式木结构建筑规范体系的完善，现代木结构建筑水平飞速提高，通过木框架构件整体预制能有效提高木结构的工业化水平，装配式木结构具有很大的发展空间。

1.1.2 预制装配式结构的特点

经过多年的探索实践，相对于传统现浇建筑结构，装配式建筑展现出了较为优越的建设优势。能够对工程建设效率、质量进行有效的提升，最大限度降低工程施工安全隐患以及质量问题的发生概率，保证工程在规定时间内完成建设，具有较好的应用价值。

(1) 提高建筑工程的质量

装配式建筑将施工地点从工地转移到工厂，因此这类建筑的上、下部结构可以同时施工，且上部构件预制不受气候影响，故可以在很大程度上加快施工进度，缩短施工周期。预制构件装配建筑减少了人工的参与以及劳动的强度，保证了建筑的整体质量。

(2) 提高资源利用率

由于预制装配式建筑的主要或全部构件是在室内生产加工的，因此可以尽可能地减少现场施工作业，进而减少施工现场模板、劳动力等的投入。比起传统建筑的现浇作业，装配的过程更加精细、严谨，所产生的浪费、污染更小，贯彻落实了国家的可持续发展战略。该类建筑长期经济效益较好。

(3) 缩短工期，提高劳动效率

预制件的生产和工程组装现场可以在不同的地方，建造、装修和基础设施可以建立起一条龙服务，快速流水施工完成，相比于传统的房屋建造，工期能够明显缩短，并减少现场施工维护管理工作。

(4) 降低工程事故的发生率

前期构件在工厂进行预制，再到现场安装，使得现场的施工人员较少，建造的过程操作简单。与传统建筑建造过程相比，少了砌墙、粉刷、浇筑等程序，施工难度大幅降低，事故的发生概率也就大幅降低，保证了施工人员的人身安全，减少了工程建设因为安全防护而造成的成本支出。

(5) 简化建设流程

在预制构件的制造过程中，每道工序都严格按照设计图纸进行加工制造，施工人员只需将质量验收合格的建筑材料、构件根据施工图加以拼接即可，不再像传统建筑那样需要进行大规模的设计、施工对接，以及现场各工序的协调组织工作。这使得建造房屋的流程大大简化，交接工作更为方便简捷，各项工作之间的衔接更为紧密，避免了现浇结构中常见的变更、返工问题。

1.2 预制装配式结构的发展历史

第二次世界大战后，由于欧洲大陆的建筑普遍受到战争的破坏，原有住房结构遭受重创，无法为人们提供正常的居所，同时劳动力资源也十分匮乏，因此急需一种建设速度快且劳动力占用较少的建造方式才能满足人们对住宅的大量需求。面对如此问题，欧洲逐渐形成了工业化的装配式建造方式，并建立了标准、完整的装配式建筑体系。

德国最早开发出的装配式建筑形式为预制混凝土板式结构[4]。该结构第一次应用于1926～1930 年间在柏林利希藤伯格-弗里德希菲尔德（Berlin-Lichtenberg，Friedrichifelde）建造的战争伤员住宅区。这些大板建筑为解决住宅紧缺问题以及人民的生活需求提供了保障。近年来，德国的装配式建筑发展迅速，并逐步开发出了许多不同类型的建筑结构体系。公共建筑、商业建筑、集合住宅项目等根据各自的特点可以选择不同的建造体系，寻求建筑安全、适用、耐久、经济的综合平衡。法国也是世界上最早推行建筑工业化的国家之一，主要开发应用了装配式预应力混凝土框架结构体系，该结构的装配率可达 80%以上。20 世纪 70 年代，法国又对建筑构件模数化进行了研究，并以此为基础逐步形成了系统化和多样性的装配式建筑。而英国装配式建筑发展可以追溯到第一次世界大战时期世界上首座采用玻璃和铁架进行装配的大型建筑——英国水晶宫。它是近代最早的装配式建筑，开创了近代功能型装配式建筑的先河[5]。到了 21 世纪初期，英国装配式建筑行业的产值已经占有了新建建筑市场的一定份额，并以较快的速度持续增长着。美国的装配式建筑起源于 20 世纪 30 年代[6]，由于金融风暴的影响，许多人被迫不断地迁移住所，在此期间产生了一种新的住宅形式——房车，这种便携式的住宅形式也是美国装配式建筑的前身。之后随着时代的发展，美国装配式住宅于 20 世纪 70 年代开始盛行，该时期美国国会通过了国家工业化住宅建造及安全法案，并于同一时期出台了一系列严格的行业规范标准，一直沿用至今。美国的装配式住宅十分注重外形、舒适性及个性化，因此对选用建筑材料的研究十分深入。据美国工业化住宅协会统计，在 21 世纪初，美国的装配式住宅占到美国住宅总量的 7%。日本装配式建筑发展相对较快[7]，其在第二次世界大战结束后颁布了一系列相关的法律规范，1951 年颁布了《公营住宅法》。1969 年，日本政府制定了《推动住宅产业标准五年计划》，20 世纪 70 年代，又建立了 BL 认定制度，对住宅构件的外观、安全性、耐久性、价格等方面进行综合评定。随后发布了《住宅建设计划法》《基本居住生活法》《日本住宅品质确保促进法》等关于住宅方面的法规。20 世纪 90 年代以后，日本已不存在以传统建筑方式新建老式房屋。现阶段，日本装配式建筑工程的主体高度通常能达到两百米以上。新加坡是世界上公认的住宅问题解决较好的国家，其住宅建造对建筑工业化技术的运用十分成熟。根据调查，新加坡自 20 世纪 70 年代开始采用装配式建造方式，80 年代将装配式引入住宅领域，到了 20 世纪 90 年代，政府强制要求在福利性组屋等项目中使用预制部件，由政府主导推动装配式建筑的普及。例如，新加坡政府成立建筑生产力工作小组，推广预制构件的使用，要求外墙预制化，并鼓励研发装配式建筑结构。到21世纪初，在许多国家，装配式建筑作为住宅产业化的建筑生产方式，已经广泛用于各建筑领域，发挥着不可替代的作用。

我国装配式建筑始于20世纪50年代[8]，这一时期，通过学习外国装配式建筑的经验，在国内推行建筑行业的标准化、工业化和机械化，全面宣传预制装配式建筑，发展出了像装配式多层框架建筑体系、装配式单层工业厂房建筑体系等多种装配式建筑体系。经过二十多年的发展，到20世纪七八十年代，国民经济得到发展，人口数量增加，很多厂家、建筑专业人士大量生产、研究装配式建筑，促使装配式建筑的发展达到顶峰，这个时期是我国装配式建筑的辉煌时期，装配式混凝土建筑和采用预制空心楼板的砌体建筑的应用普及率最高。但在20世纪90年代，由于建筑技术的不成熟、预制构件制作技术和拼装技术不够专业，已经研究出来的装配式建筑出现了大量的问题。比如产品长时间受载下会出现裂缝、连接处不严密、雨天漏水等一系列问题。最为严重的问题就是在设计方面，由于装配式建筑结构的设计与传统现浇混凝土结构的设计在本质上存在着明显的差别，对设计的要求更严格更精确，但是当时的设计人员对装配式建筑的重视度不高，从而导致各个配件设计的深度不达标、设计图不详细，许多装配式建筑的设计深度无法达到质量要求。这些原因直接限制了装配式建筑在当时的推广应用。之后由于水泥与钢材的充分利用，使得预制混凝土结构和预制钢结构得到极大的发展，政府也出台了一系列规范，如行业标准《装配式混凝土结构技术规程》JGJ 1—2014、《预制预应力混凝土装配整体式框架结构技术规程》JGJ 224—2010、《住宅轻钢装配式构件》JG/T 182—2008、《住宅整体卫浴间》JG/T 183—2011、《住宅整体厨房》JGJ/T 184—2006，国家及地方标准《建筑物的性能标准——预制混凝土楼板的性能试验——在集中荷载下的工况》GB/T 24497—2009、《装配整体式混凝土结构技术规程（暂行）》DBJ 61/T 87—2014等。2016年，由国务院下发并实施的《国务院办公厅关于大力发展装配式建筑的指导意见》，明确规定“大力发展装配式混凝土建筑和钢结构建筑，在具备条件的地方倡导发展现代装配式木结构建筑，不断提高装配式结构在新建建筑中的比例”。在国家的大力扶持下，国内装配式建筑的技术规范和标准也相应展开了更新深化。2016年，住房和城乡建设部及中国建筑标准设计研究院牵头编制了《装配式混凝土建筑技术标准》GB/T 51231—2016与《装配式钢结构建筑技术标准》GB/T 51232—2016两本国家标准。目前，我国政府部门加大了对装配式建筑工艺的宣传力度，同时有关部门制定了相关的政策进行鼓励以及扶持，对于装配式企业来说这是一大促进。装配式建筑工艺也受到政府部门的带动，例如政府部门扶持的保障性住房，通过该项目与装配式建造工艺的结合，可以在促进建筑行业发展的同时，也促进我国经济的腾飞和人民生活质量水平的提高。我国装配式建筑已经进入飞速发展时期，在政策的引导下全国各大城市装配式建筑如雨后春笋般出现，国内预制装配式建筑高度在100m以内的安装技术已经处于国际领先水平。

1.3 预制装配式结构发展趋势

1.3.1 预制装配式结构研究现状

尽管装配式建筑具备特有的天然优势，但其缺点也十分突出，主要在于连接可靠性和结构整体性问题。如何保障预制构件之间连接的性能和结构整体的性能已成为国内外学者和工程技术人员研究和探索的关键及热点问题。

在连接节点构造研究方面，从预制装配式结构产生以来，节点连接问题是制约它发展的关键因素之一，预制装配式房屋的主要问题是整体性能能否满足抗震的需要。早在20世纪就有学者对钢筋混凝土结构的连接节点进行了系统研究，得出一些重要的结论[9-11]。B. Z. YAO等对两类节点进行了不同荷载作用下的试验研究，结果表明：现浇节点的抗弯强度、延性不如预制构件连接节点。Restrepo等对后浇整体式预制混凝土框架节点进行了反复加载试验研究，结果表明，试件受力性能受节点连接形式影响不大，且试件在强度耗能等性能方面与现浇结构相比所差无几。吴从晓对预制装配式混凝土梁柱节点进行了低周反复荷载作用下的性能试验研究，结果表明不同的轴压比和后浇区材料对构件的初始刚度几乎没有影响，而后浇区的长度可以显著影响构件的初始刚度和承载力。Englekirk等设计了一种装配式的延性节点：在预制柱内预埋延性连杆，梁通过高强度螺栓与延性连杆连接，形成延性连接系统。该节点能有效满足结构整体抗震性能的要求。从国内外学者对节点连接的研究来看，预制装配式结构的静力性能、抗震性能与连接节点的选择、设计有着重要关系，只要采用恰当的节点连接方式，并进行合理的选型设计，预制装配式结构也能够实现与现浇结构相同的建筑质量要求，甚至通过装配式连接节点的创新研究，能够取得比现浇结构更为优越的结构性能，这也为目前国家大力发展装配式房屋提供了理论依据。

在装配式建筑抗震性能研究方面，由于装配式结构体系的整体性和稳定性受节点的连接方式和可靠性影响较大，其在地震区的应用也受到了一定限制。为提高装配式结构的适用范围，近年来，国内外通过试验分析针对装配式结构的连接节点、承重结构展开了抗震性能研究[12-14]。对于装配式结构的连接节点，Ertas等研究了用于高地震区的四种延性抗弯预制混凝土框架节点和一种整体式混凝土节点，连接方式分别为现浇、焊接以及螺栓连接，结果表明螺栓连接更加适合高地震区。Cheok等通过试验研究了预应力连接节点的抗震性能，结果表明后张预应力节点可用于高地震区的装配式结构，预制梁柱间的摩擦力能抵抗梁的剪力，而不需增设剪切键。从连接强度和延性的角度看，该连接方式甚至优于现浇节点。J. F. Rave-Arango等提出一种在柱端连接钢筋的梁柱节点，经过抗震性能试验分析，结果表明该节点与现浇节点的抗震性能基本相同。郭震等提出一种基于局部型钢与混凝土组合结构形式的插接装配式混凝土梁柱节点，该新型节点在保证梁内型钢与周边混凝土可靠粘结的情况下具有良好的抗震性能。综合目前的研究成果可知，通过合理选用节点连接形式，并不断改进装配式节点的抗震性能，能够使装配式结构具有与现浇结构相同的抗震性能。但目前针对超高层、大框架、强荷载的装配式节点抗震性能研究还较少。针对装配式结构的整体抗震性能，我国在2006年8月针对万科住宅产业化研究基地中的1～5号预制装配式混凝土结构实验楼，进行了抗震性能试验研究，结果表明，在强度、刚度等方面能够达到与现浇结构相同的设计要求。加州大学圣地亚哥分校的Charles Lee Powell结构试验室，进行了5层预制混凝土结构体系在强震作用下的抗震性能试验，试验中剪力墙与框架整体均表现出了良好的延性。整体结构体系仅在层间位移大于3%时才出现轻微破坏，由此可以说明在高烈度地震区采用预制混凝土框架、剪力墙结构体系也能满足使用要求，ELSA实验室进行了预制混凝土框架拟动力试验，预制混凝土框架结构梁柱节点采用螺栓连接节点，部分节点在梁柱间加入了橡胶垫。表明这类装配式混凝土框架结构具有较好的抗震性能，最大层间位移可达到8%。由于橡胶垫变形能力较大，加入橡胶垫的节点在抗震试验后仍完整牢固。总之，目前的研究成果表明，对预制装配式结构要求在整体抗震性能上达到现浇结构的效果，需要通过对预制节点的改造和深化设计达到抗震要求，进一步则需要在预制装配式结构中布置各类减震隔震装置达到更好的抗震效果。

在装配式建筑的施工技术研究方面，在国内外装配式结构的建设过程中发展出了许多新的施工工艺和连接技术，大大促进了装配式结构的应用与优化。装配式结构的现场施工主要包括节点的连接、构件的吊装等工序。其中，重点仍在于节点连接的设计和处理。为提高施工质量，国内外发展出了一些较为典型的连接技术[15-17]。佩克公司和哈芬公司推出一种新型柱脚螺栓连接装置，该装置预埋在预制混凝土柱中，采用配套螺母与预埋在基础中的锚固螺栓进行连接，最后可用灌浆材料填满柱体底部和残留凹坑，对螺栓进行防护。张家昌、马从权、刘文山对装配式混凝土构造预制柱套筒注浆施工工艺进行了试验探究，确定使用密封材料可以承受1.0MPa注浆压力，注浆压力达到1.0MPa，能够有效提高灌浆的密闭性。张艳霞等提出了一种整体芯筒式全螺栓连接方式，并对螺栓拉力、柱脚应变等力学性能进行了现场监测，证实了其设计方法的可行性。程蓓等针对装配式混凝土结构梁—柱节点提出了新型连接方式，采用螺栓和预制梁—柱节点以及预制梁中预埋钢构件连接在一起，这种新的节点形式具有良好的耗能能力，且施工更为快捷。刘付均等提出了一种免支模装配一体化钢筋混凝土结构体系用于解决装配式结构中存在的连接整体性及安全性等问题。张爱林等提出了一种装配式梁柱—柱法兰连接节点，能够有效控制梁端的塑性铰位置，进而保证梁柱等构件弹性阶段的工作。刘菲菲等提出了一种预制装配式混凝土新型梁中连接节点，通过与现浇混凝土结构节点进行对比，发现梁中不同节点形式均可满足抗震需要。近年来装配式结构连接技术的飞速发展离不开装配式建筑的广泛应用，随着越来越多经济可靠的施工工艺发展形成，也会反过来促进装配式建筑的推广与进步。

1.3.2 预制装配式结构政策导向

新型建筑工业化是我国未来建筑业发展的重中之重。发展新型建筑工业化可以促进建筑业的节能减排，实现社会的可持续发展。而装配式建筑结构作为建筑工业化的主要研究和应用形式，受到了国家的大力支持和积极推进。为实现我国建筑行业的深化改革，逐渐淘汰落后的建筑形式，我国已经发布了多项政策、法规以及规范标准。国务院早在1999年发布的《关于推进住宅产业现代化提高住宅质量的若干意见》中就明确提出了建立住宅部品工业化与标准化生产体系并逐步形成住宅建筑体系的要求，同时也对降低建筑能耗、完善住宅建设相关标准、发展通用部品等发展方向给出了明确指示。从此，装配式建筑在我国逐渐进入了平稳的推广应用时期。直到2010年开始进入快速全面发展期。尤其是2015年之后，保障性住房、深化供给侧改革等政策方针的提出，促进了中央与各地方政府进一步加大对装配式建筑的政策扶持力度，关于装配式建筑的政策更加清晰、密集、具体。

2016年2月，国务院下发了《关于进一步加强城市规划建设管理工作的若干意见》，力争10年左右使装配式建筑占新建建筑的比重达30%。同年3月，李克强总理在政府工作报告中强调，要大力发展钢结构和装配式建筑。同年9月，国务院办公厅发布《国务院办公厅关于大力发展装配式建筑的指导意见》，标志着装配式建筑的推行正式上升到国家战略层面。在顶层框架的规划指引下，自2016年年底以后，住房和城乡建设部及国务院出台多项政策协同推进装配式建筑：一方面，继续完善健全装配式建筑的配套技术规范、标准；另一方面，针对相关行业、部门落实装配式建筑发展制定了详细的要求，提出了争取打造50个以上的装配式建筑示范城市以及500个以上装配式建筑示范工程的目标。

2017年1月，住房和城乡建设部发布了国家标准《装配式混凝土建筑技术标准》GB/T 51231—2016、《装配式钢结构建筑技术标准》GB/T 51232—2016、《装配式木结构建筑技术标准》GB/T 51233—2016，为装配式结构的建造应用提供了全新的技术指导和质量标准。同年2月，《国务院办公厅关于促进建筑业持续健康发展的意见》指出，要继续大力发展装配式混凝土和钢结构建筑。同年3月，住房和城乡建设部一次性印发了《“十三五”装配式建筑行动方案》《装配式建筑示范城市管理办法》《装配式建筑产业基地管理办法》三大文件，文件中明确提出：2020年前全国装配式建筑占新建比例达15%以上，其中重点推进地区占20%以上。从2017年6月1日起，三大技术标准开始正式实施，使装配式有法可依、有迹可循。同时，从新增人口及住房需求考虑，从2017年起的未来4年内，装配式市场空间高达1.3万亿元，市场空间广阔。2017年9月，住房和城乡建设部印发《2017年国家建筑标准设计编制工作计划的通知》。在该计划中，《装配式混凝土结构施工图平面表示方法制图规则和构造详图》《装配式桥梁设计与施工》的编制工作格外引人注目，两项工作均要求在2020年6月完成。截至2021年年底，已编制完成并顺利出台了《装配式桥梁设计与施工——公共构造》，为装配式建筑施工提供了进一步指导。继《装配式混凝土建筑技术标准》GB/T 51231—2016等多项国家标准出台后，再次将多项装配式相关标准列入计划。2017年12月，住房和城乡建设部提出以“一体两翼，两大支撑”的工作思路推动装配式建筑产业发展，即以成熟可靠适用的装配式建筑技术标准体系为“一体”，发展设计、采购、施工一体化（EPC）工程总承包模式和BIM信息化技术为“两翼”，创新体制机制管理和促进产业发展为“支撑”。

2018年1月，住房和城乡建设部颁布了国家标准《装配式建筑评价标准》GB/T 51129—2017，自2018年2月1日起实施，该标准采用装配率评价建筑的装配化程度，为装配式建筑行业的质量评价提供了可靠依据。2018年3月，住房和城乡建设部开始大力推进建筑信息模型（BIM）技术在装配式建筑中的全过程应用，推进建筑绿色节能与工程管理制度的创新研究，鼓励进行既有建筑的装配式装修改造。重点指出了工程建设与技术深度支持、管理制度革新相结合的研究思路。

住房和城乡建设部又在2019年6月与11月，分别发布了关于行业标准《装配式钢结构住宅建筑技术标准》JGJ/T 469—2019与《装配式住宅建筑检测技术标准》JGJ/T 485—2019的公告，将两部标准均批准为行业标准，由此进一步完善了装配式建筑的技术理论支撑体系。2019年7月，住房和城乡建设部又发布了《装配式混凝土建筑技术体系发展指南（居住建筑）》，进一步推动装配式建筑产业化。随后在2019年12月23日，全国住房和城乡建设工作会议在北京召开，会议中提到大力推进钢结构装配式住宅建设试点。西安在2019年发布的《关于2019年装配式建筑工作推进情况的通报》中也对装配式建筑的发展提出了重点要求：2020年招拍挂土地中要有不低于30%的土地，明确出让条件为采用装配式建筑技术建设，以后每年度增长不低于5%。2020年装配式建筑占新建建筑比例重点推进区域要达到100%，积极推进区域不低于50%，鼓励推进区域不低于30%，装配率均不低于20%。新建保障性住房项目、城改拆迁安置房项目和政府性资金投资项目、国有企业全额投资的房建工程、农村新型墙体材料示范项目应全部采用装配式且装配率不低于30%。通过详细的规划布局，有力促进了西安市装配式建筑的发展建设。

在国家和地方政策的大力推动下，截至2020年，住房和城乡建设部已公布首批195处装配式建筑产业基地和30个装配式建筑示范城市，根据2019年年末下发的组织申报第二批装配式建筑示范城市和产业基地的通知，相信很快装配式建筑的发展会迅速向国内更大范围推进。但装配式结构体系目前依然存在不少的问题，其应用范围仍存在一定的局限性。从长远的眼光来看，为提高装配式建筑的推广与应用，建筑业需要努力形成技术创新的氛围和机制，积极提升装配式建筑的结构性能，改变传统的思维模式，全力促进装配式建筑成为现代建筑行业的发展主流，不断为人们谋求更加健康、环保、安全的居住环境。

第2章　电子工业厂房发展与政策导向

2.1　电子工业厂房类建筑介绍

2.1.1　电子工业厂房概念

电子信息制造业作为研发和生产电子设备及各种电子元器件、仪器、仪表的工业，是我国一个新兴的热门行业，随着我国经济的腾飞，其发展十分迅速[18,19]。而精密电子工业厂房作为电子信息制造业的主要生产建筑，其应用范围涉及广泛，如广播电视设备、雷达设备、通信导航设备、电子计算机或其他电子专用设备等均可在该类厂房进行生产。

电子工业厂房为满足电子信息元器件的制造工艺和生产要求，需要在考虑厂区几何形状、厂址气候条件、地形地貌等因素后进行合理的功能分区。一般按照其内部功能需求主要包括：原材料库区、核心生产区、动力支持区、成品库区、辅助用房区等建筑分区，根据不同电子工业厂房生产的产品类型不同，其具体设置也有所不同。其中，原材料库区主要负责电子元器件、电路板、线材等各类外购元器件的存放；核心生产区主要进行电子产品的加工制造，同时由于电子工业厂房内大多生产的是高精尖电子产品，因此生产区都有着较高的洁净等级标准，针对不同生产区域的洁净等级需要采取相应的设计工艺；动力支持区则主要向厂房提供电力、水力等各方面的动力支持，包括配电室、空调机房、废水处理房等功能房；成品库区一般储存包装成型的产品，提供洁净、干燥的存放空间；辅助用房区则作为非生产功能区对前面各分区进行补充与支持。各分区相辅相成、互相连通，形成统一的整体。

2.1.2　电子工业厂房特点

随着电子工业的蓬勃发展，电子工业厂房的建设也逐渐广泛起来。各种电子工业厂房的建设发展极大地满足了电子工业生产对精密性、安全性、洁净度等标准的严格需求，同时通过厂房标准化与集成化的生产方式可以有效避免电子工业快速更新换代造成的大量资金投入问题，极大地提升了电子工业生产效率。其主要特点如下：

(1) 功能分区集约性

高科技精密电子工业厂房生产的产品多为芯片、硬盘等微小精密的元件，虽然对生产场地面积上要求不高，但功能分区一般会更为精细。因此，电子工业厂房内各个生产环节之间以及不同功能分区之间往往有着紧密的联系。为了提高经济效益、降低运输成本，通常许多电子工业厂房在设计时将多种功能集约在同一栋厂房中，同一生产区中能完成一种产品全部的加工工序，基本涵盖从原材料的储存到加工再到装配、测试直至成品暂存的全过程。

(2) 生产设备密集性

由于电子产品的生产具有高度的专业性，因此对其生产区域与设备也提出了更高的要求。一方面，随着科学技术的发展，我国的装配制造水平得到迅猛提升，电子产品生产设备向更加智能化、自动化和集约化迈进，众多生产车间实现了流水作业。另一方面，生产设备功能的不断集成，促使着设备尺寸及占地面积不断减小，逐步形成了应用多种高效自动化设备，并与功能分区集约型相适应的密集性生产模式。而生产芯片、硬盘等高精度电子产品的高科技精密电子工业厂房，更是设备密集型厂房的代表。

(3) 防火及疏散等级高

建筑防火是厂房设计的重要指标之一，电子工业厂房大多生产工序繁杂，生产厂房内通常存在较多易燃物，如电子产品的线材、包装材料等，甚至局部含有易爆的化学品，这就对防火提出了更加严格的要求。在设计过程中电子工业厂房生产类别较多地被定为丙类，厂房整体的火灾危险性高，因此厂房建筑物的防火等级也较高。此外，在一体化生产的电子工业厂房内，通常电子工业厂房内部空间连通密集、布置复杂，柱距间隔较大，由于分区要求导致厂房空间内部分隔较多，各分区都有不同类型的设备布置，在进行人员疏散时障碍物较多，疏散时间会有所延长。这就要求在厂房设计时充分综合考虑厂房的内部特征，更加精准合理地计算疏散口大小、疏散时间等参数，明确疏散方向、安全标识、安全通道位置等设计重点，一般宜设置环形消防通道，条件不允许时，应在两长边侧设置消防通道。

(4) 内部环境要求标准较高

工业厂房设计应严格贯彻落实国家相关政策规定，满足技术先进、经济合理、安全适用、保质保量，符合资源节约和环境友好的要求。而电子芯片等各类产品集成精密，这就强调了它的生产环境应该具有同等的高洁净标准。如建设半导体12英寸芯片生产厂房，洁净度、平整度与噪声控制要求都极高，同时还应考虑设备的排风、厂房内的通风换气以及去离子水、各种气体的输送，废水排放、处理等。车间需要采取一系列的洁净措施，设置严格的空间分区，对不同洁净等级的区域进行分隔，避免交叉污染，影响使用。

2.2 电子工业厂房发展历史

信息技术的蓬勃发展催生了电子工业这一重要时代产物，作为其生产载体的电子工业厂房也拥有丰富的发展历史。本节对我国电子工业建筑的发展状况进行简单介绍[20,21]。

电子工业建筑在我国的发展经过了几个典型阶段，最早可追溯到20世纪20年代。1929年10月，在南京建立的“电信机械修造总厂”，主要生产军用无线电收发报机，后又组建了“中央无线电器材有限公司”“南京雷达研究所”等电子设备研究生产单位，这些电子工业建筑支撑起了我国早期电子工业的发展，同时也是我国近代电子工业建筑的重要代表。在中华人民共和国成立之后，党中央十分重视电子工业的发展。1950年10月，国务院在重工业部设立了电信工业局，开始重点发展电子产品制造业。

20世纪五六十年代，刚刚经历过战火洗礼的中华人民共和国百废待兴，在计划经济政策指引下，全面开展了经济建设。与其他各类工业发展相类似，电子工业也经历了由起步到初步奠定产业基础的过程，逐步建立起一批电真空及半导体元器件厂、整机厂、通信设备厂和雷达厂。由于没有太多建设经验可以借鉴，受经济条件、建筑材料和施工水平的多重限制，早期的工业建筑主要强调以满足生产为原则，建设一个经济实用的生产空间，建筑色彩、艺术形象等方面未被设计者重点考虑，这种电子工业建筑风格在其发展史中曾长期占据主导地位。

苏联的建设模式对这一时期电子工业建筑的设计理念、设计方法产生了不可磨灭的影响，在总体规划、建筑构思上遵循“社会主义现实主义”创作原则，普遍设计有一个开阔宽敞的厂前区广场，建筑面积较大，多采用对称布局，整体气势宏伟。建筑单体力求表现中国传统风格，注意细部构造和比例推敲。这个时期创造了一批构图严谨、经济实用的工业建筑，成为我国电子工业建筑早期典型的标杆。

1963年，国家决定成立第四机械工业部，专属国防工业序列。这标志着中国的电子工业成了独立的工业部门。在60～70年代电子工业建筑的发展历程中，有一个三线建设时期。这一时期，在内地、山区建成大批电子工业建筑，由于使用大量地方特有的建筑材料，同时强调施工的简便、快速，在环保、运输和布局上缺少科学性，建筑质量和建筑形象上都存在着一些不足之处。这一时期的电子工业建筑外部主要采用清水砖墙或局部水泥砂浆、水磨石饰面，空间布局开阔、强调对称工整，整体风格较为单一、沉闷，艺术处理与生态设计较为粗糙，平面设计与功能布置都较为呆板、传统。结构上大量采用装配式预制梁、板、柱构件，主要保证内部空间宽大与采光良好。

70年代后期，我国开始大力推行各行各业的改革开放，以交流融合、开放发展的姿态融入国内外高科技创新的浪潮中，自此，我国的电子工业步入高速发展时期。这一时期，我国大量引入国外先进科学技术，经济和社会生活发生了翻天覆地的大变化，各种电子信息技术与繁杂的电子产品大量应用在生产生活的方方面面，成为人们科研、工作、生活不可或缺的组成。这也促使我国电子工业建筑的建造技术快速发展，国内的电子工业建筑设计发生了翻天覆地的变化，引进了许多新材料、新技术、新工艺以及先进的设计理念，产生了一大批具有创新性的电子工业建筑。这一时期电子工业建筑的设计特点变化巨大，外部环境设计方面，开始重视生态建设，增大了绿化面积，提高了建筑安全与舒适性的设计水平，也更好地改善了工业建筑与市政环境的协调性。内部空间布局方面，电子工业建筑发展出了多种空间组合形式，建成了许多大面积、大跨度的多功能复合式的装配厂房，动力系统集中组合在同一幢厂房内的综合动力厂房以及大量采用轻钢结构及压型钢板墙体、楼屋面的多层工业厂房。

早在80年代初期，新产品生产线成套设备的引进及其研发，便推进着我国电子工业的迅猛发展。大量新型电子工业建筑拔地而起，它们不仅能生产IC（大规模集成电路）、CD、AV、TV、CPU等产品和其相关联的生产设备，也沉淀出许多重大研究成果、新的技术资料和各种设计信息。为应对复杂多样的市场环境需要，我国开始努力扩展研究、开发和生产的有机结合。

经过70～80年代经济的飞速增长，进入90年代我国经济基数已经较为庞大，有了更多的资金与技术支持。这一时期，我国建成了多个别具特色的CPT（彩色显像管）制造工厂，这促使着电子制造厂房改建革新的热潮一时之间流行起来，在市场经济的刺激下，每一两年就有一次电子产品规格与技术含量的重大改变。由于科学技术的发展、产业结构的调整，一批有新构思、应用新材料、有较高生产效益的新的电子工业建筑应运而生，它们具有鲜明的个性、流畅的造型、明快的色彩和优美的室内外环境。

进入21世纪以来，随着智能电子产品的快速发展，微电子工业厂房的建设与研究变得越发重要，微电子工业逐渐成为综合国力的重要指标之一。随着集成电路的特征尺寸进一步缩小，微电子技术和其他学科的结合将会产生很多新的学科生长点，成为重大的经济增长点。虽然中国微电子产业的发展有了很大进步，但与发达国家相比还很落后，生产技术总体上还有两代左右的差距。因此，也对我国电子工业厂房的建设水平提出了更高的要求。现代电子工业厂房为了迎合电子工业产品的高集约性、高精度、快速更新等特点，发展出了绿色节能厂房、智能化工业厂房、高精度洁净厂房等重要设计理念。除此之外，对老旧厂房结构改造、扩建的需求也越发突出，使得装配式大型电子工业厂房飞速发展。随着施工工艺技术的发展，不少国外现代电子工业建筑中的高新技术、新工艺也被引进，使得电子工业建筑形式在不断发展中日趋完善，从而实现标准化、多样化。

2.3 电子工业厂房发展方向及政策导向

2.3.1 电子工业厂房发展方向

我国电子工业在下游电子产品快速发展的推动下，保持高速增长势头，电子工业设备需求旺盛，这对电子工业厂房设计与施工的发展和政策导向提出了更高要求。以下对其进行简要介绍。

(1) 区位选择

随着电子工业厂房洁净度要求的不断提升，厂房区应选在远离飞机场、码头等含尘量低、不易起风沙、周边无气体污染物的区域，远离强磁场、振动、噪声干扰等。保证空调取风位置的空气质量，可远离交通线路或适当设置绿化带，减轻空调净化系统在新风过滤中的工作负载，降低空调系统运行的能耗。由于电子工业厂房功能集约性较高，为减少物资运费，在选择工业园区时，应尽量选择产业链集中的园区，减少物流的运输距离，合理巧妙地利用现有供水、供电、供热等系统。

(2) 平面布置

电子工业厂房施工工艺复杂，施工流程烦琐，需要多个单体厂房或单个联合体厂房协调工作，因此进行厂房设计时应综合考虑各施工工艺之间的关联性，减少元器件的搬运，同时由于现阶段电子工业厂房体量逐渐增大，平面布置方案的优化还需要综合考虑施工工艺、资金成本及安全疏散与防火等诸多因素。

(3) 平面设计

电子厂房功能区众多，各功能区的平面设计根据功能差异有不同的要求，对不同功能区之间的联系应充分考虑电子产品生产工艺特点和具体工程项目进行分析后合理布局，如相同洁净等级的生产区应尽量靠近、公用站房尽量集中设置、库房尽量靠近外墙等。同时，由于洁净区能耗相对较高，厂房内有洁净要求的生产区域、生产设备和必要的房间应按不同的空气洁净度等级要求分别集中布置，尽最大努力减少洁净区域的面积，进而有效降低厂房能耗。

(4) 立面设计

高科技精密电子工业厂房的设计对厂房温度有较高的要求，为降低能量损失、减少运营期费用，立面设计方面应重点考虑外部保温问题。对于围护结构的选材，应优先考虑气密性良好、导热系数低的作为构造材料。在保证采光等需求的同时，减少开窗，从而减少散热。因洁净度的要求，部分窗户应设为不可开启，从而减少污染。厂房门窗的选型要选择气密性和材料都优质可靠的门窗，以确保门窗的保温（冷）效果和减少冷风渗透。

（5）结构设计

由于电子工业厂房较多的为多层厂房，对楼面荷载以及柱距尺寸要求较高，不宜采用墙承重体系，采用框架结构体系较为适宜。在有洁净要求的楼层，应注意层高的确定，随着高科技精密厂房的快速发展，需要在满足吊顶以下生产区域的净空要求的同时，也满足吊顶以上的设备管线敷设及检修的净空要求。

2.3.2 电子工业厂房政策导向

为进一步优化电子信息产业发展环境，深度催化软件和信息技术服务业、制造业等行业改革，引导其发展的一系列政策也在我国应运而生。根据各项政策要求，对电子工业厂房的建设发展指明如下导向[22,23]：

（1）加快推进企业集聚发展

电子工业厂房如火如荼地建设，不仅仅需要空间上的连通，更需要产业内部相互关联、配套与相互协作，改善区域不平衡等，优化完善“多园多基地”的产业布局。想要更好更快发展，就要掌握核心技术，以核心辐射周边、创新驱动发展、增强自主创新能力和国际竞争力为主线，以集聚国内外优势名牌、知名企业、研发机构、集团总部为重点，以完善基础设施、服务体系为支撑，发挥先发优势，培育优势产业，提升产业层次。

（2）培育龙头骨干企业

多地出台相关政策，促使电子信息产业培育龙头骨干企业，做大做强做优，从而更好地发挥引领示范作用，增强区域经济核心竞争力。拉动产业链集聚延伸，促进电子信息产业向高端化和产业高端环节发展，提升核心竞争力。支持以骨干企业为龙头建立技术、标准、产业和应用联盟，不断提高科研成果转化能力。对承接国家科技重大专项的电子信息企业按有关政策要求给予资金支持，促进骨干企业发展壮大。

（3）大力支持企业改革创新

倡导产、学、研、用结合，建设一批技术创新公共支撑平台，并整合优势资源，实施联合创新和集成创新，进而使得企业真正成为技术创新的主体，加强标准与质量的认证完成，适应市场经济又好又快地发展。特别是企业可与各大科研院所、高等学府院校加强合作，鼓励企业加大安全可靠、自主可控的核心技术研发力度，大力发展基于安全可靠芯片和基础软件的可替代信息技术产品，提高安全可靠关键信息技术产品的成熟度，提升电子信息产业自主可控发展水平，加快构建自主可控产业生态环境。

（4）加快公共服务体系建设

电子工业厂房作为区域高新科技发展的前沿阵地，是加快产业转移、拉动当地或更广区域经济社会发展的重要载体。对于中小微企业，应该在龙头先进企业的带领下，在政府政策的支持下，提供更多创新创业、融资咨询、人才培训等精准专业的服务。建立完善软件和信息技术服务业、电子信息制造业行业中介服务机构，通过政府督促、条例约束等方式引导行业中介服务机构履行行业自律和服务职能。积极推动行业内各类公共服务平台建设，整合各类研发创新资源，大力构建基础软件、工业软件、集成电路、智能制造、云计算、大数据等电子信息产业研发创新服务体系。

(5) 支持骨干企业发展壮大

支持企业同高等院校、科研院所深化合作，探讨共性技术、突破技术瓶颈、创新创造关键零件，申报重大科技专项，力争在高端装备、系统软件、关键材料、信息网络、基础零部件等若干核心领域取得重大突破。依托政策法规、资金扶持，助力电子信息企业又好又快地发展。

第3章 工程简介

3.1 工程概况

本项目施工关键技术研究依托工程为“三星（中国）半导体有限公司12英寸闪存芯片二期项目FAB生产厂房”，是三星集团海外投资规模最大的工程项目（总投资70亿美元），FAB生产厂房工程是二期项目的核心建筑，属于重型高科技精密电子厂房。工程占地面积106553m^2，建筑面积295122m^2，建筑高度23.9m，建筑层数3层。

厂房包含1个FAB核心区，2个SUP支持区，其中SUP支持区是为FAB核心区服务的。工程结构类型为预制装配式结构：即RC（现浇混凝土）结构＋PC（预制混凝土）结构＋预制钢结构＋SRC（劲性混凝土）结构。其中核心区预制混凝土部分应用了预制柱、预制梁、预制格构梁、预制叠合板等构件，是组成FAB核心区的最关键部分。整个工程地基与基础形式为桩基础、筏板基础。

本工程建设遵循“统筹规划，分步实施，满足需求，兼顾发展”的理念，按照“一流、科学、实用、超前”的原则进行规划与建设：

一流，即在软硬件环境以及信息化建设上在国内电子工业厂房中处于一流水平，与西安高新区建设世界一流科技园区目标相匹配，吸引海内外电子信息龙头企业聚集并形成全面的西北电子工业生产基地；

科学，即吸取类似工程实例建设与生产的经验和教训，对结构布置、施工方案、运行管理等进行科学的规划、设计，保证运行成本最低，满足芯片制造基地的可持续发展需要；

实用，即在功能定位、布局安排、土地集约利用等方面，体现出实用、高效、集约的原则；

超前，即应使本工程所建设的生产基地逐步成为聚集海外电子信息产业高端资源的重要阵地，不仅要满足三星电子存储芯片项目及配套项目的需求，还应为未来承载其他项目做好充分准备。

3.2 项目重难点

本项目作为装配式精密电子工业厂房的创新示范性工程，建设过程中也遇到了许多工程难题，为保证工程质量、工期、成本目标的圆满达成，工程技术人员对施工中的重难点进行提炼分析，通过一系列深化设计、质量保障措施、施工工艺创新，成功解决了各项工程问题，并总结出了详实的经验成果。本节对主要的项目重难点介绍如下：

（1）本工程项目为精密电子厂房，由于其生产产品具有很强的时效性，更新迭代速率较快，因此使得整体工程的工期紧、任务重。如何在确保施工安全并保证工程质量的前提下优化工期、加快施工进度是一大难题。

(2) 本项目改变以往传统的结构设计，将厂房结构设计分为核心区（FAB）和支持区（SUP）两个模块，同时充分利用钢结构和混凝土结构的特点，优化设计结构体系。涉及的构件种类多、施工过程比较复杂且缺乏可借鉴的施工经验，该结构体系的力学性能是否能满足安全性要求有待进一步研究。

(3) 型钢混凝土结构施工中需要钢筋混凝土结构以及钢结构交叉施工，产生了安全管理难度大、施工周期长、梁柱结合部位钢筋连接及模板加固难度大等问题。

(4) 工程结构形式为超长钢结构，所有构件安装采用螺栓连接，模块化吊装工艺，需要对吊装工作进行重点设计；而且由于施工条件的限制，钢结构需要进行合龙。因此，存在安装精度要求高、受外界因素影响大的问题。

(5) 厂房核心区逆作法施工会导致厂房内部RC柱施工时存在施工空间小、操作架体搭设难度大、安全风险高，钢筋绑扎、吊装、柱与筏板的锚固不便等一系列问题。

(6) 本工程大量使用PC构件，厂房核心区钢结构以下主要结构为装配式结构，且构件间均采用“干式连接”，存在包括化学锚栓螺栓垫片连接、钢筋承插灌浆连接等一系列构件连接问题。

(7) 精密电子厂房地面施工的平整度和耐磨度要求极高，如何提高混凝土地坪施工平整度的控制精度，是本项目的难点之一。

(8) 本工程核心区的CFT柱与支持区的SRC柱高度较大，表面平整度要求较高，为避免超高柱出现蜂窝、麻面、柱身浇筑不密实等问题，需要对超高柱的一次浇筑成型工艺进行研究。

(9) 本工程的厂房核心区与支持区均采用结构逆作法展开施工，对施工质量、施工工艺、管理方法都提出了较高的要求。因此，需要对结构逆作法的施工工艺流程、结构受力情况展开研究。

(10) 本项目分包众多、专业范围涉及广泛，现场管理难度极大。且本项目作为信息化管理、绿色施工的示范工程，许多工程理念、管理措施属于创新应用，对工程管理人员的能力水平提出了较高的要求。

技术篇

第4章　装配式精密电子厂房结构设计

4.1　结构设计

4.1.1　厂房结构体系

精密电子厂房用于加工生产高精密的电子元件，不仅需要提供极高的洁净度，还需满足恒温、恒湿、恒压以及微振动的生产环境。通过对装配式精密电子厂房结构工程要求的全盘考虑，将厂房结构设计分为核心区（FAB）和支持区（SUP）两个模块，通过结构缝将两个模块分开，成为独立的结构单元。每个模块又有若干子模块，各模块为相互独立的结构单元，根据各个结构单元的不同特点有针对性地进行结构设计。厂房结构横剖面示意图如图4.1-1所示。由图中标注可知，核心区（FAB）采用CFT（钢管混凝土）柱+RC（现浇混凝土）柱+PC（预制混凝土）柱+钢结构屋架结构体系；支持区（SUP）采用SRC（型钢混凝土）柱+钢柱+钢筋桁架楼承板体系。此外，核心区和支持区均设计为桩基基础。

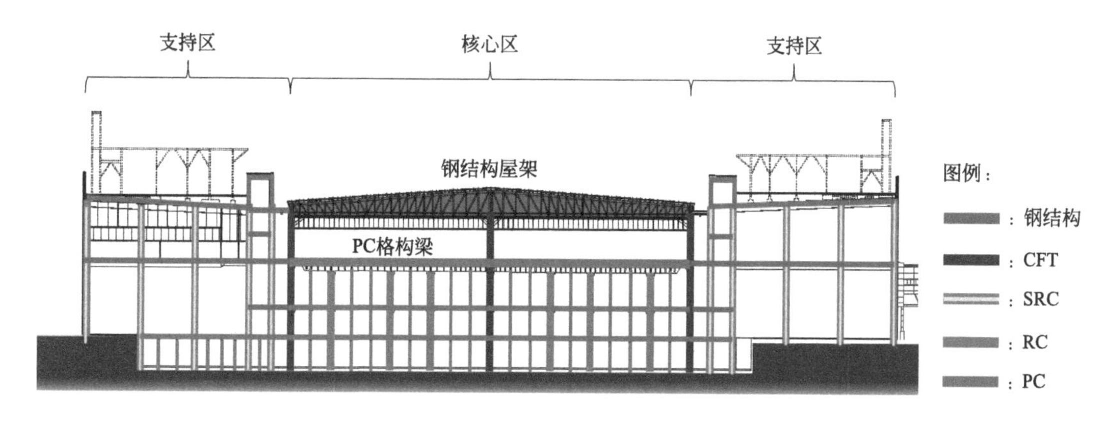

图4.1-1　结构横剖面示意图

4.1.2 厂房结构布置

1. 核心区结构布置

根据结构特点和外部条件，FAB栋核心区采用CFT（钢管混凝土）柱+RC（现浇混凝土）柱+PC（预制混凝土）柱+钢结构屋架结构体系，CFT柱用于支撑屋面钢桁架结构，CFT柱之间为RC（现浇混凝土）柱及PC（预制混凝土）梁、柱，具体布置如图4.1-1所示。CFT柱在筏板顶上部的高度为h_1，在筏板顶下部的高度为h_2（图4.1-2），其剖面构造示意图分别如图4.1-3中A-A剖面及B-B剖面所示。屋架结构形式为连接复杂的大跨度超长屋盖钢结构，钢桁架体系刚度大，自重轻，受力简单明确。RC柱采用现浇钢筋混凝土柱半装配化工艺设计，其利用柱模板钢托架使柱模板与柱钢筋笼组装在一起，整体吊装直插入预留柱基础后再进行混凝土现场浇筑。RC柱箍筋形式共两种，1类型箍筋为加密区箍筋，间距为100mm；2类型箍筋为非加密区箍筋，间距为150mm。大截面现浇混凝土独立柱布设于主厂房核心区内，锚固于基础筏板内，作为厂房内钢筋桁架楼承板及格构梁的主要支撑结构。

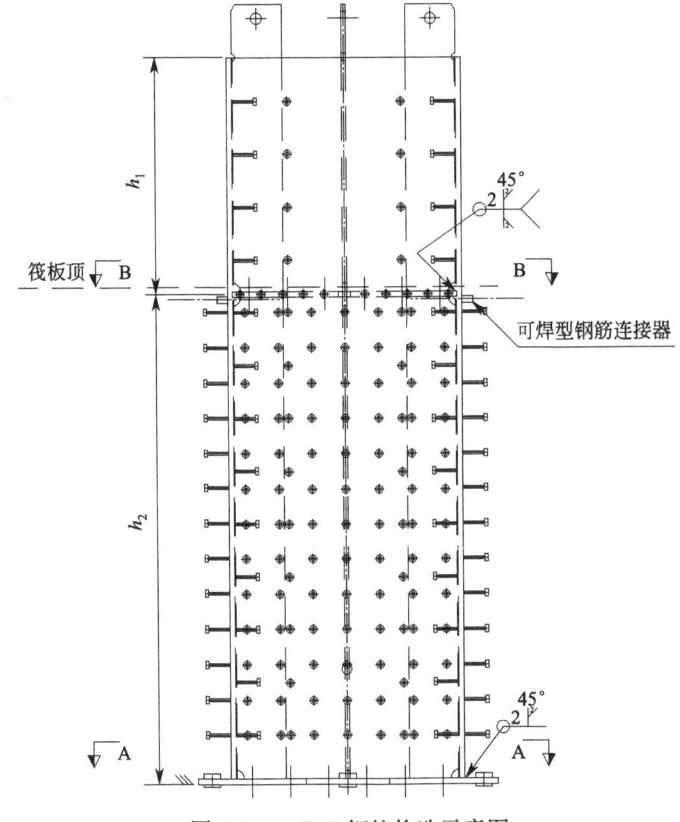

图4.1-2 CFT钢柱构造示意图

在本工程中，核心区预制构件安装施工属于装配式结构施工范畴，较国内已经建设的高科技厂房而言，采用装配式结构建造的厂房参考项目较少，大体量装配施工难度较大。其中，核心区需用8038件混凝土构件进行安装，构件按类型分为四种：预制柱（1612根）、预制梁（4086件）、预制格构梁（1956块）、叠合板（384块）；钢结构242块。

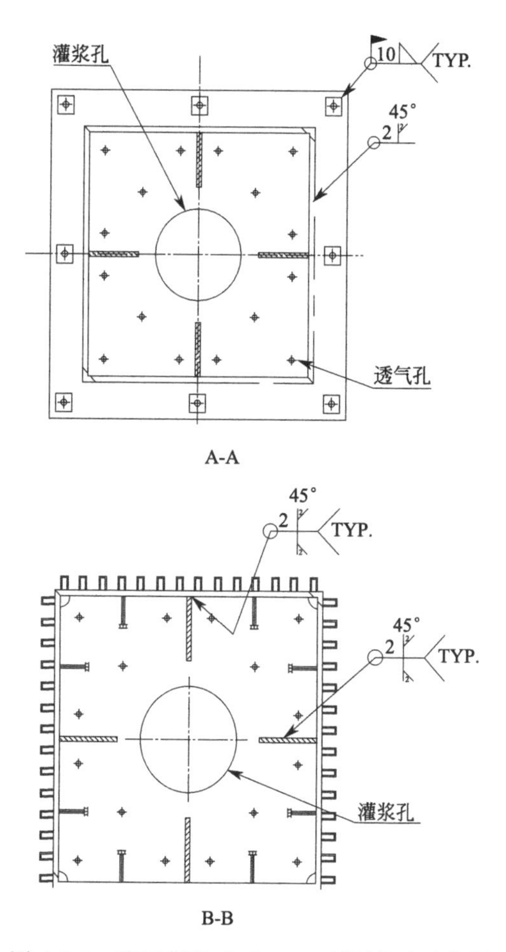

图 4.1-3　CFT 钢柱 A-A、B-B 剖面构造示意图

核心区（FAB）1～2 层：钢筋混凝土柱＋PC 梁（桁架相关柱为矩形钢管柱）；3 层：钢结构柱＋钢桁架。核心区 CFT 柱局部平面布置图如图 4.1-4 所示。

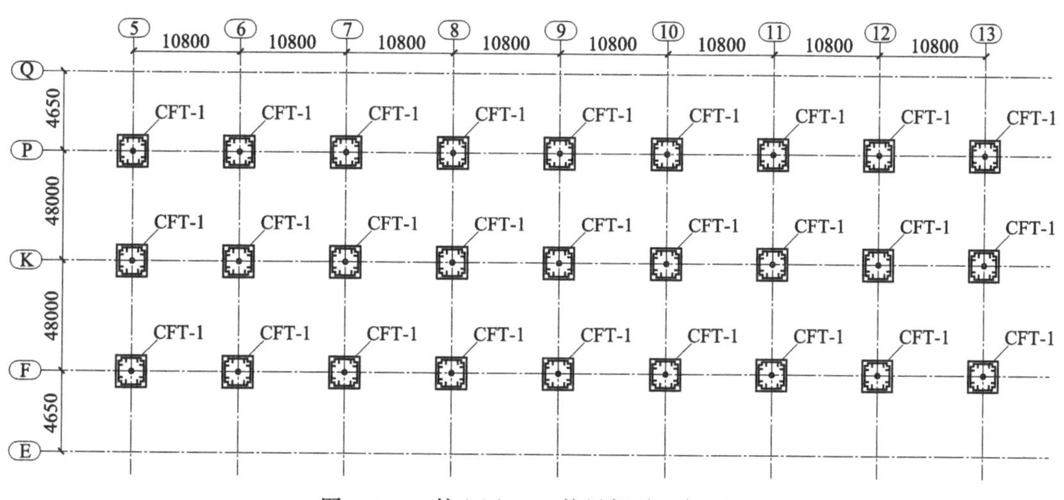

图 4.1-4　核心区 CFT 柱局部平面布置图

CFT 柱与一层钢筋混凝土梁节点平面图及剖面图如图 4.1-5～图 4.1-7 所示。核心区结构布置有 288 根大截面现浇混凝土独立柱，其截面如图 4.1-8 所示，截面尺寸为 1400mm×1400mm，总高度 11.05m，内配 56 根直径 32mm HRB500 级热轧带肋钢筋，箍筋为 ϕ12@100/150，单根柱钢筋笼整体重量约 6.5t。本厂房基础筏板厚度 1000mm，核心区桩基础采用 ϕ700 现浇混凝土钻孔灌注桩。

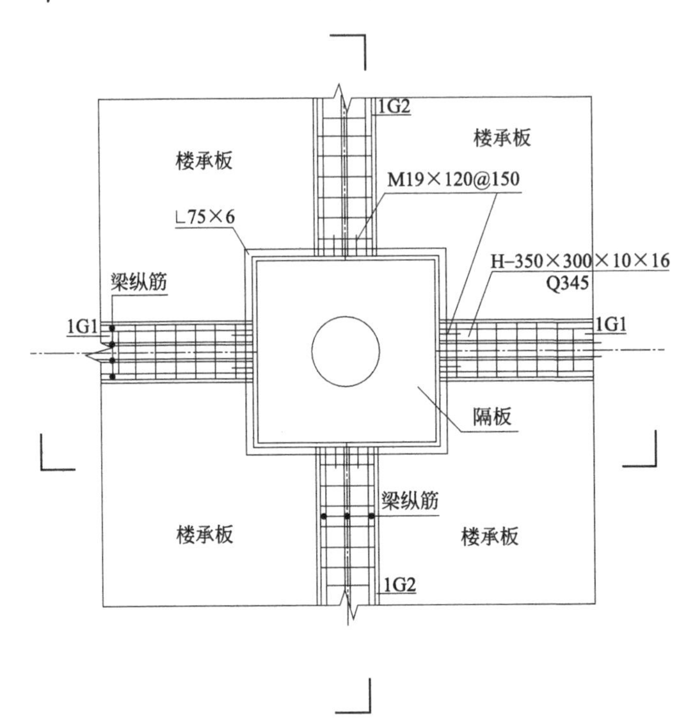

图 4.1-5　CFT 柱与一层钢筋混凝土梁节点平面图

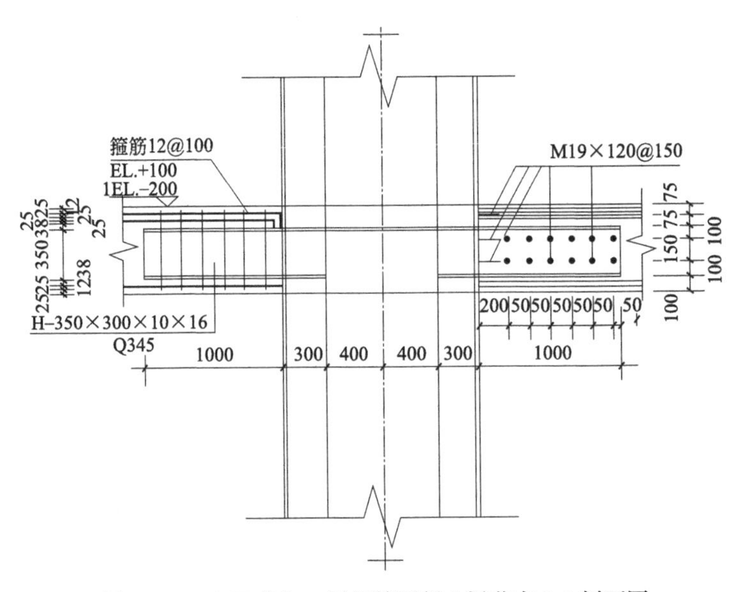

图 4.1-6　CFT 柱与一层钢筋混凝土梁节点 1-1 剖面图

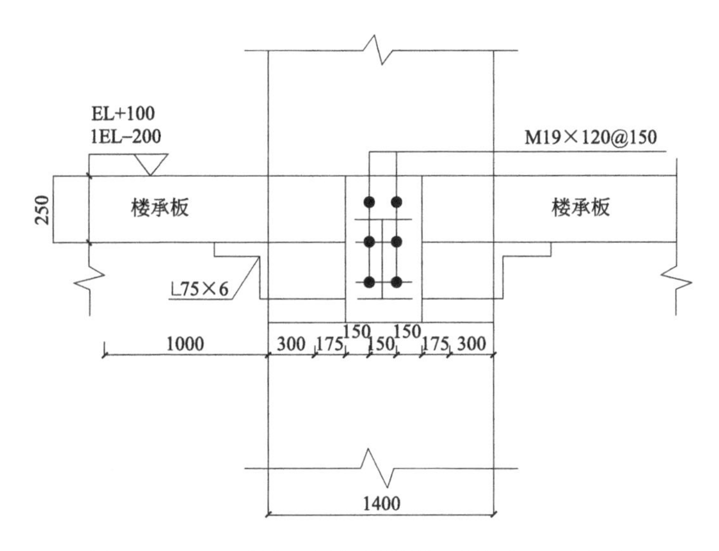

图 4.1-7 CFT 柱与一层钢筋混凝土梁节点 2-2 剖面图

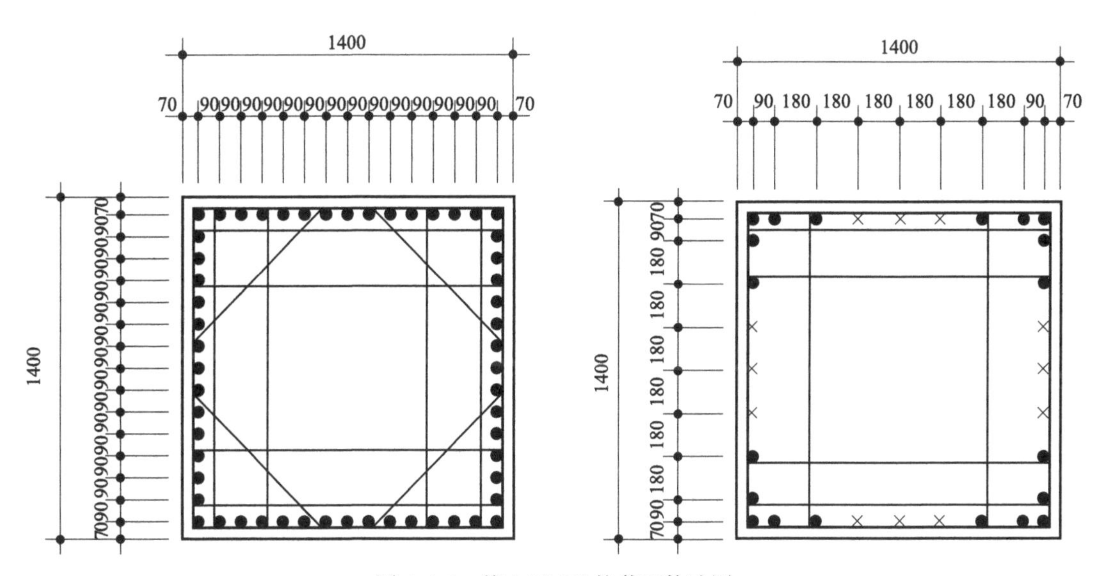

图 4.1-8 核心区 RC 柱截面构造图

PC 梁与 RC 柱牛腿上焊接承插钢筋与梁连接。钢结构中，梁柱连接分为铰接与刚接，铰接用摩擦型高强度螺栓通过连接板连接，刚接用栓焊结合方式进行处理。梁与柱刚性连接时，在梁翼缘上下各 500mm 的节点范围内的柱翼缘与柱腹板间连接、箱形柱壁板间连接、H 形截面主梁对接、牛腿板与钢柱焊接以及梁柱与端板连接均采用全熔透坡口焊缝。所有连接节点的连接焊缝应按焊接参照标准，不同宽度和厚度的板材在对焊时当厚度相差大于 4mm 以上时，按 1∶2.5 的坡度对焊。

2. 支持区结构布置

根据核心区结构特点和现场外部条件，支持区采用 SRC（型钢混凝土）柱＋钢梁＋钢筋桁架楼承板体系。具体布置如图 4.1-1 所示，竖向构件为 SRC（型钢混凝土）柱，水平构件为钢梁与钢筋桁架楼承板，面层为现浇混凝土。楼承板采用钢筋桁架式楼承板，随主体结构安装顺序铺设相应各层的钢筋桁架模板，楼板连接采用扣合方式，楼板开洞口位置处作加筋处理；钢筋桁架截断处采用相同型号的钢筋重新绑扎连接，并满足设计要求的搭接长度。除核心区钢管混凝土对接节点为焊接节点外，其余所有对接节点均为纯螺栓连接节点。图 4.1-9 为典型节点连接示意图。

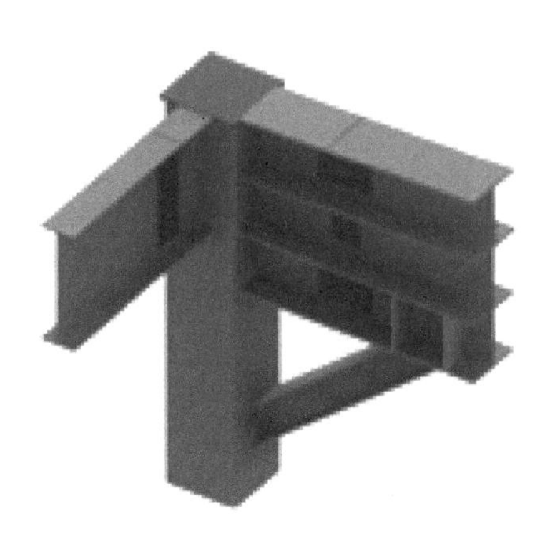

(a) 角柱——钢桁架/钢梁连接节点

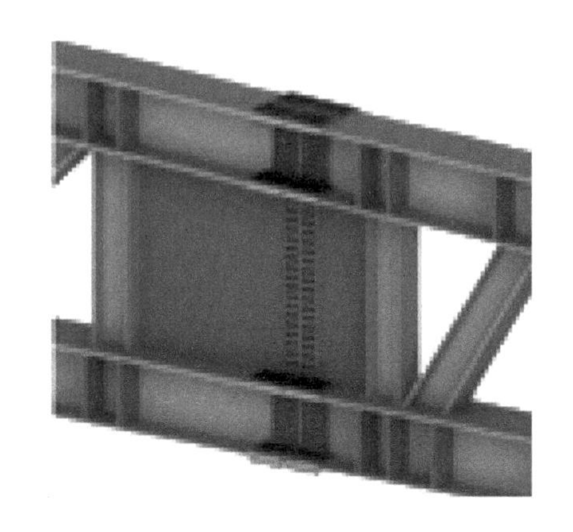

(b) 桁架对接节点

(c) 边柱——钢桁架/钢梁连接节点

(d) 中柱——钢桁架连接节点

图 4.1-9　支持区典型节点连接方式示意图

支持区（SUP）1～3 层均为钢—混凝土组合框架，充分利用了混凝土的抗压性能和钢材的抗拉性能，钢筋混凝土与型钢形成整体，共同协调受力。其结构的承载力远远高出同截面钢筋混凝土结构的承载力。因此，在满足同等承载力设计要求的情况下，该结构体系可以大大减小构件截面，降低构件自重，有效防止“肥梁胖柱”的现象，增加建筑物内部使用空间。图 4.1-10、图 4.1-11 为支持区 SRC 柱构造图及剖面图（“D-1××”均为零件编号），安装实景如图 4.1-12 所示。钢结构楼承板铺设如图 4.1-13 所示。

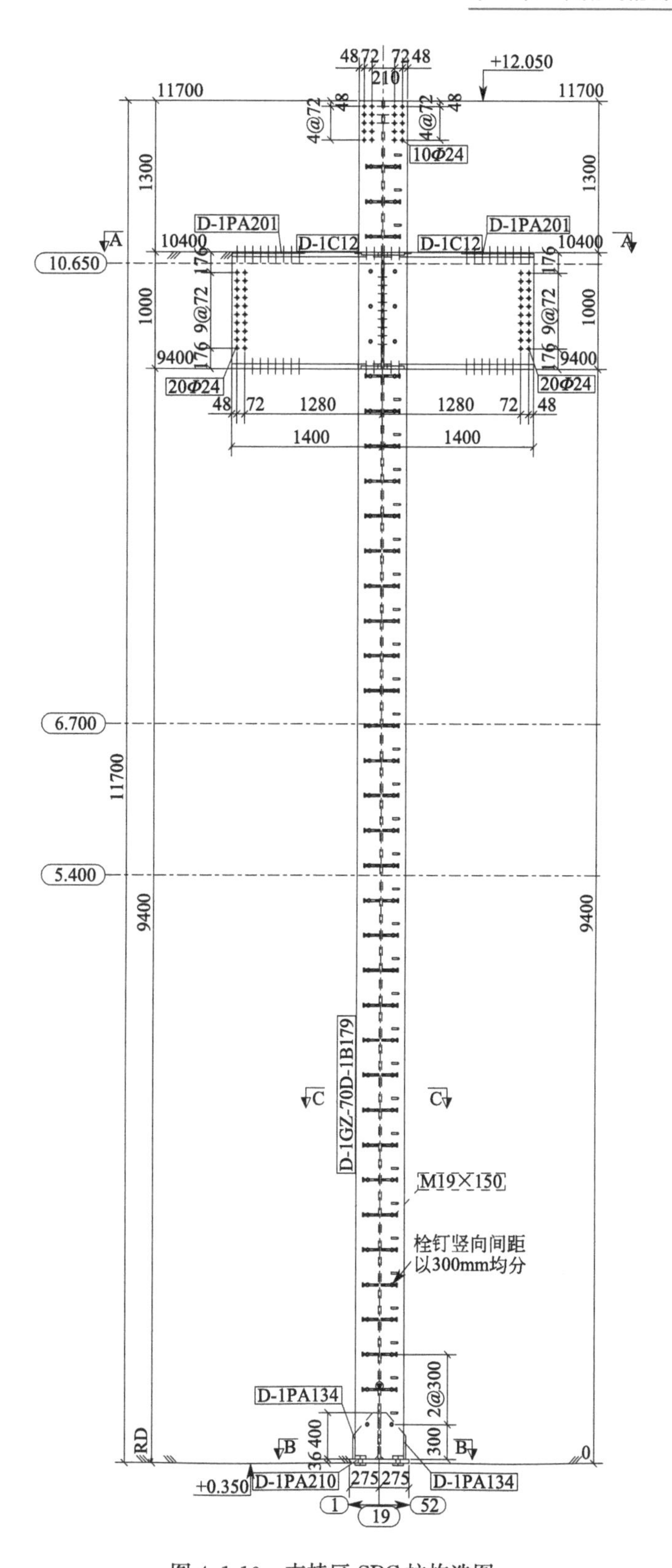

图 4.1-10 支持区 SRC 柱构造图

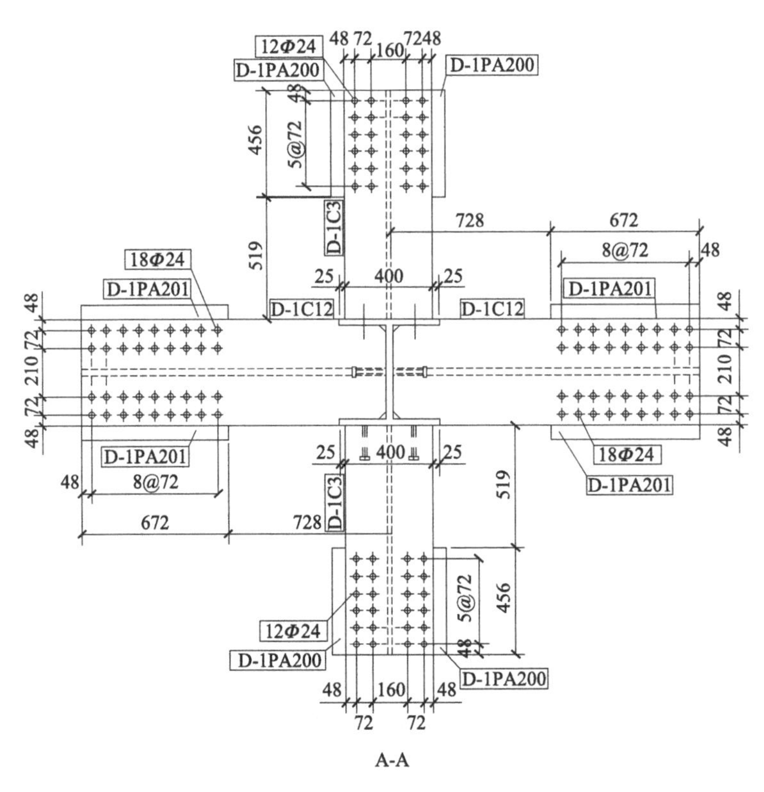

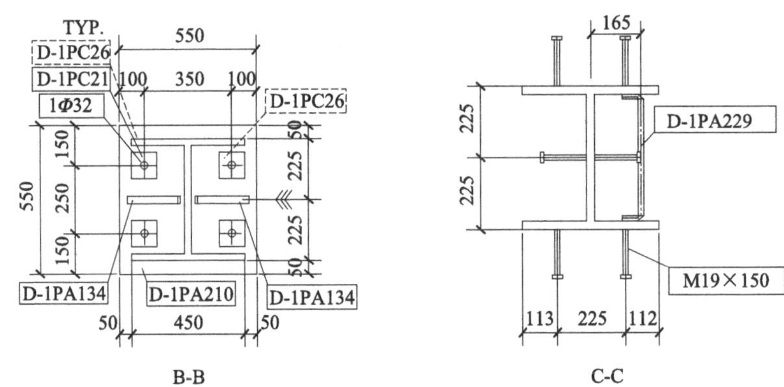

图 4.1-11　SRC 柱 A-A、B-B、C-C 剖面图

图 4.1-12　支持区 SRC 柱安装图

图 4.1-13　支持区钢结构楼承板铺设

4.1.3　厂房结构深化设计

1. 厂房深化设计概念与内容

深化设计是指在遵守国家规范的前提下，在设计的不同阶段，根据原设计方案与施工图纸在实施中的应用效果反馈，结合项目实际情况，对图纸进行完善、补充，使图纸达到能够准确指导施工的要求，通过按图施工使工程符合质量标准，进一步提高工程质量水平。

装配式混凝土结构的深化设计主要为构件生产、施工安装等进行服务，深化设计的内容主要包括钢筋深化设计、预埋预留深化设计、构件连接节点深化设计、模板深化设计、安装模拟深化设计等方面。

装配式钢结构的深化设计主要内容包括钢框架结构体系设计、预制构件受力性能深化设计、结构与机电设备结合设计、钢结构防火防腐设计、钢结构外观精度深化设计、钢结构安装连接设计等方面。

2. 厂房深化设计原则

装配式电子厂房的深化设计包含诸多方面，针对钢结构、混凝土结构等不同结构类型的设计与施工，也有许多不同的设计思路。但需遵循以下基本的深化设计原则：

(1) 构件连接的等效原则。PC 化结构构件优化过程中应严格保证连接处的可靠性，使 PC 化的结构效应与现浇结构保持一致。

(2) 构件拆分的协调原则。PC 化建筑的拆分组合不仅要满足结构上的力学要求，还应满足建筑、生产运输和安装条件及其他环节的便捷性、安全性要求。

(3) 通用性原则。通过前期规划，应大大减少预制装配式构件的种类，除了建筑必需的个性化需求外应满足预制装配式建筑的特点，同时也应该做好相应的防火设计和防水设计，还要对传统建筑的结构形式进行创新和优化，体现实用性功能。应在构件内部完成相应管线的预留和布设，增强布局的合理性。

(4) 可持续原则。在预制装配式建筑的设计中应遵循可持续性原则，改变传统现浇结构的粗犷型生产模式，实现对资源的高效化利用，满足绿色建筑的发展要求，避免施工材料浪费，达到可循环利用的目的。

3. 厂房深化设计作用

本工程中装配式结构与现浇结构相互结合，对其设计和施工过程都提出了更高的要求，也使得深化设计发挥出了更为重要的作用。通过深化设计可以有效提高工业厂房的建设效率和施工质量，其主要作用表现在以下方面：

（1）借助深化设计可以实现缩短项目建设周期的目的。技术人员可以借助相关软件设计建模和分析，为工程建设提供最佳的设计方案。进而将三维模型和预制加工相结合，有效提升预制构件的制作精准度，从而更好地发挥装配式结构预先设计的优势。

（2）深化设计的作用还体现在提升施工效率上，设计人员在设计时能够与实际施工过程相结合。将梁柱结构、预制墙板等相关构件的建构过程与工程的施工特点相结合，提高构件设计与施工安装的契合度，根据施工顺序和安装方式进行优化制作，进而推动整体工程建设效率的提高。

（3）装配式结构深化设计还可以有效提高施工成品质量，通过深入优化，可以提高建筑成品的外观整洁程度，改善构件安装准度，加强厂房整体施工精度。同时，构件的预制特性也为装配式结构的深化设计提供了有力支撑，进而既可以确保建筑的结构质量又可以提升建筑使用性能。

（4）通过深化设计与BIM技术、有限元建模分析等信息化技术相结合，可以减少构件设计中的浪费，提高预制结构设计的合理性，进而保证结构安全性和经济性相协调，减少设计变更造成的资源浪费和费用支出，对工程造价节约具有重要意义。

（5）深化设计也可以对建筑材料、建筑布局等进行优化选型，通过深入分析工程所在环境和建筑功能需求，可以合理选用更多的绿色节能建筑材料，优化建筑采光通风等空间布局，进而充分利用风能、太阳能等绿色能源，提高建筑环境友好性，符合可持续发展与绿色建造理念，对建设过程的低碳节能、洁净减排作出巨大贡献。

4. 厂房深化设计应用

本项目在研究过程中贯彻落实深化设计的思想，对工程的不同重点部分进行了优化设计。具体深化设计流程如图4.1-14所示。

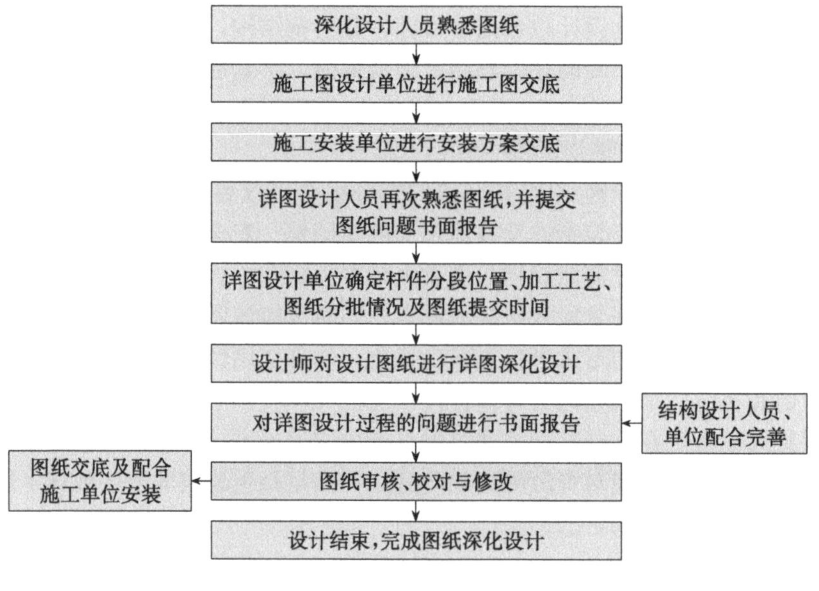

图4.1-14 深化设计流程图

本工程主要深化设计内容应用情况介绍如下：

（1）为保证清水混凝土的施工成型质量，本项目在清水混凝土模板设计前对清水混凝土工程进行全面深化设计。根据清水混凝土的饰面要求和质量要求，对配合比设计、制备与运输、浇筑、养护、表面处理、成品保护、清水混凝土模板的模板选型、模板分块、面板分割、对拉螺栓的排列和模板表面平整度等方面技术指标进行深入研究。有效解决对饰面效果产生影响的关键问题，如：禅缝、对拉螺栓孔眼、施工缝、后浇带的处理等。本工程的SRC柱所采用的铝模板深化情况如图4.1-15所示。

图4.1-15　SRC柱铝模深化设计图

（2）利用建筑信息模型（BIM）技术，针对工程中的各类钢结构进行深化设计。根据施工图纸进行BIM建模，并通过模拟施工流程，对施工难度高或设计不合理的部位进行深化设计，最终形成更为精密合理的图纸以指导构件的加工处理。实现装配式剪力墙结构、CFT柱钢结构、异形构件等重点结构设计的优化设计以及在生产、运输、装配、运维全过程的信息交互共享，保证各类钢结构深化设计的结果能更好地服务于实际施工，部分钢结构深化设计应用如图4.1-16、图4.1-17所示。

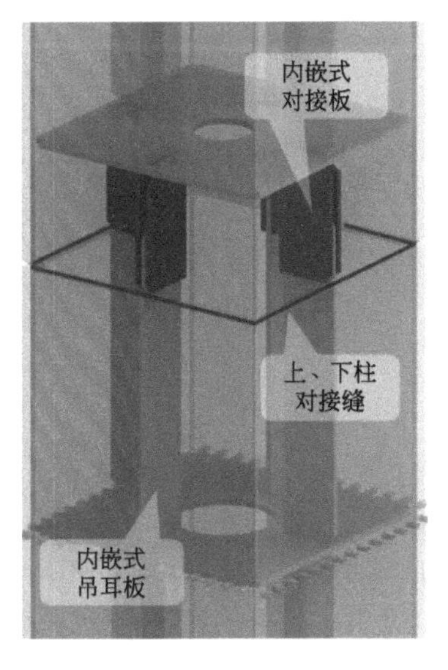

图4.1-16　CFT柱BIM深化

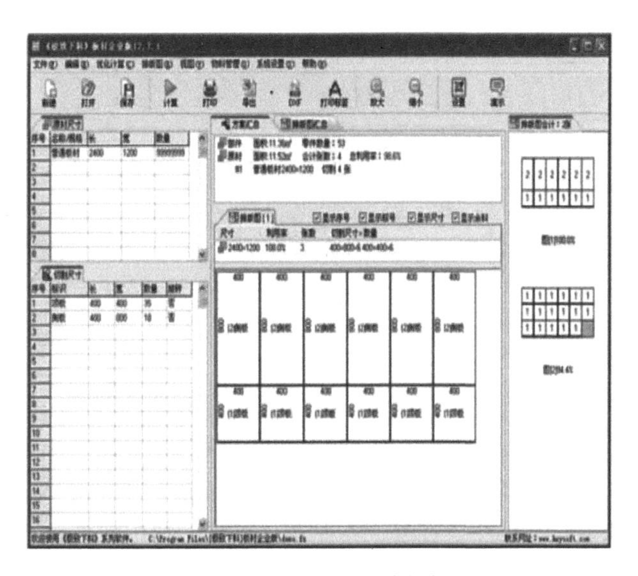

图4.1-17　钢板套裁软件

（3）装配式工业厂房中现浇筏板型基础的基础钢筋排布密集，预制构件与基础的螺栓连接需要在浇筑混凝土时就植入预埋件，施工精度与连接件受力性能较难保证。针对这个问题，本项目首先分析预制柱与基础连接节点的特殊性，通过深化设计优化基础钢筋分布和锚栓预埋位置，有效解决预制柱和基础连接高效施工和验收技术问题。

（4）本项目钢结构的深化设计与物联网技术深度结合。首先以设计院的施工图、计算书及其他相关资料为依据，依托专业深化设计软件平台，建立三维实体模型，计算节点坐标定位调整值，并生成结构安装布置图、零构件图、报表清单等。再通过与 BIM 建模控制结合，实现了模型信息化共享，由传统的“放样出图”延伸到施工全过程。同时，应用物联网技术，通过射频识别（RFID）、红外感应器等信息传感设备，按约定的协议，将物品与互联网相连接，进行信息交换和通信，实现智能化识别、定位、追踪、监控和管理。最终将所搜集的信息与 BIM 模型进行关联，建立施工与深化设计的一体化系统，大大提高了施工效率、产品质量和企业创新能力，提升了产品制造和企业管理的信息化管理水平。

（5）针对预制结构的施工连接精度问题，利用计算机仿真模拟预拼装技术。采用三维设计软件，将钢结构分段构建控制点的实测三维坐标，在计算机中模拟拼装，形成分段构件的轮廓模型，与深化设计的理论模型拟合对比，检查分析加工拼装精度，得到所需修改的调整信息。经过必要的反复加工修改与模拟拼装，直至满足规范精度要求，保证构件深化设计的施工质量。桁架拼装预模拟如图 4.1-18 所示。

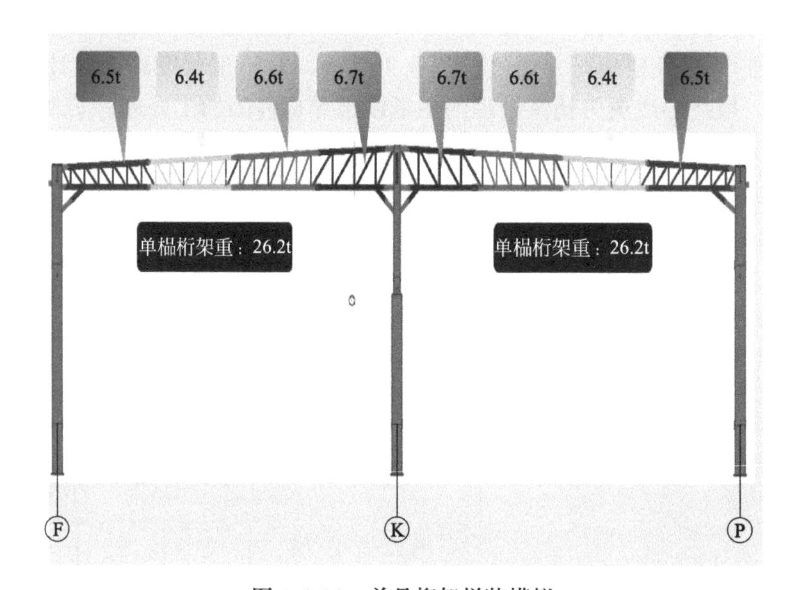

图 4.1-18 单品桁架拼装模拟

（6）机电工程施工中，许多工程的设计图纸由于诸多原因，设计深度往往满足不了施工的要求，施工前必须进行深化设计。一旦施工中发生碰撞情况，容易导致拆除返工，甚至设计方案的重新修改，造成材料浪费、工期延误、项目成本增加。本项目基于 BIM 技术中的管线综合技术，将建筑、结构、机电等专业模型加以整合，再根据建筑专业要求及净高要求进行深化设计，将综合模型导入相关软件进行机电专业和建筑、结构专业的碰撞检查，根据碰撞报告结果对管线进行调整，避让建筑结构，使问题在施工前得以解决。本工程应用的管线 BIM 深化设计图与现场安装实体如图 4.1-19、图 4.1-20 所示。

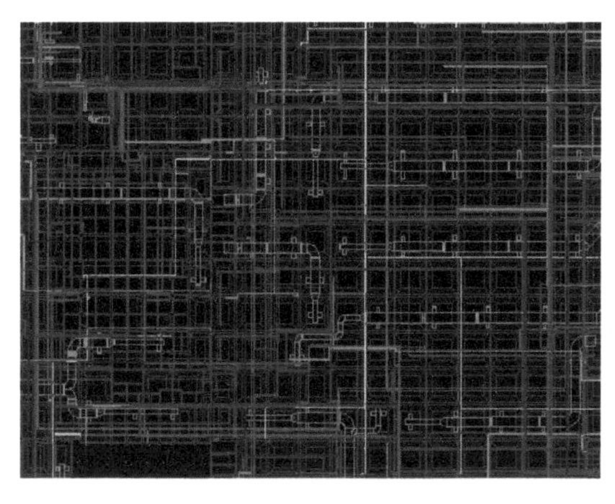

图 4.1-19　管线 BIM 深化图

图 4.1-20　现场安装实体

（7）机电系统安装施工过程中，在进行深化设计时要充分考虑系统消声、减振功能需要，通过隔声、吸声、消声、隔振、阻尼等处理方法，在机电系统中设置消声减振设备（设施），改变或阻断噪声与振动的传播路径。本项目引入主动式消声抗振工艺。在机电系统深化设计中，针对系统消声减振需要引入主动式消声抗振系统，扰动或改变机电系统固有噪声、振动频率及传播方向，达到消声抗振的目的。减振消声系统应用效果如图 4.1-21 所示。

图 4.1-21　减振技术应用效果

（8）对于厂房的精装修施工，提前开展深化设计，通过与结构安装过程的一体化设计优化，利用 BIM 的建模、碰撞检查、漫游等功能，对装饰装修施工过程进行设计模拟，预先考虑精装修设计确定的空间、材料是否满足实际施工要求，对不满足施工要求或施工难度较大的装饰装修工程及时作出修改调整。同时，利用模拟的 1∶1 建筑、结构安装模型，可以有效地避免出现传统施工中设计装修效果与实际施工效果差别较大的问题。根据施工图对精装修效果进行建模，通过模拟真实灯光参数及各类材料的材质效果渲染，可以真实、直观地反映施工效果，提前对装饰装修效果作出全面的分析，避免传统施工中容易出现的临时设计变更、施工错误再返工问题。

4.2 主要节点设计

4.2.1 节点连接方式的分类

装配式结构的整体性与稳定性很大程度上取决于其梁柱节点的连接方式。与现浇结构相比，装配式结构的各类构件连接节点设计对其空间结构的抗震性能影响更大。因此，在装配式精密电子厂房的结构设计中需要对主要节点的连接方式进行研究。

装配式建筑结构由各类预制构件装配而成，各构件的节点连接大体可分为干式连接和湿式连接两种形式。对于装配式结构的竖向、横向接缝，合理选用节点连接形式能更好地保证结构受力性能。

干式连接主要包括螺栓连接、焊接连接、机械连接、牛腿连接等形式。这类节点连接方式的特点在于主要通过不同构件中的预留接头进行机械处理，省去了钢筋绑扎、混凝土浇筑等烦琐的施工过程，能更好地发挥装配式结构的优势。

螺栓连接利用螺栓群的不同排布和数量设置，可以承担和传递轴力、弯矩、剪力等作用，形成刚性、半刚性、铰接等连接节点。同时，根据螺栓的类型也可以分为普通螺栓连接和高强度螺栓连接两种形式。在梁柱、墙柱等构件的连接中，通过螺栓群的不同设计，能够有效满足结构受力要求，并大大节约工程成本、工期。但是由于螺栓连接较为依赖螺栓的施工质量，故对施工人员的技术水平以及后续维护加固提出了较高要求。

焊接连接是采用对焊、搭接焊等各类焊接工艺将预埋的钢板、钢筋等焊接在一起，从而使预制构件形成整体结构的干式连接形式。该连接形式同样避免了混凝土的现场浇筑，对环境较为友好，施工较为方便。但由于焊接部位往往更容易产生应力集中，对结构的抗震性能产生不利影响。因此，在焊接施工中往往需要根据焊接施工的相关规范要求对焊接长度、焊材强度等级、焊接工艺等进行专门设计，并需要专业的焊接人员进行施工，严格执行焊接施工质量验收。

钢筋机械连接则是一种新型的构件连接形式，能大大节约钢材，发挥钢筋本身良好的受压性能。利用不同类型的套筒与机械连接技术可以使连接件产生较大的机械咬合力，从而稳定地传递结构内力。该连接节点的接头强度高、施工简单迅速，目前在工程中的应用逐渐广泛。

牛腿连接的应用也十分广泛。与现浇结构的牛腿柱功能类似，装配式结构中的牛腿连接利用牛腿连接的高承载力，可以通过其腹板与翼缘向节点周围的结构进行传力，从而保证结构的整体性与节点稳定性。根据牛腿形式与构造特点，一般可以分为明牛腿连接、明牛腿铰接连接、暗牛腿连接以及型钢暗牛腿连接等节点形式。通过牛腿连接可以有效提高梁柱节点刚度，在本工程中也取得了良好的应用效果。

湿连接主要是指在施工现场对预制构件中的预埋钢筋进行绑扎、焊接并浇筑混凝土的节点连接方式。该连接方式相较于干式连接，能更好地保证钢混结构的整体性，同时通过浇筑混凝土也能避免节点内部钢筋的腐蚀、生锈，提高节点耐久性。主要有灌浆套筒连接、浆锚搭接连接等形式。

灌浆套筒连接是指将构件的预留钢筋插入中空套筒并在其内部灌浆形成整体的连接方

式。利用膨胀灌浆材料与钢筋、套筒之间的摩擦力能够有效保证节点的连接强度。但在施工中应特别注意灌浆工艺与灌浆材料的选取，严格保证套筒连接灌浆的密实性。

浆锚搭接连接是指将装配式构件的表面伸出钢筋填入预留孔洞中，并灌浆固定的连接方式。该连接方式施工技术成熟，能大大节约钢材，有效避免节点锈蚀，节点的整体刚度、强度都较大。但此种连接形式需要对钢筋进行较长的搭接，存在整体性不足的问题。

以上传统装配式建筑结构节点连接方式都有一定的优越性，但其缺点也较为明显。随着建筑工业化发展越来越快，为满足电子工业厂房装配式结构设计安全性、整体性、耐久性等的要求，本项目对各类主要节点连接进行了分析，研究了多种节点设计方法，并提出了创新性的节点连接方案。

4.2.2　装配式钢结构梁柱节点设计研究

1. 设计原则

在装配式结构的设计过程中，由于连接节点的重要性，除考虑构件的刚度与强度以外，还应针对连接节点进行专门设计，保证其结构的稳定性与经济性相协调，满足施工需要。在精密电子厂房的节点设计过程中，应遵循以下设计原则：

（1）节点应依据规范采取相应的构造措施，满足结构安全性要求，并形成完整的传力体系；

（2）节点设计应结合工程实际情况，采取合理的节点连接方式与施工方法，满足施工便捷性要求；

（3）节点设计需满足通用性原则，减少连接构件的种类，加强连接件的可替换性，提高施工效率；

（4）节点设计还应遵循“强柱弱梁”“强节点弱构件”等基本设计原则。

2. 设计方法

梁柱装配式节点是一种重要的框架节点，它在工业厂房中应用广泛，具有构造简单、整体性能良好、施工快捷等优点。在进行装配式梁柱节点设计中，本项目主要参考《轻型钢结构民用与工业建筑设计》《钢结构连接节点设计手册》（第四版）[24,25]，对设计梁柱刚性节点的两种方法——常用设计法和精确计算法进行了探究。

（1）常用设计法

在梁与柱刚性连接的常用设计法中，考虑梁端内力向柱传递时，原则上梁端弯矩全部由梁翼缘承担，梁端剪力全部由梁腹板承担；同时，梁腹板与柱的连接，除对梁端剪力进行计算外，尚应以腹板净截面面积受剪承载力设计值的 1/2 或梁左右两端作用弯矩的和除以梁净跨长度所得到的剪力来确定。

通常情况下，梁翼缘与柱多采用设有引弧板的完全焊透的坡口对接焊缝连接；梁腹板与柱可采用双面角焊缝连接，或高强度螺栓摩擦型连接。其连接可按以下要求确定。

1）梁翼缘与柱相连的完全焊透的坡口对接焊缝强度，当采用引弧板施焊时：

$$\sigma=\frac{M}{h_{0b}b_{Fb}t_{Fb}}\leqslant f_{t}^{w}\text{ 或 }f_{c}^{w} \tag{4.2-1}$$

式中　M——梁端的弯矩；

f_t^w、f_c^w——对接焊缝的抗拉或抗压强度设计值。

2）梁腹板或连接板与柱相连的双面角焊缝焊脚尺寸 h_f 为：

$$h_f=\frac{V}{2\times0.7l_w f_f^w} \quad (4.2\text{-}2)$$

或

$$h_f=\frac{A_{nw}f_v}{4\times0.7l_w f_f^w} \quad (4.2\text{-}3)$$

或

$$h_f=\frac{(M_L^b+M_R^b)}{2\times0.7l_w f_f^w l_0} \quad (4.2\text{-}4)$$

取三者中的较大者

式中 V——梁端的剪力；

A_{nw}——梁腹板在连接处的净截面面积；

M_L^b、M_R^b——梁左右两端的弯矩；

l_0——梁的净跨长度；

l_w——角焊缝的计算长度。

3）梁腹板与连接板采用摩擦型高强度螺栓单剪连接时，所需的高强度螺栓数目为：

$$n_{wb}=\frac{V}{N_v^{bH}} \quad (4.2\text{-}5)$$

或

$$n_{wb}=\frac{A_{nw}f_v}{2N_v^{bH}} \quad (4.2\text{-}6)$$

或

$$n_{wb}=\frac{(M_L^b+M_R^b)}{l_0 N_v^{bH}} \quad (4.2\text{-}7)$$

取三者中的较大者

式中 N_v^{bH}——一个摩擦型高强度螺栓的单面受剪承载力设计值。

4）连接板的厚度为：

$$t=\frac{t_w h_1}{h_2}+2\sim4\text{mm，且不宜小于 }8\text{mm} \quad (4.2\text{-}8)$$

式中 h_1——梁腹板的高度；

t_w——梁腹板的厚度；

h_2——连接板的（垂直方向）长度。

（2）精确计算法

梁与柱刚性连接的精确计算法，是以梁翼缘和腹板各自的截面惯性矩分担作用于梁端的弯矩 M，以梁翼缘承担弯矩 M_r，并以腹板同时承担弯矩 M_w 和梁端全部剪力 V 进行连接设计的。

1）当梁翼缘与柱的连接采用完全焊透的坡口对接焊缝连接、而梁腹板与柱的连接采用双面角焊缝连接时，其连接可按以下要求确定。

①由于对接焊缝与角焊缝的抗拉强度设计值不同，计算焊缝的强度时，可先将翼缘的对接焊缝面积（$b_{Fb}\times t_{Fb}$）换算为等效的角焊缝面积（$b_{we}^c\times t_{Fb}$）。

令焊缝的有效厚度不变，翼缘对接焊缝的长度即可按下式换算为等效的角焊缝长度 b_{we}^c。

$$b_{we}^{c}=b_{Fb}\times\frac{f_{t}^{w}}{f_{f}^{w}} \tag{4.2-9}$$

式中 b_{Fb}——梁翼缘的宽度（即对接焊缝的有效长度）；

f_{t}^{w}——对接焊缝的抗拉强度设计值；

f_{f}^{w}——角焊缝的抗拉强度设计值。

②梁翼缘等效角焊缝的强度可按下列公式计算：

$$M_{wF}^{c}=\frac{I_{wF}^{c}}{I_{w}^{c}}M \tag{4.2-10}$$

$$\sigma_{M}=\frac{M_{wF}^{c}}{W_{wF}^{c}}\leqslant\beta_{f}f_{f}^{w} \tag{4.2-11}$$

$$I_{w}^{c}=I_{wF}^{c}+I_{ww} \tag{4.2-12}$$

$$M_{wF}^{c}=\frac{I_{wF}^{c}}{y_{1}} \tag{4.2-13}$$

式中 I_{w}^{c}——等效角焊缝的全截面惯性矩；

I_{wF}^{c}——梁翼缘等效角焊缝的截面惯性矩；

I_{ww}——梁腹板角焊缝的截面惯性矩；

W_{wF}^{c}——梁翼缘等效角焊缝的截面模量；

y_{1}——翼缘焊缝外边缘至焊缝中和轴的距离。

③梁腹板角焊缝的强度可按下列公式计算：

$$M_{ww}^{c}=\frac{I_{ww}}{I_{w}^{c}}M \tag{4.2-14}$$

$$\sigma_{M}=\frac{M_{ww}^{c}}{W_{ww}}\leqslant\beta_{f}f_{f}^{w} \tag{4.2-15}$$

$$\tau_{v}=\frac{V}{2\times0.7h_{f}l_{w}}\leqslant f_{f}^{w} \tag{4.2-16}$$

$$\sigma_{fs}=\sqrt{\left(\frac{\sigma_{M}}{\beta_{f}}\right)^{2}+(\tau_{v})^{2}}\leqslant f_{f}^{w} \tag{4.2-17}$$

$$W_{ww}=\frac{I_{ww}}{y_{2}} \tag{4.2-18}$$

式中 W_{ww}——梁腹板角焊缝的截面模量；

y_{2}——腹板角焊缝外边缘至焊缝中和轴的距离。

2）当梁翼缘和腹板与柱的连接，全部采用双面角焊缝（即沿梁端全周采用角焊缝与柱相连），通常适用于梁端作用内力较小的场合，此时其连接可按以下要求确定。

①梁翼缘与柱相连的角焊缝强度，可按下列公式计算：

$$M_{wF}=\frac{I_{wF}}{I_{w}}M \tag{4.2-19}$$

$$\sigma_{M}=\frac{M_{wF}}{W_{wF}}\leqslant\beta_{f}f_{f}^{w} \tag{4.2-20}$$

式中 I_w——角焊缝的全截面惯性矩；

I_{wF}——梁翼缘角焊缝的截面惯性矩；

W_{wF}——梁翼缘角焊缝的截面模量。

②梁腹板与柱相连的角焊缝强度，可按下列公式计算：

$$M_{ww}=\frac{I_{ww}}{I_w}M \tag{4.2-21}$$

$$\sigma_M=\frac{M_{ww}}{W_{ww}}\leqslant\beta_f f_f^w \tag{4.2-22}$$

$$\tau_v=\frac{V}{2\times0.7h_f l_w}\leqslant f_f^w \tag{4.2-23}$$

$$\sigma_{fa}=\sqrt{\left(\frac{\sigma_M}{\beta_f}\right)^2+(\tau_v)^2}\leqslant f_f^w \tag{4.2-24}$$

式中 I_{ww}——腹板角焊缝的截面惯性矩；

W_{ww}——腹板角焊缝的截面模量。

4.2.3 新型装配式梁—柱—牛腿组合节点传力性能分析

为了提高构件的装配效率，依照装配式钢结构梁柱刚性节点的设计原则及设计方法，本项目在工业建筑结构中设计出一种新型装配式梁—柱—牛腿组合节点，即将 RC 柱（现浇混凝土柱）牛腿上焊接承插钢筋，安装时插入梁上预留孔，两侧用泡沫封堵，外侧打胶，中间用 C75 无收缩砂浆灌浆。通过 ABAQUS 有限元软件建立该组合节点的模型并对其进行受力性能分析，从而研究其边节点和中节点在循环荷载作用下的破坏模式及承载力、延性、耗能能力等性能。

1. 节点构造

柱截面尺寸为 600mm×600mm，高度为 3000mm。截面配筋如图 4.2-1 所示，纵筋采用直径为 18mm 的 HRB400 级热轧带肋钢筋；箍筋采用直径为 12mm 的 HPB300 级热轧光圆钢筋，箍筋间距为 100mm。设计混凝土强度等级为 C30，保护层厚度为 25mm。

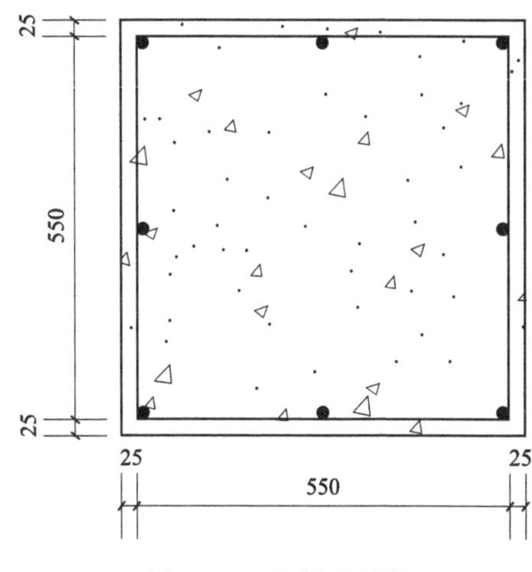

图 4.2-1 柱截面配筋

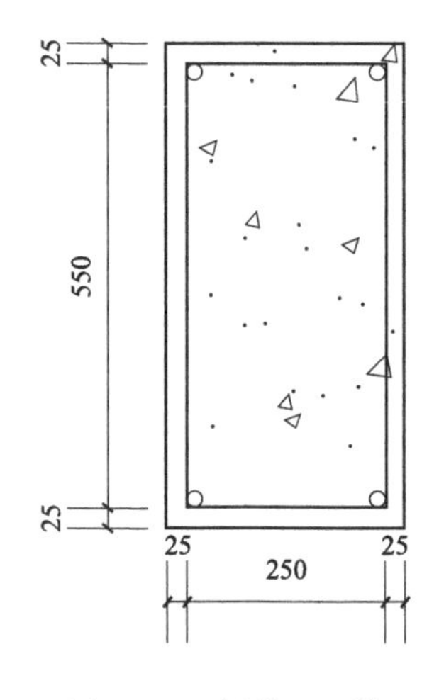

图 4.2-2 梁截面配筋

梁截面尺寸为300mm×600mm，跨度为3000mm。截面配筋如图4.2-2所示，纵筋采用直径为18mm的HRB400级热轧光圆钢筋；箍筋采用直径为10mm的HPB300级热轧光圆钢筋，箍筋间距为100mm。设计混凝土强度等级为C30，保护层厚度为25mm。

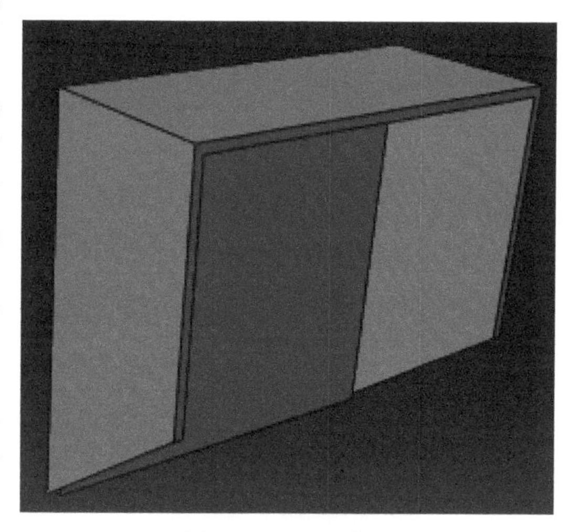

图4.2-3 牛腿截面

牛腿为采用Q235钢材焊接而成的钢牛腿，上部截面尺寸为450mm×200mm，左侧尺寸为430mm×400mm，前后截面尺寸均为400mm×200mm×250mm，具体形状如图4.2-3所示。牛腿焊接到预埋钢板上与柱相连，如图4.2-4所示。承插钢筋为直径28mm的HRB400级热轧带肋钢筋，形成的梁—柱—牛腿组合节点如图4.2-5所示。

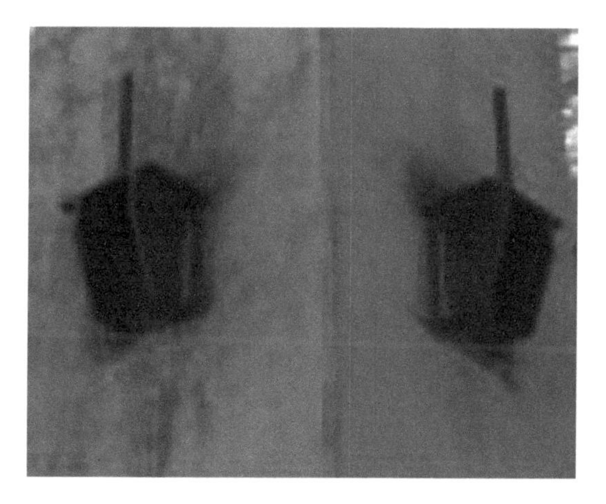

图4.2-4 牛腿与柱的连接

图4.2-5 装配式梁—柱—牛腿组合节点

梁、柱截面的纵筋（HRB400）和箍筋（HPB300）及牛腿用钢板的弹性模量、泊松比和屈服强度如表4.2-1所示。C30混凝土的弹性模量、泊松比和轴心抗压强度设计值如表4.2-2所示。

钢材参数 **表4.2-1**

强度等级	弹性模量(10^5MPa)	泊松比	屈服应力(MPa)
Q235	2.1	0.30	235
HPB300	2.0	0.30	300
HRB400	2.0	0.30	400

混凝土材料参数　　表 4.2-2

强度等级	弹性模量(10^4MPa)	泊松比	轴心抗压强度设计值(N/mm^2)
C30	3	0.2	14.3

2. 节点有限元模型建立

(1) 模型及网格划分

该装配式梁—柱—牛腿组合节点主要由钢筋混凝土梁、柱及钢牛腿共同组成，采用ABAQUS有限元软件建立梁—柱—牛腿组合节点的三维有限元模型，边节点和中节点分别如图 4.2-6 和图 4.2-7 所示。

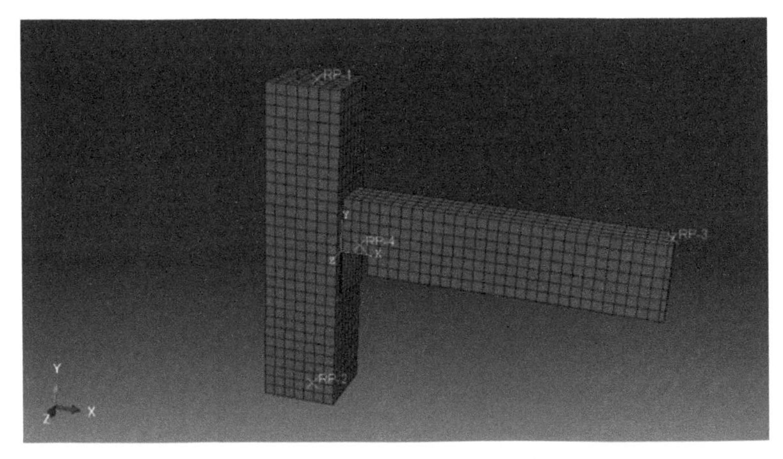

图 4.2-6　梁—柱—牛腿组合边节点有限元模型及网格划分

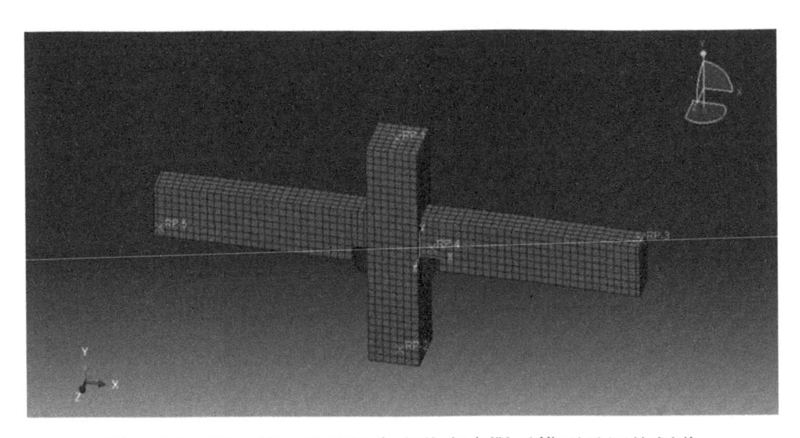

图 4.2-7　梁—柱—牛腿组合中节点有限元模型及网格划分

为了保证模型的计算精度及运行速度，在节点连接处进行网格细分，在其他区域采取较粗的网格密度。为了使得计算简化，假定混凝土与钢筋之间的粘结性能较好，不考虑两者之间的滑移。

(2) 材料本构关系

ABAQUS中提供的混凝土本构模型有三种：混凝土弥散开裂模型、混凝土塑性开裂模型及混凝土塑性损伤模型。塑性损伤模型可以很好地体现混凝土损伤开裂过程中的应力应变情况，它主要利用混凝土材料本身的随动硬化塑性和损伤因子共同确定，计算精度较高，可以很好地模拟混凝土构件在外荷载作用下的塑性破坏，故本节采用塑性损伤模型进行计算。根据《混凝土结构设计规范（2015 年版）》GB 50010—2010[26]，取混凝土受拉和受压的本构关系分别如式(4.2-25）和式(4.2-27）所示。

$$\sigma=(1-d_{\mathrm{t}})E_{\mathrm{c}}\varepsilon \tag{4.2-25}$$

$$d_{\mathrm{t}}=\begin{cases}1-\rho_{\mathrm{t}}(1.2-0.2x^{5});x\leqslant 1\\ 1-\dfrac{\rho_{\mathrm{t}}}{\alpha_{\mathrm{t}}(x-1)1.7+x};x>1\end{cases} \tag{4.2-26}$$

$$\sigma=(1-d_{\mathrm{c}})E_{\mathrm{c}}\varepsilon \tag{4.2-27}$$

$$d_{\mathrm{c}}=\begin{cases}1-\dfrac{\rho_{\mathrm{c}}n}{n-1+x^{\mathrm{n}}};x\leqslant 1\\ 1-\dfrac{\rho_{\mathrm{c}}}{\alpha_{\mathrm{c}}(x-1)^{2}+x};x>1\end{cases} \tag{4.2-28}$$

式中　x——某一点应变 ε 与峰值应变 $\varepsilon_{\mathrm{c,r}}$ 的比值；

d_{t}、d_{c}——混凝土单轴受拉、受压损伤演化参数。

混凝土在受力过程中，会出现裂缝或者损坏的现象，由此在规范提供的混凝土应力—应变的关系基础上引入了损伤因子 d，用来描述卸载时材料刚度退化等现象。在本次模拟中选用由 Sidoroff 根据能量等价原理提出的计算公式，如式（4.2-29）所示。

$$d=1-\sqrt{\frac{\sigma}{E_{0}\varepsilon}} \tag{4.2-29}$$

式中　σ——混凝土真实应力；

ε——混凝土应变；

E_0——混凝土初始弹性模量。

钢筋及钢材选用理想弹塑性的本构关系。

(3) 边界设置及荷载施加

为了准确模拟梁柱节点的真实受力情况，在设置边界条件时选取柱底端作为参考点 rp_2，耦合至柱底截面，将柱底端完全固定；并选取柱顶端截面中心点作为参考点 rp_1，耦合至柱顶截面，并沿着 z 轴负方向施加轴压比为 0.2 的轴压力；同样，将梁端截面的中心点也设置为参考点 rp_3 和 rp_5，并分别耦合至相应截面，在两端沿着 x 和 y 方向施加转角约束，边节点在 rp_3 上施加沿 z 轴方向的位移荷载，中节点在 rp_3 和 rp_5 上施加沿 z 轴方向的位移荷载。荷载施加时，先在柱顶截面施加轴压力，然后在梁端施加往复荷载，加载过程为位移控制。节点梁端位移加载制度如图 4.2-8 所示。

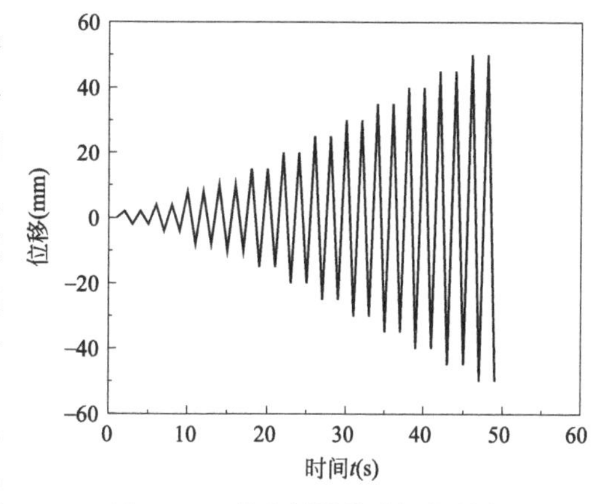

图 4.2-8　节点梁端位移加载制度

3. 节点内力变化规律

等效应力云图可以直观地观测到节点的应力变化规律。通过 ABAQUS 仿真计算，梁—柱—牛腿组合边节点和中节点在荷载作用下混凝土的等效应力云图如图 4.2-9、图 4.2-10 所示。从图 4.2-9 可以看到，边节点和中节点的最大应力处均位于梁端靠近柱的位置，柱的极限承载能力较梁高，梁的根部发生破坏，符合“强柱弱梁”的抗震设计原则。组合节点在荷载作用下的钢筋等效应力云图，如图 4.2-11、图 4.2-12 所示，梁端部钢筋均已屈服，承插钢筋也已完全屈服。

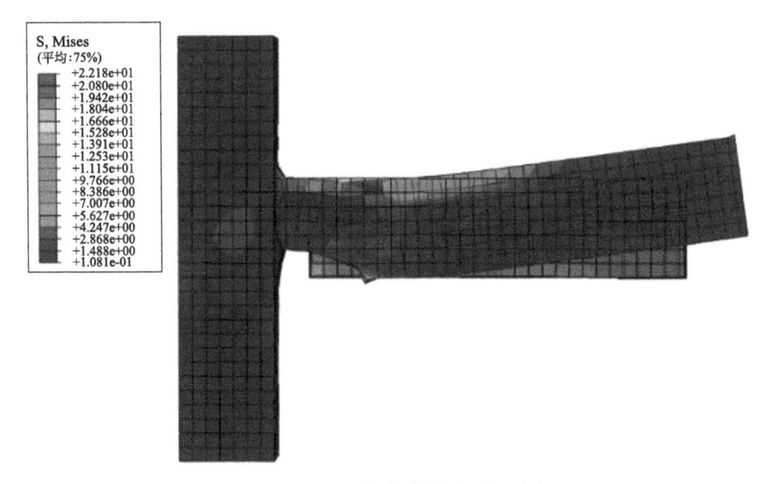

图 4.2-9　边节点等效应力云图

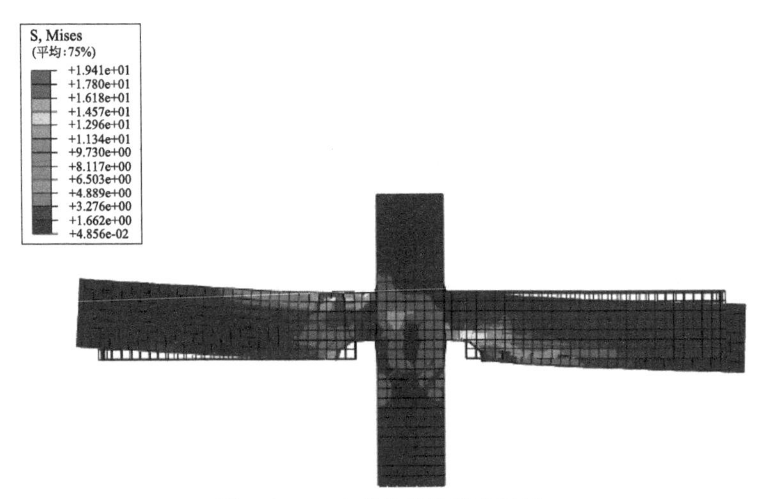

图 4.2-10　中节点等效应力云图

4. 节点位移变化规律

节点位移变化规律可由滞回曲线与骨架曲线中荷载与位移、变形的关系所得出。滞回曲线是指在反复循环荷载作用下，结构产生的变形与荷载值之间的相关曲线。梁—柱—牛腿组合节点在循环荷载作用下的滞回曲线如图 4.2-13、图 4.2-14 所示。由两类节点的滞回曲线图可以看出，边节点和中节点的滞回曲线饱满，形状呈“梭形”，没有捏缩现象，但是二者在正向的下降段均不如负向明显，这是由于梁柱连接处通过牛腿承接，而钢板的刚度较大，

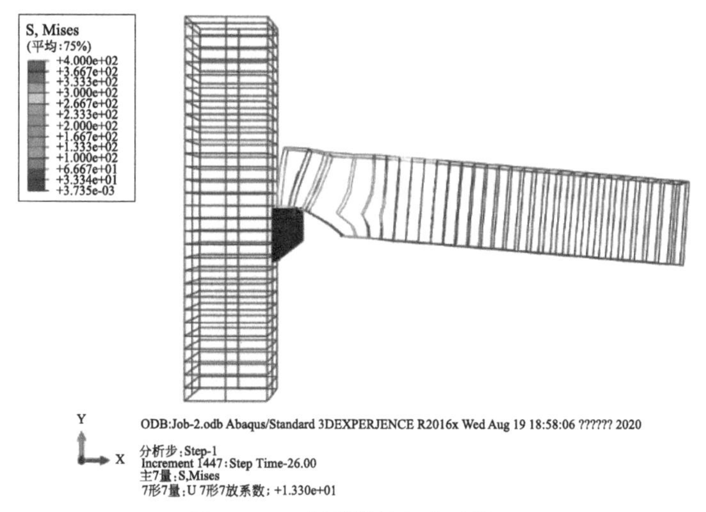

图 4.2-11　钢筋等效应力云图一

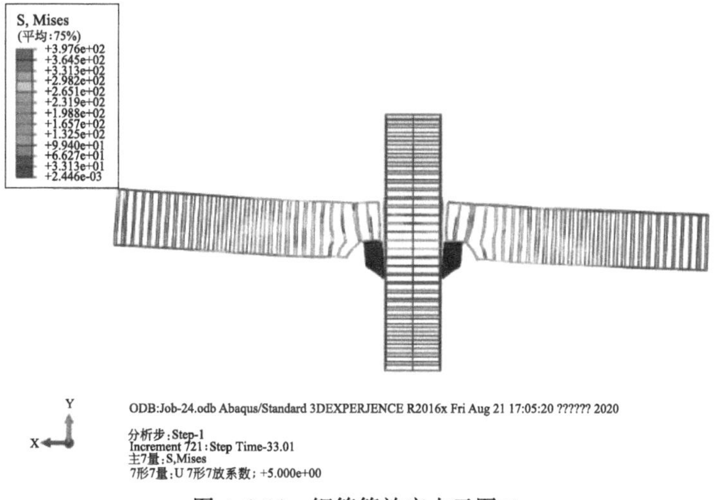

图 4.2-12　钢筋等效应力云图二

因而造成上述现象。整体而言，两种类型节点的滞回曲线均表明，该组合节点的塑性变形能力较强，抗震性能良好，同时也说明了该节点形式具有较高的工程应用价值。

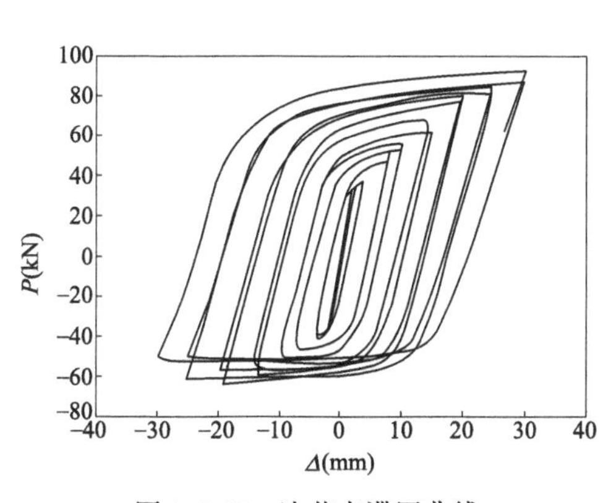

图 4.2-13　边节点滞回曲线

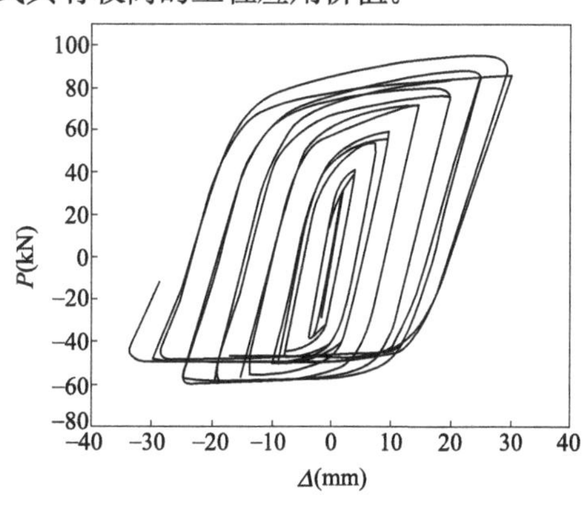

图 4.2-14　中节点滞回曲线

骨架曲线就是将滞回曲线上各级加载得到的荷载极值点依次相连得到的包络线，它反映构件的强度、刚度、延性以及耗能能力，梁—柱—牛腿组合节点的荷载—位移骨架曲线如图 4.2-15 所示。由图 4.2-15 可以看出，边节点和中节点的骨架曲线形状相似，均呈“S”形。在加载初期，荷载随着位移的增加线性增长，处于弹性阶段；当位移达到一定程度时，混凝土不断开裂，节点处于弹塑性阶段，位移变化较大，最终达到破坏。

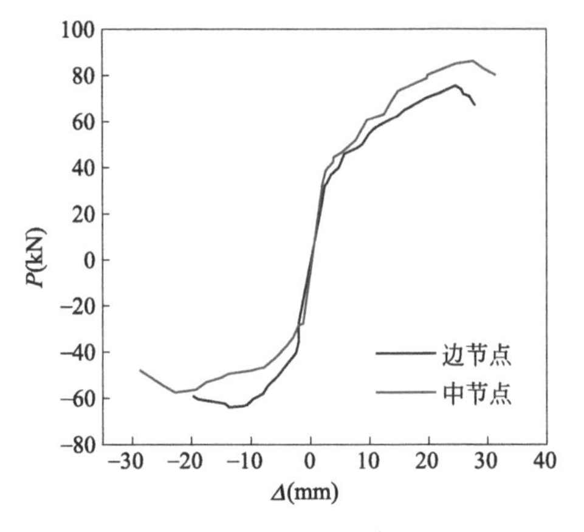

图 4.2-15　骨架曲线

5. 节点最大承载力的计算

表 4.2-3 显示了在经过加荷使节点屈服直至破坏时两种节点的承载能力。由此可知，中节点在屈服阶段、延性变形阶段及破坏阶段的承载力均要大于边节点。

延性是指结构或构件从屈服至达到最大承载力或达到以后承载能力仍没有明显下降的能力，常用来表征结构或构件的非弹性变形能力，也是结构使用安全性的重要体现。位移延性系数 μ 具体表示为该结构或构件的最大弹塑性变形与屈服变形二者之比，计算公式为：

$$\mu=\frac{\Delta_u}{\Delta_y} \tag{4.2-30}$$

式中　Δ_u——最大弹塑性变形；

Δ_y——屈服变形。

一般情况下，钢筋混凝土抗震结构要求的延性系数需大于 3。通过对数据的处理，得到边节点与中节点的承载力及位移延性系数，如表 4.2-3 所示。由表 4.2-3 可知，两种类型节点的位移延性系数均大于 3，说明边节点和中节点二者均具有良好的延性性能，并且中节点的延性优于边节点。

承载力及位移延性系数表　　　**表 4.2-3**

试件	屈服状态		峰值状态		破坏状态		延性系数
	P_y(kN)	Δ_y(mm)	P_m(kN)	Δ_m(mm)	P_f(kN)	Δ_f(mm)	μ
边节点	54.8	9.8	75.5	24.7	64.2	29.8	3.04
中节点	69.3	6.56	86.2	27.7	73.3	23.4	3.6

6. 节点在动力荷载作用下的响应

通过研究节点在循环荷载作用下所表现的滞回曲线，对该节点在抗震性能方面的耗能能力进行分析。滞回曲线是结构在循环荷载作用下的闭合曲线，闭合曲线围成的面积用来描述结构吸收能量的水平，能够反映出结构的耗能性。滞回耗能能力的大小是衡量结构抗震性能的重要指标。一般情况下，滞回环的饱满性与释放的能量正相关，滞回环的形状越饱满，结构的耗能能力则越好。一般采用等效黏滞阻尼系数 h_e 来表示构件的耗能能力，可按式(4.2-31) 计算。

$$h_e = \frac{S_{(BFC+CEB)}}{2\pi S_{(OFD+OEA)}} \tag{4.2-31}$$

式中 $S_{(BFC+CEB)}$——某次循环下滞回环的面积；

$S_{(OFD+OEA)}$——滞回环正负两峰值点与位移轴所围成的三角形的面积，如图4.2-16所示。

边节点和中节点的等效黏滞阻尼系数与位移之间的关系对比曲线如图4.2-17所示。由图4.2-17可以看出，二者在破坏阶段的 h_e 值均超过0.4，表现出边节点和中节点良好的抗震耗能能力。另外，边节点的抗震耗能能力略优于中节点的抗震耗能能力，但二者的曲线非常贴近，表明节点位置的改变对构件等效黏滞阻尼系数的影响很小。

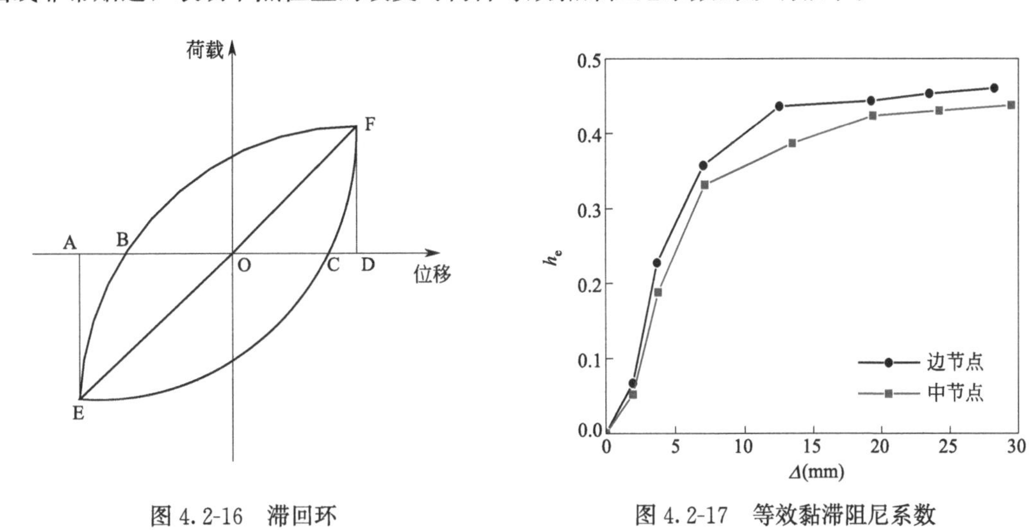

图4.2-16 滞回环

图4.2-17 等效黏滞阻尼系数

7. 研究结论

通过有限元软件模拟研究新型装配式结构梁—柱—牛腿组合形式边节点和中节点的受力性能，可以看出，边节点和中节点均具有良好的延性和耗能能力。中节点的承载力和延性均优于边节点，而边节点的耗能能力略高于中节点，但二者相差较小。此外，模拟得到的滞回曲线相对饱满，说明边节点和中节点均具有良好的抗震性能。主要破坏模式为梁端出现较大破坏，最终形成塑性铰，符合“强柱弱梁”及“强节点弱构件”的设计原则。因此，可以看出该种装配节点形式的承载力高、抗震性能满足抗震设计要求，且施工便捷，在预制装配式结构施工中具有良好的推广前景。

4.2.4 摩擦型高强度螺栓连接节点受力分析

本工程在装配式钢结构的连接节点中大范围应用全螺栓连接工艺，其中，摩擦型高强度螺栓在梁柱连接、梁梁拼接等结构安装中使用广泛，对安装精度要求极高的电子厂房具有举足轻重的作用。因此，设计人员在结构设计中对摩擦型高强度螺栓连接展开了理论研究，针对摩擦型高强度螺栓单栓与螺栓群连接的承载力计算进行了研究分析，为连接节点的设计与施工提供了可靠依据。

1. 高强度螺栓单栓受力分析

(1) 抗剪计算

摩擦型高强度螺栓连接副主要依靠螺栓预紧力产生的钢构件之间的摩擦力来承担和传

递荷载。因此，摩擦型高强度螺栓必须采用抗拉强度较高的钢材进行制作。摩擦型高强度螺栓连接受剪时的极限承载能力应由下式计算：

$$N_{v}^{b}=\alpha_{R}n_{f}\mu P \tag{4.2-32}$$

式中 n_{f}——传力摩擦面数目；

μ——摩擦面的抗滑移系数，具体数值由查表确定；

P——高强度螺栓单栓的预拉力；

α_{R}——抗力分项系数的倒数，一般取 0.9，冷弯薄壁型钢构件取 0.8。

由该公式可以看出，高强度螺栓的受剪承载力设计值与螺栓预拉力、连接件摩擦面处理方式、摩擦面数等都有关系。工程设计中为保证摩擦力符合要求，应采取喷砂、喷铝等物理化学处理方式，保证连接面粗糙平整、清洁紧密。

(2) 抗拉计算

在对预拼装的钢构件进行吊装的过程中，吊点旁的高强度螺栓会承受较大的螺栓杆轴方向的外拉力。在此过程中，由于外力的增加，在拉力 F 的作用下，如图 4.2-18 所示，当拉力不大于预紧力时，螺栓的螺母与螺杆仍处于平衡状态，此时 $P_{t}=P$。当构件刚好被拉开时，受到钢构件传来的拉力 F 等于螺栓预紧力，即 $P_{t}=F$，拉力会由 P 增加到 F，经过试验验证与推导，可得此时的临界拉力 P_{f} 近似于：

$$P_{f}=1.1P \tag{4.2-33}$$

经分析可知，当构件被拉开时，螺栓预拉力的拉力增量值为预拉力的 10%。试验表明，当外拉力过大时，大于螺栓预拉力时（超张拉），卸载后的螺栓会发生松弛现象，使得预拉力无法达到设计要求。因此，需要规定一个合理的设计预拉力，使得在出现外拉力的加载情况时，螺栓预拉力能提供可靠的紧固，避免出现松弛现象。根据规范规定，在摩擦型高强度螺栓连接中，单个高强度螺栓的受拉承载力设计值按如下公式计算：

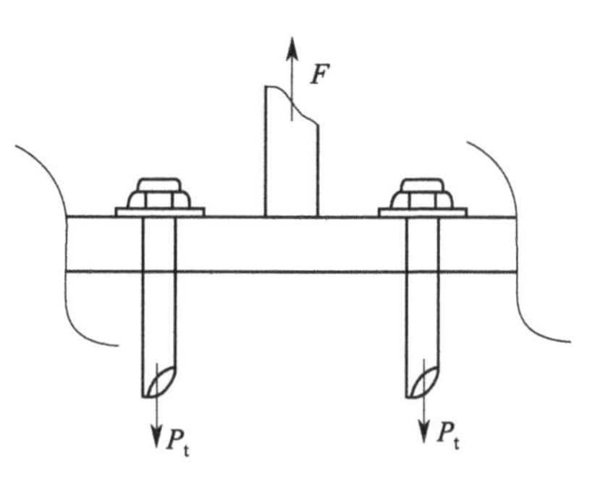

图 4.2-18 摩擦型高强度螺栓受拉

$$N_{t}=0.8P \tag{4.2-34}$$

实际应用过程中，由于在 T 形连接中存在撬力的影响，当连接角钢的刚度不足以支撑受拉产生的荷载时，会产生较大的变形，进而对螺栓产生撬动，撬力的存在会大大削弱螺栓的受拉承载力。因此，针对这类问题，在节点设计中，应考虑采用设置加劲肋、局部焊接等构造措施减少其影响。

(3) 同时承受剪力和拉力的计算

由前述分析可知，高强度螺栓受拉时，只要拉力小于螺栓预紧力，螺栓的拉力并不会发生较大变化。但板件挤压力由于拉力的作用会有所减小，由 P 减小到 P-F，进而会使螺栓连接节点的抗滑移承载力随之减小，导致螺栓的受剪承载力也有一定程度的削弱。因此，规范对于摩擦型高强度螺栓连接同时受到拉力和剪力作用时承载力的计算方法做出了规定，其单栓承载力按如下公式计算：

$$\frac{N_{v}}{N_{v}^{b}}+\frac{N_{t}}{N_{t}^{b}}\leqslant 1 \tag{4.2-35}$$

式中　N_v、N_t——单个螺栓的受剪承载力和受拉承载力；

N_v^b、N_t^b——单个螺栓的受剪承载力和受拉承载力设计值。

2. 高强度螺栓群受力分析

(1) 螺栓群受剪计算

高强度螺栓群在确定其所需的螺栓数量时，应根据所受轴心力 N 的大小，取单个螺栓受剪承载力的最小值 N_{min}^b 进行所需螺栓数量的保守估计，具体按照下式进行计算：

$$n=\frac{N}{N_{min}^b} \tag{4.2-36}$$

其中，针对摩擦型高强度螺栓连接，N_{min}^b 的取值应按照规范规定的单栓受剪承载力公式进行计算：

$$N_{min}^b=\alpha_R n_f \mu P \tag{4.2-37}$$

摩擦型高强度螺栓连接的传力机理与普通螺栓连接有很大区别。摩擦型高强度螺栓主要依靠板件间的摩擦力传递内力，而普通螺栓则主要依靠螺栓受剪和孔壁受压来共同完成内力的传递。根据《钢结构高强度螺栓连接技术规程》JGJ 82—2011[27] 的相关规定，一般认为第一排高强度螺栓所承担的内力有 50%在孔前摩擦面中传递（图 4.2-19），假设连接一侧的螺栓数目为 n，在所计算截面上的第一排螺栓数为 n_1，则构件截面所受力为：

$$N'=N\left(1-\frac{0.5n_1}{n}\right) \tag{4.2-38}$$

式中　n_1——计算截面（最外一列螺栓处）上的高强度螺栓数目；

n——连接节点处，一侧的高强度螺栓总数。

轴心受力构件在摩擦型高强度螺栓连接处的净截面强度按如下公式计算：

$$\sigma=\frac{N'}{A_n}\leqslant f \tag{4.2-39}$$

除了按照上面的公式计算净截面强度外，还需要计算毛截面强度，因为在未分布螺栓的毛截面上承受了全部的拉力。毛截面强度计算公式为：

$$\sigma=\frac{N}{A}\leqslant f \tag{4.2-40}$$

式中　A——毛截面面积。

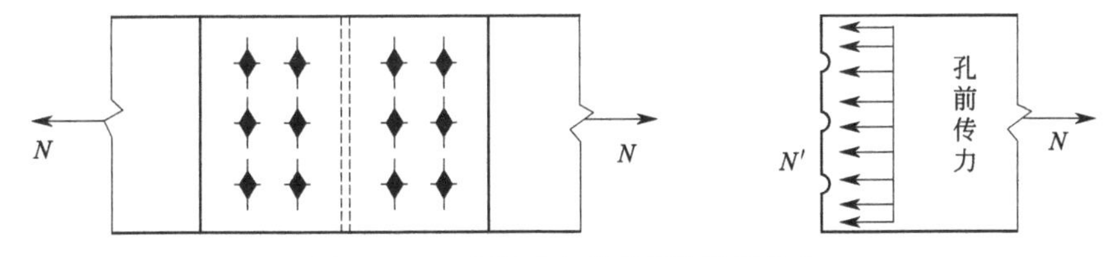

图 4.2-19　摩擦型高强度螺栓孔前传力

(2) 螺栓群轴心受拉计算

高强度螺栓群轴心受拉的情况下，所需高强度螺栓数目的计算方法与受剪计算的方法类似，由于轴心受拉条件下，各个螺栓所受的轴力 N_t^b 相同，故 n 由下式确定：

$$n=\frac{N}{N_t^b} \tag{4.2-41}$$

其中，单个摩擦型高强度螺栓连接的轴力 $N_t=0.8P$。

(3) 螺栓群受弯计算

按照相关规范进行连接节点的设计，可以保证摩擦型高强度螺栓连接所受的拉力小于螺栓预紧力 P，进而在弯矩作用下，受拉一侧的螺栓与被连接构件之间可以保持接触面贴合紧密。从而可以认为弯矩中和轴在螺栓群的形心上，受弯矩作用最大的螺栓分布在最边缘一层（图 4.2-20），其相应的拉力计算满足以下公式：

$$N_1^M=\frac{My_1}{m\sum y_i^2}\leqslant N_t^b \tag{4.2-42}$$

式中 y_1——最外排螺栓到形心轴的距离；

y_i——各排螺栓到螺栓形心轴的距离；

m——螺栓纵列列数。

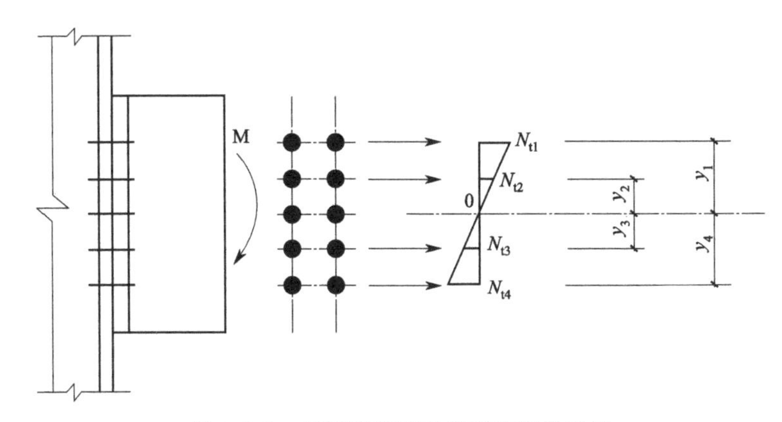

图 4.2-20 弯矩作用下的高强度螺栓连接

(4) 螺栓群偏心受拉计算

高强度螺栓在考虑偏心受拉计算时，由于每个螺栓的最大内力不得超过 0.8P 才能保证各构件与螺栓的紧密贴合，因此，在计算中所有摩擦型高强度螺栓连接均可按照普通螺栓小偏心受拉进行计算，如图 4.2-21 所示，其计算公式为：

$$N_1=\frac{N}{n}+\frac{N\cdot e}{\sum y_i^2}\cdot y_1\leqslant N_t^b \tag{4.2-43}$$

(5) 高强度螺栓群同时承受拉力、剪力和弯矩作用

图 4.2-22 所示为摩擦型高强度螺栓承受拉力、剪力和弯矩共同作用时的情况。随着外拉力的增大，构件与螺栓之间的紧密程度和摩擦面抗滑移系数都会随之减小，当摩擦型高强度螺栓同时承受拉力和剪力作用时，单个螺栓的受剪承载能力设计值为：

$$N_v^b=0.9n_f\mu(P-1.25N_t) \tag{4.2-44}$$

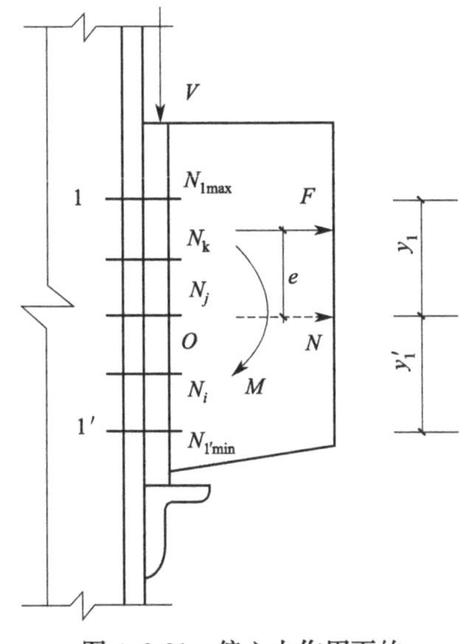

图 4.2-21 偏心力作用下的高强度螺栓连接

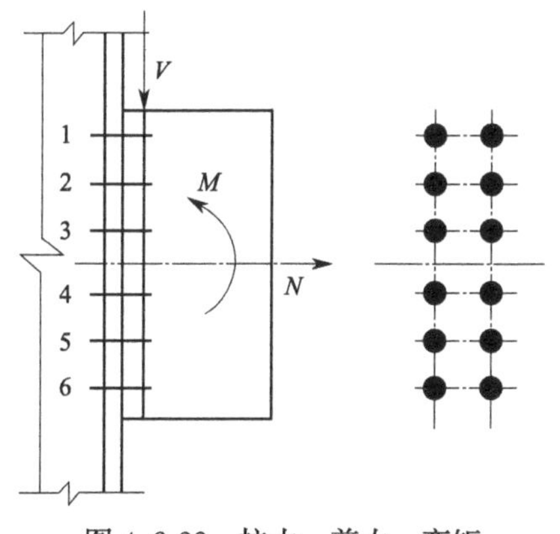

图 4.2-22　拉力、剪力、弯矩作用下的高强度螺栓连接

由图 4.2-22 可知，由于螺栓群受到弯矩和剪力的共同作用，各行螺栓的剪力大小经外力作用叠加后均不相同，故应按式(4.2-45) 来计算摩擦型高强度螺栓的抗剪强度：

$$V \leqslant n_0(0.9n_f\mu P)+0.9n_f\mu[(P-1.25N_{t1})+(P-1.25N_{t2})+\cdots] \tag{4.2-45}$$

式中　n_0——受压区高强度螺栓的数目，包括中和轴处的螺栓；

N_{t1}、N_{t2}——受压区高强度螺栓所受的轴向拉力。

也可将式(4.2-45) 改写成下列形式：

$$V \leqslant 0.9n_f\mu(nP-1.25\sum N_{ti}) \tag{4.2-46}$$

式中　n——整个构件所连接的螺栓数目总和；

$\sum N_{ti}$——高强度螺栓所受的拉力总和。

在式(4.2-45) 和式(4.2-46) 中，只考虑螺栓预拉力对受剪承载力的不利影响，并没有考虑叠合构件之间压力增大对螺栓的有利影响，所以公式的计算结果偏于安全。

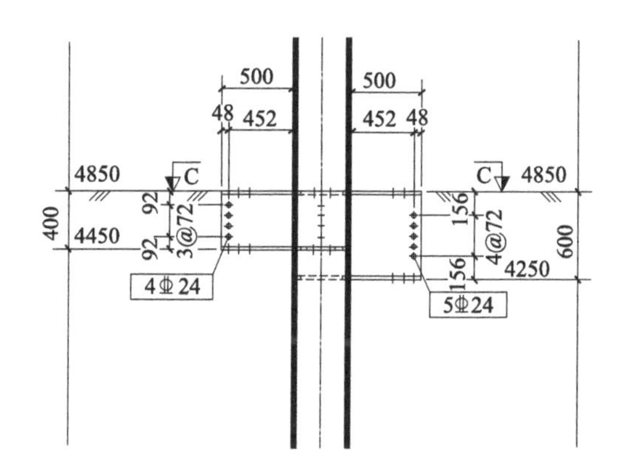

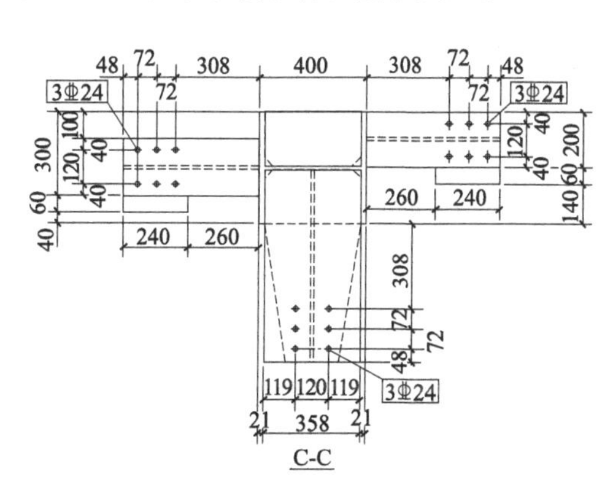

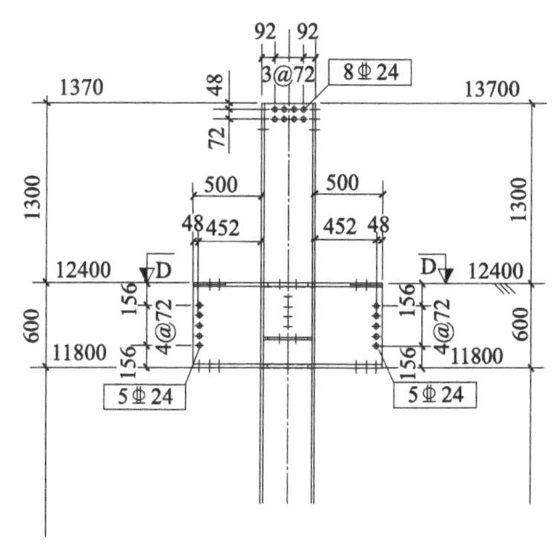

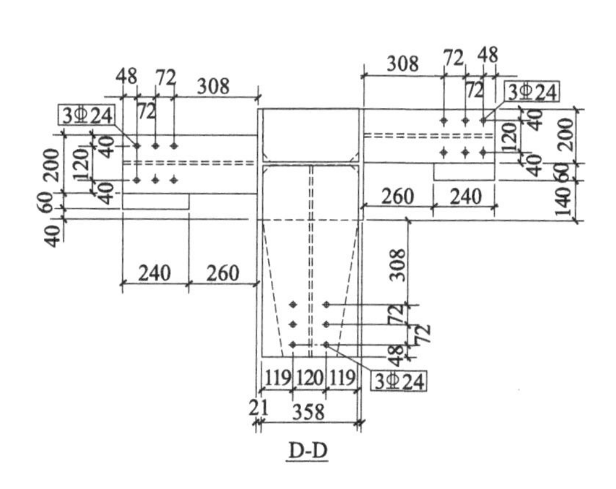

图 4.2-23　梁柱连接节点设计

此外，螺栓的最大拉力还应满足如下公式：

$$N_{ti} \leqslant N_{t}^{b} \tag{4.2-47}$$

在以上对摩擦型高强度螺栓单栓及螺栓群进行受力理论分析的基础上，设计人员对预制装配式精密电子厂房的梁柱连接、梁梁拼接节点等进行了重点设计，从而保证工程结构和施工的安全性与可靠性。本工程中的典型梁柱连接节点如图 4.2-23 所示，典型梁梁拼接节点如图 4.2-24 所示。

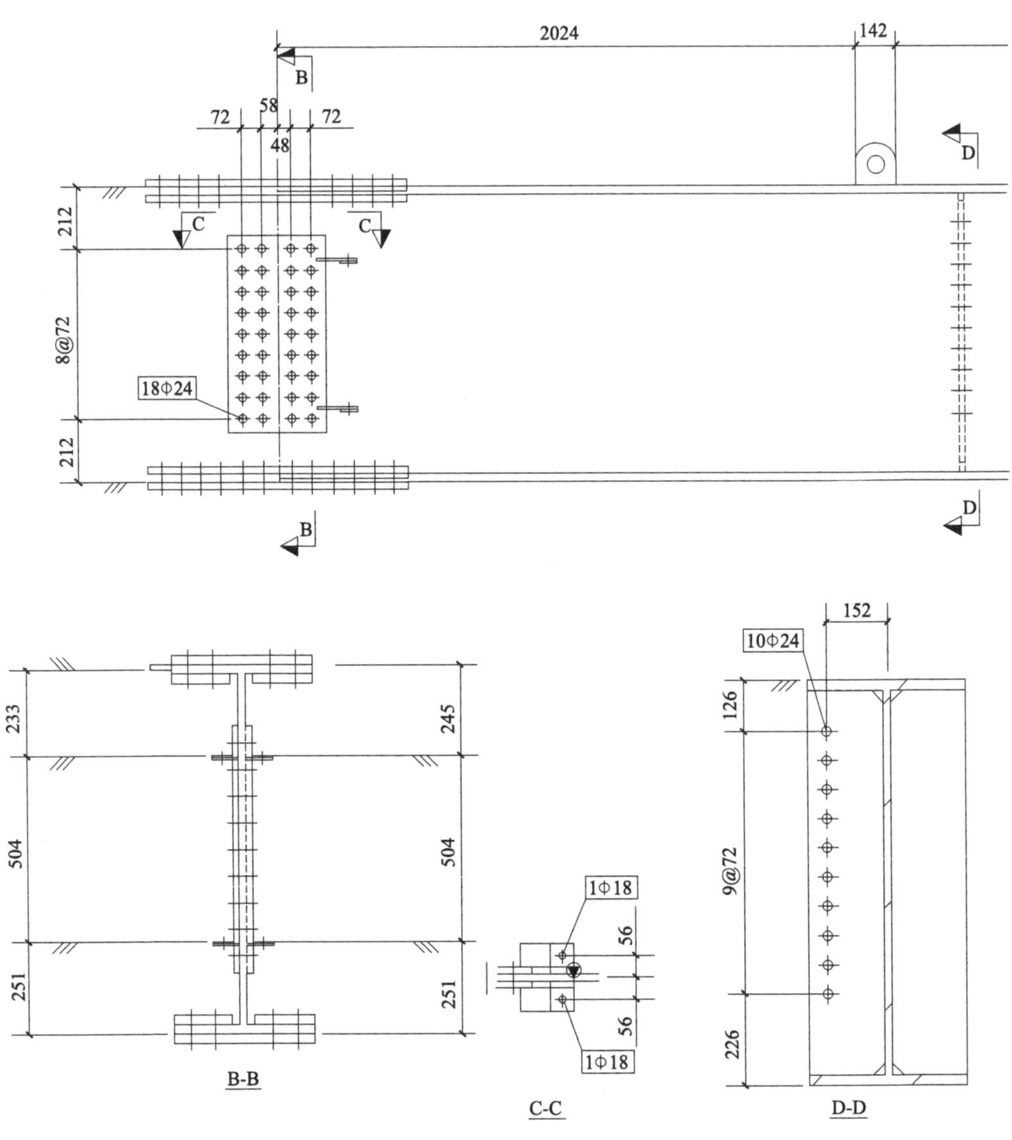

图 4.2-24　梁梁拼接节点设计

通过对预制装配式精密电子厂房中广泛使用的摩擦型高强度螺栓连接节点进行剪力作用、拉力作用、弯矩作用等分析，以其为计算理论参考依据，可以进一步地展开梁柱高强度螺栓连接、梁梁高强度螺栓拼接等节点设计。

4.3　结构抗震性能分析

目前所研究的工业厂房主要是针对火电及常见的厂房结构，对于某些厂房跨度较大或者荷载较大的情况，原有结构形式已经很难满足设计要求，因此尝试采用新的结构体系。采用有限元软件SAP2000对预制装配式精密电子厂房进行模拟分析，包括模态分析、反应谱分析、弹性时程分析和弹塑性时程分析，研究其在高烈度区域的抗震性能，为此类结构形式设计提供一定的依据。

4.3.1　厂房结构模型建立

主厂房的平面分区图如图4.3-1所示，厂房中部为主厂房区（即FAB区），结构形式为CFT柱＋RC柱＋PC柱＋钢结构屋架；两侧为支持区，结构形式为SRC结构柱＋钢柱＋钢筋桁架楼承板。该结构主要构件的截面尺寸如图4.3-2所示。钢材强度为Q345，柱混凝土强度均为C45，板混凝土强度为C30。

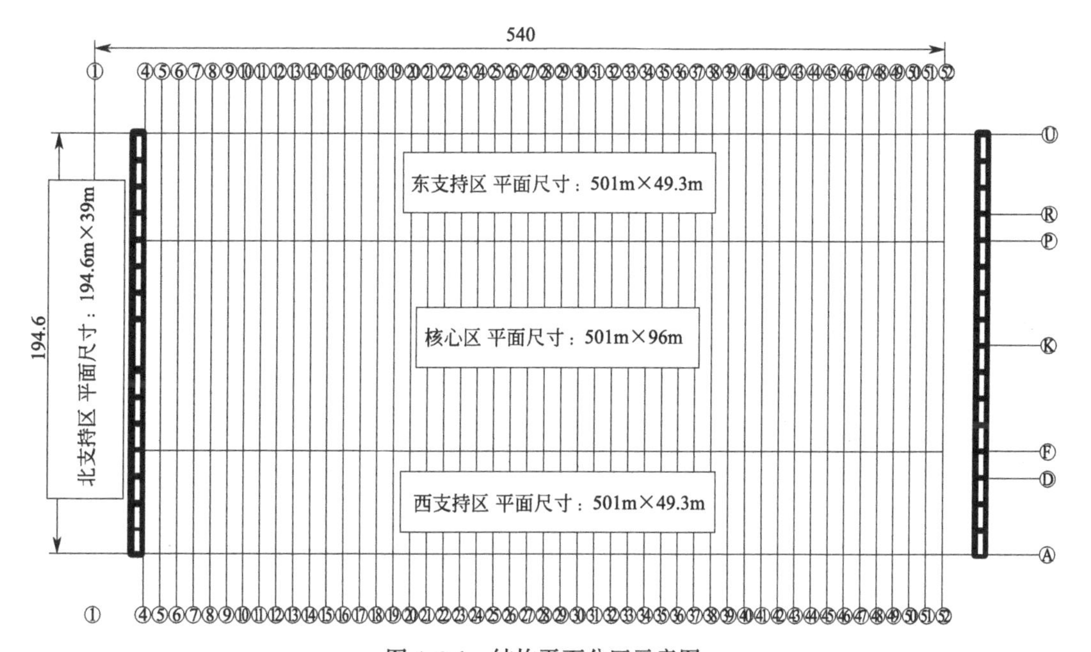

图4.3-1　结构平面分区示意图

设计抗震设防烈度为8度，设计基本加速度为0.2g，设计地震分组为第二组，场地类别为Ⅱ类，场地特征周期为0.4s，抗震设防类别为乙类。钢—混凝土组合结构和钢筋混凝土结构的阻尼比分别为0.04和0.05，水平地震影响系数最大值为0.16g。结构的抗震等级如表4.3-1所示。

结构抗震等级　　　　**表4.3-1**

生产厂房(FAB)	生产区	钢—混凝土组合框架； 钢结构柱＋钢桁架	混凝土框架一级、 钢结构二级
	支持区	钢—混凝土组合框架	混凝土框架二级、 钢结构三级

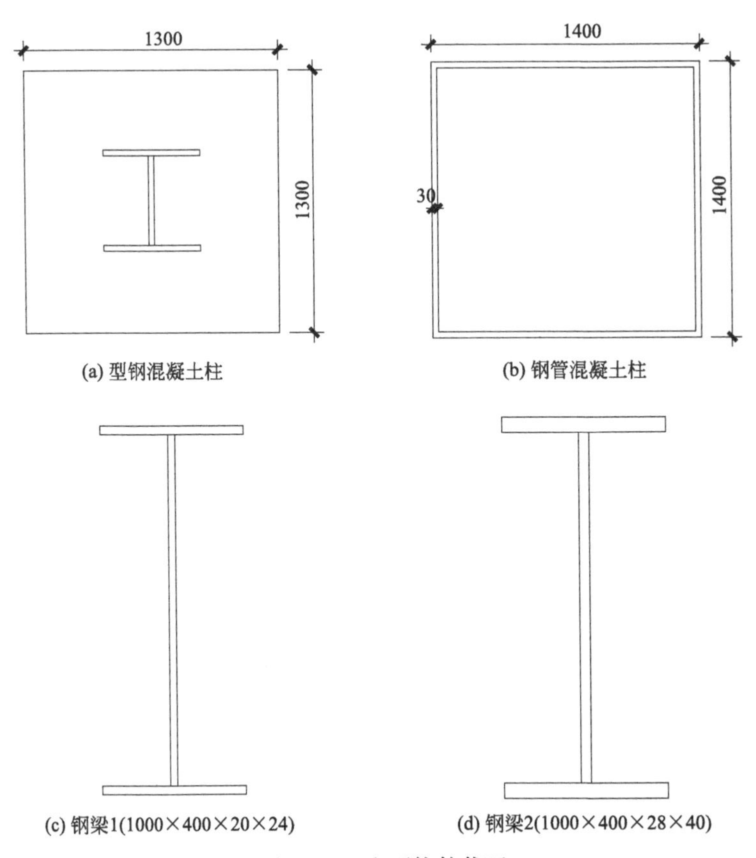

图 4.3-2　主要构件截面

采用有限元软件 SAP2000 建立的结构模型如图 4.3-3 所示。模型中梁柱均选择杆系单元，梁柱之间约束为不释放弯矩，次梁与主梁之间的约束为释放弯矩。对于 FAB 区的钢桁架，根据荷载等效简化为钢梁；为方便建模，支持区的斜屋面按平面处理；层间楼板空洞按连续处理。1、2 层楼面板恒荷载取 $1.5kN/m^2$，活荷载取 $14.0kN/m^2$；屋面层活荷载取 $0.5kN/m^2$；主梁均布活荷载取 $9.0kN/m^2$；次梁均布活荷载取 $10.0kN/m^2$。楼板采用膜单元进行模拟。

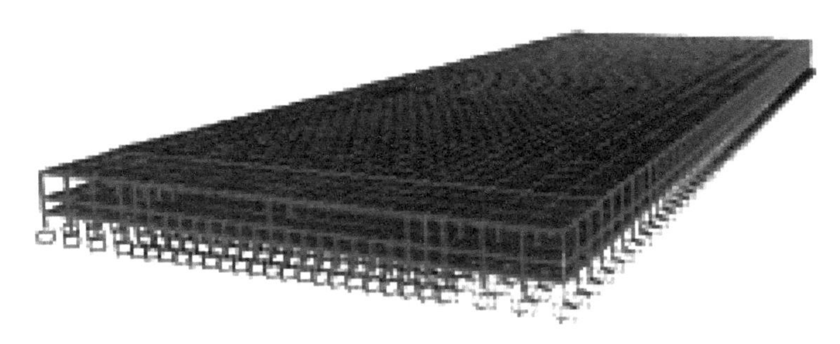

图 4.3-3　结构模型图

4.3.2　结构振型分析

主厂房的整体模态分析结果如图 4.3-4 所示，第一周期为 0.48s，振动方向为沿纵向的平动；第二周期为 0.46s，振动方向为沿横向的平动；第三周期为 0.42s，为扭转周期。对比前三阶周期可知，前两阶周期差别不大，扭转第一周期和平动第一周期的比值小于 0.9，满足《高层建筑混凝土结构技术规程》JGJ 3—2010[28] 对于周期比的限制，表明该模型结构形式是合理的。

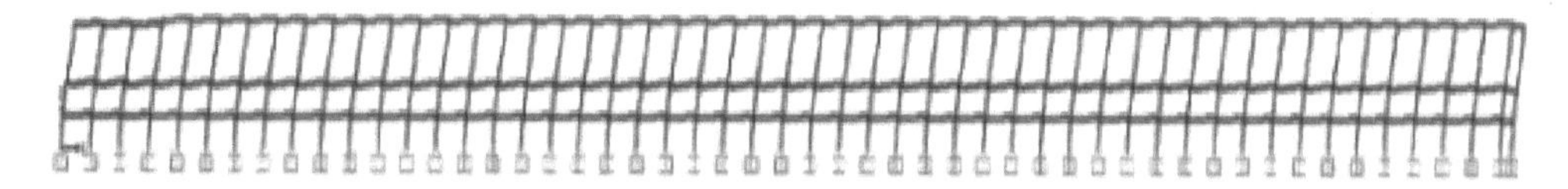

(a) 第一阶振型(纵向平动)

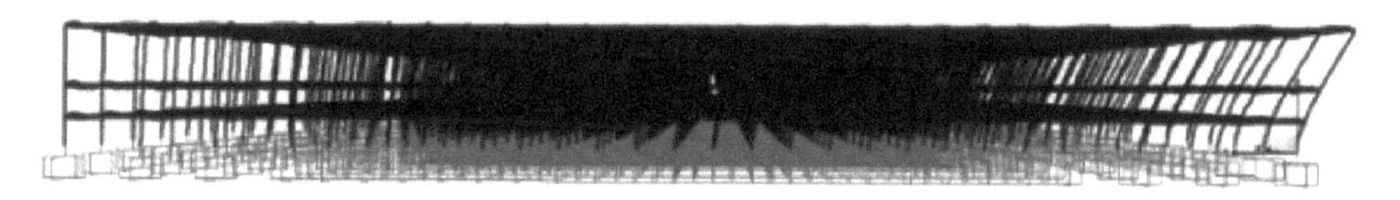

(b) 第二阶振型(横向平动)

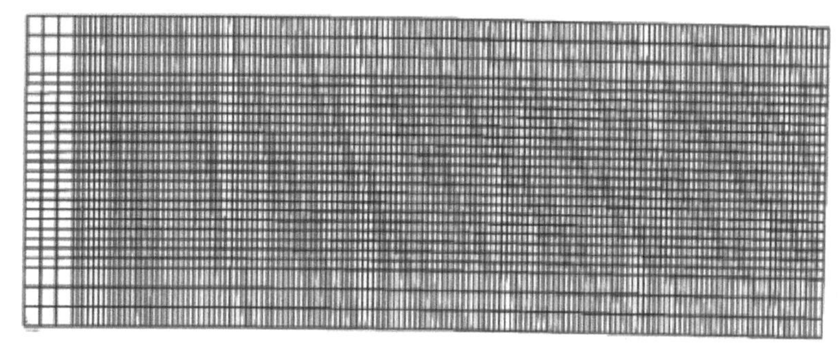

(c) 第三阶振型(扭转)

图 4.3-4　厂房结构的前三阶振型

4.3.3　振型反应谱分析

结构的阻尼比统一设置为 0.05，周期折减系数取 0.7，采用双向地震。结构反应谱分析的结果如图 4.3-5 所示。从图 4.3-5 中可以看出，随着楼层增加，X 向和 Y 向的位移增大，最大水平位移为 12.7mm；层间位移角也随着楼层增大而增大，最大层间位移角为 1/1429，满足《建筑抗震设计规范》GB 50011—2010[29] 中对于框架结构最大弹性层间位移角 1/550 的要求，表明该预制装配式结构厂房在 8 度区有着良好的抵抗变形的能力。

4.3.4　弹性时程分析

在振型分解反应谱分析的基础上，采用时程分析法能够更加全面与真实地研究结构模型的抗震性能。通过设置多种工况，进一步研究其在高烈度区的地震反应，选取有代表性的Ⅱ类场地地震波：EI Centro 波和兰州波，其峰值加速度分别为 341.7cm/s^2（时间间隔 0.02s）、196.2cm/s^2（时间间隔 0.02s）。

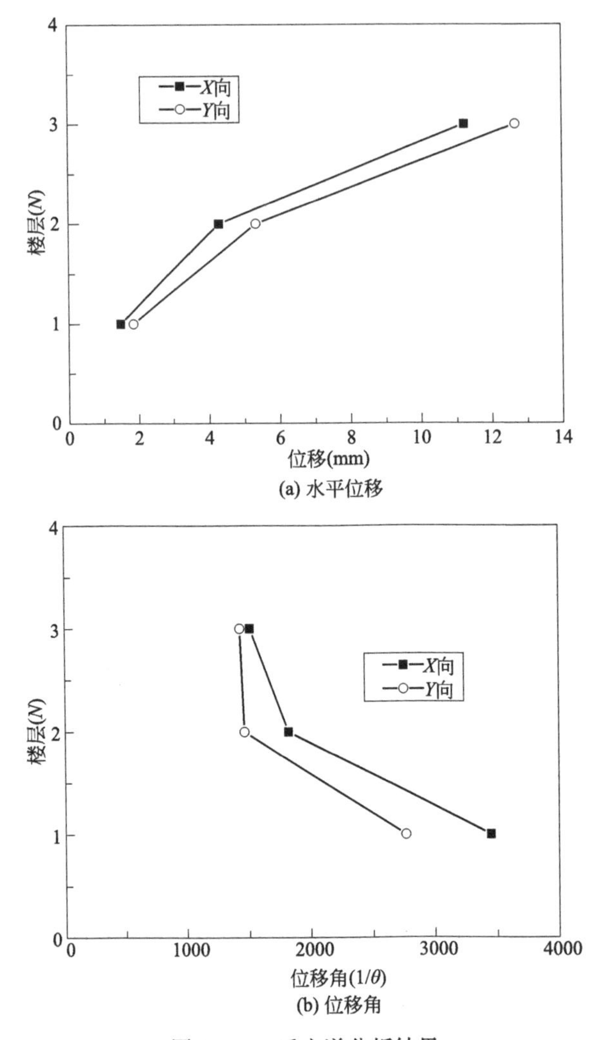

图 4.3-5　反应谱分析结果

振型分解反应谱所计算得到的结果为横、纵双向的，因而对结构的弹性地震时程分析也按双向地震下进行。表 4.3-2 给出了弹性地震作用下的基底剪力和顶层位移角，可以看出，该厂房结构的弹性时程分析结果符合《建筑抗震设计规范》GB 50011—2010 中对于时程分析的要求，位移角均小于 1/550。EI Centro 波的基底剪力和顶层位移角均大于兰州波，表明 EI Centro 波相较于兰州波有着更加显著的地震响应。该对比结果同时也表明弹性时程分析结果的准确性，与反应谱法互为验证。

弹性时程分析结果　　　　**表 4.3-2**

类型	基底剪力(kN)		时程/反应谱	顶层位移角		时程/反应谱
	横向	纵向		横向	纵向	
反应谱	410557	378698	—	1/1265	1/1429	—
EI Centro 波	452200	418800	1.1/1.1	1/717	1/1153	1.8/1.2
兰州波	247200	260200	0.6/0.7	1/1135	1/2070	1.1/0.7
平均值	369985	352566	0.9/0.9	1/978	1/1463	1.3/0.98

4.3.5 弹塑性时程分析

1. 位移时程

图 4.3-6、图 4.3-7 给出了 EI Centro 波、兰州波和人工波在 7 度、8 度和 9 度地震下的位移时程曲线，表 4.3-3 给出了 SAP2000 中设置地震峰值加速度的调整系数。从图中可以看出，随地震烈度的增加，结构的反应位移增大，且罕遇地震下的反应位移比多遇地震下的反应位移大很多。对比三条地震波作用下结构的位移时程曲线，发现兰州波在多遇地震下反应位移较大，EI Centro 波在罕遇地震下反应位移较大，而人工波反应位移介于二者之间。结构在三种地震波作用下出现位移峰值的时间不同，通过对比各地震波本身的加速度时程曲线，发现位移峰值出现时间和加速度波峰时间一致。

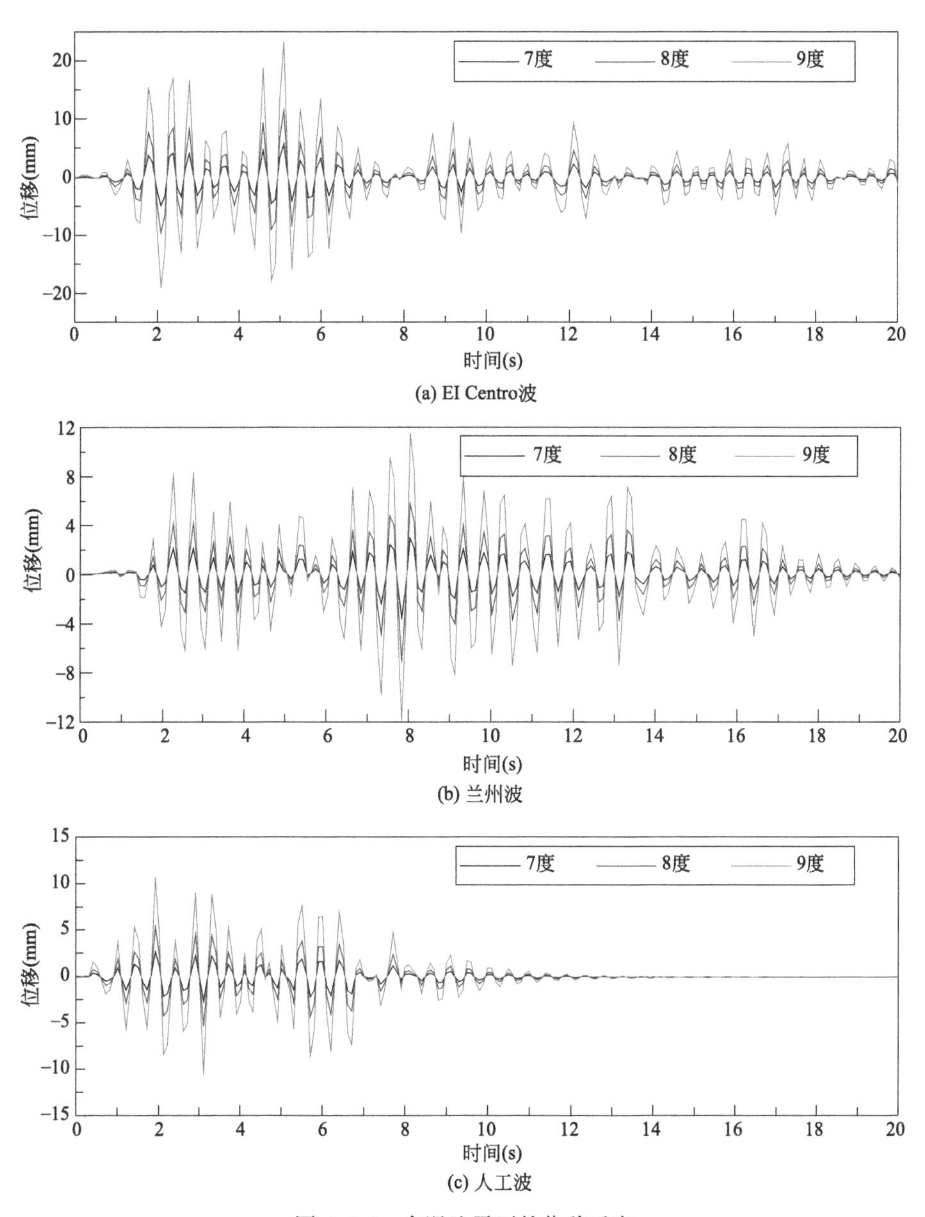

图 4.3-6　多遇地震下的位移反应

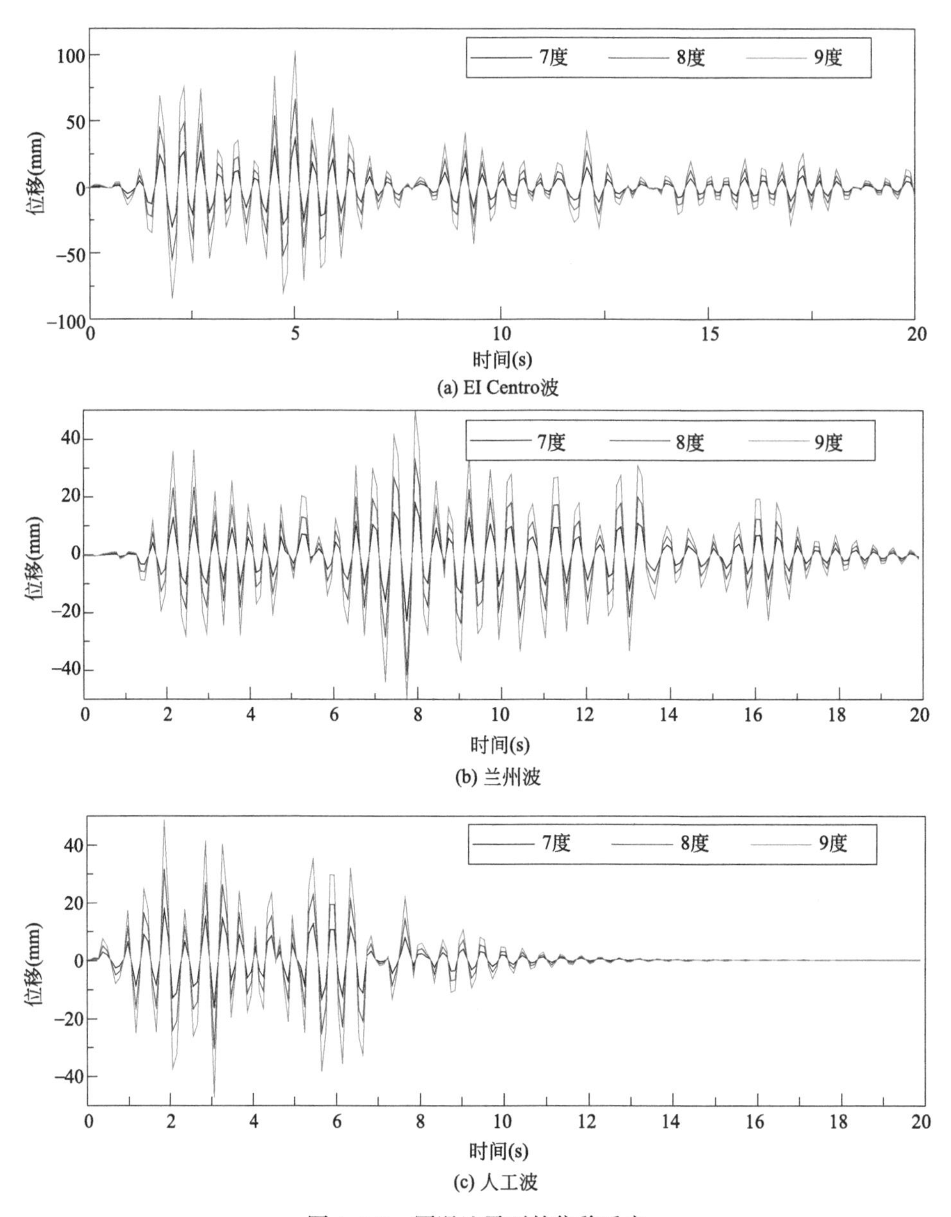

(a) EI Centro波

(b) 兰州波

(c) 人工波

图 4.3-7 罕遇地震下的位移反应

时程分析所用地震加速度峰值最大值与调整系数（cm/s²） **表 4.3-3**

地震影响	7 度	调整系数		8 度	调整系数		9 度	调整系数	
		EI	LZ		EI	LZ		EI	LZ
多遇地震	35(55)	0.102 (0.161)	0.178 (0.280)	70 (110)	0.205 (0.322)	0.357 (0.561)	140	0.410	0.714
罕遇地震	220 (310)	0.644 (0.907)	1.121 (1.58)	400 (510)	1.171 (1.493)	2.039 (2.599)	620	1.814	3.160

注：括号内数值分别用于设计地震加速度为 0.15g 和 0.30g 的地区。

2. 加速度时程

图 4.3-8 和图 4.3-9 给出了结构模型在 EI Centro 波、兰州波和人工波作用下不同烈度对应的加速度时程曲线。随着地震烈度的增加，结构模型加速度呈现增加趋势；EI Centro 波与兰州波相比，平均反应加速度较小，表明兰州波作用下结构模型的加速度反应更为显著。人工波在多遇地震下加速度响应最小，而在罕遇地震下表现出较强的响应，表明结构在同一地震波下的响应会随烈度的变化而遵循本身波特性而变化。

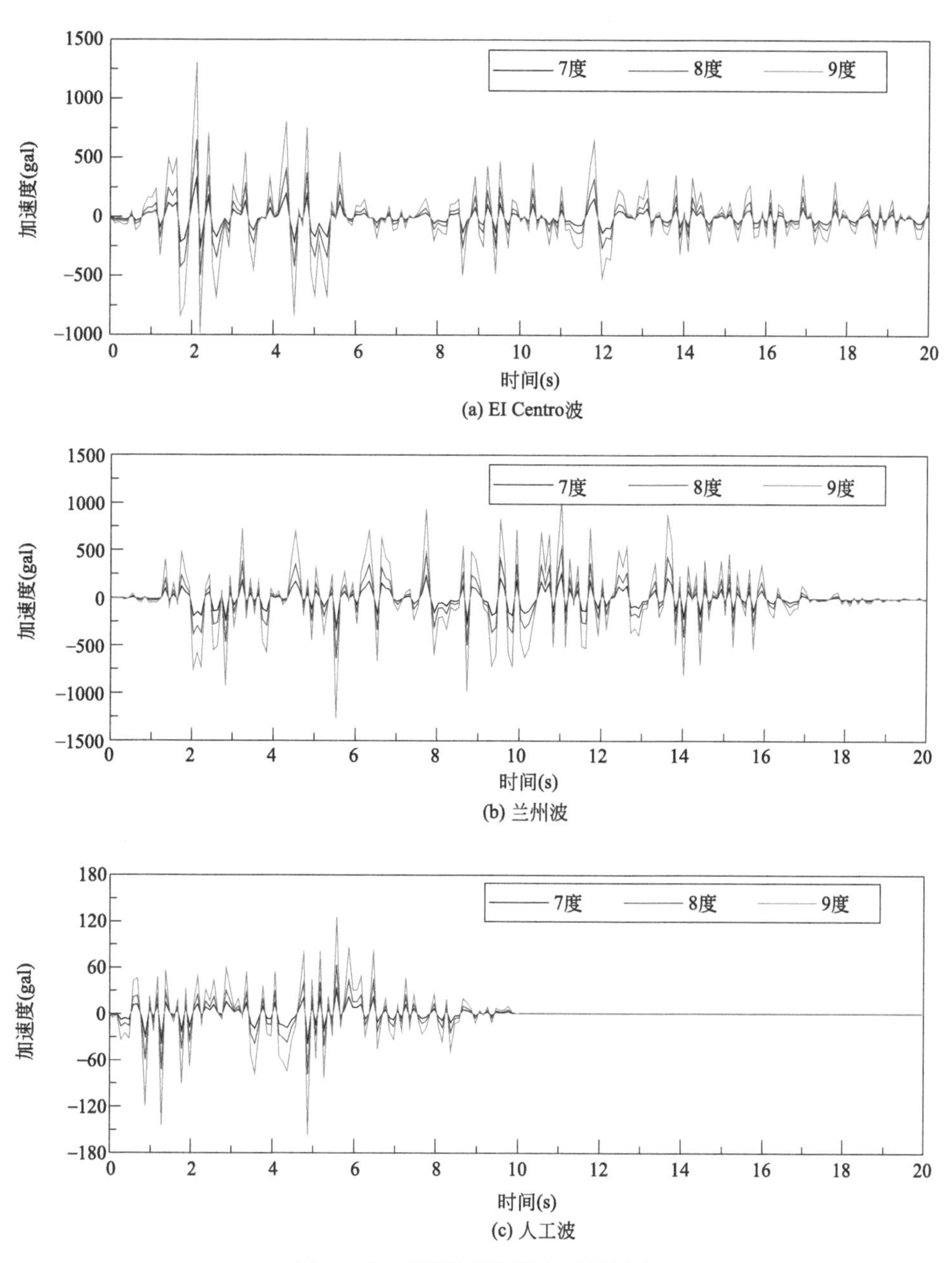

图 4.3-8　多遇地震下的加速度反应

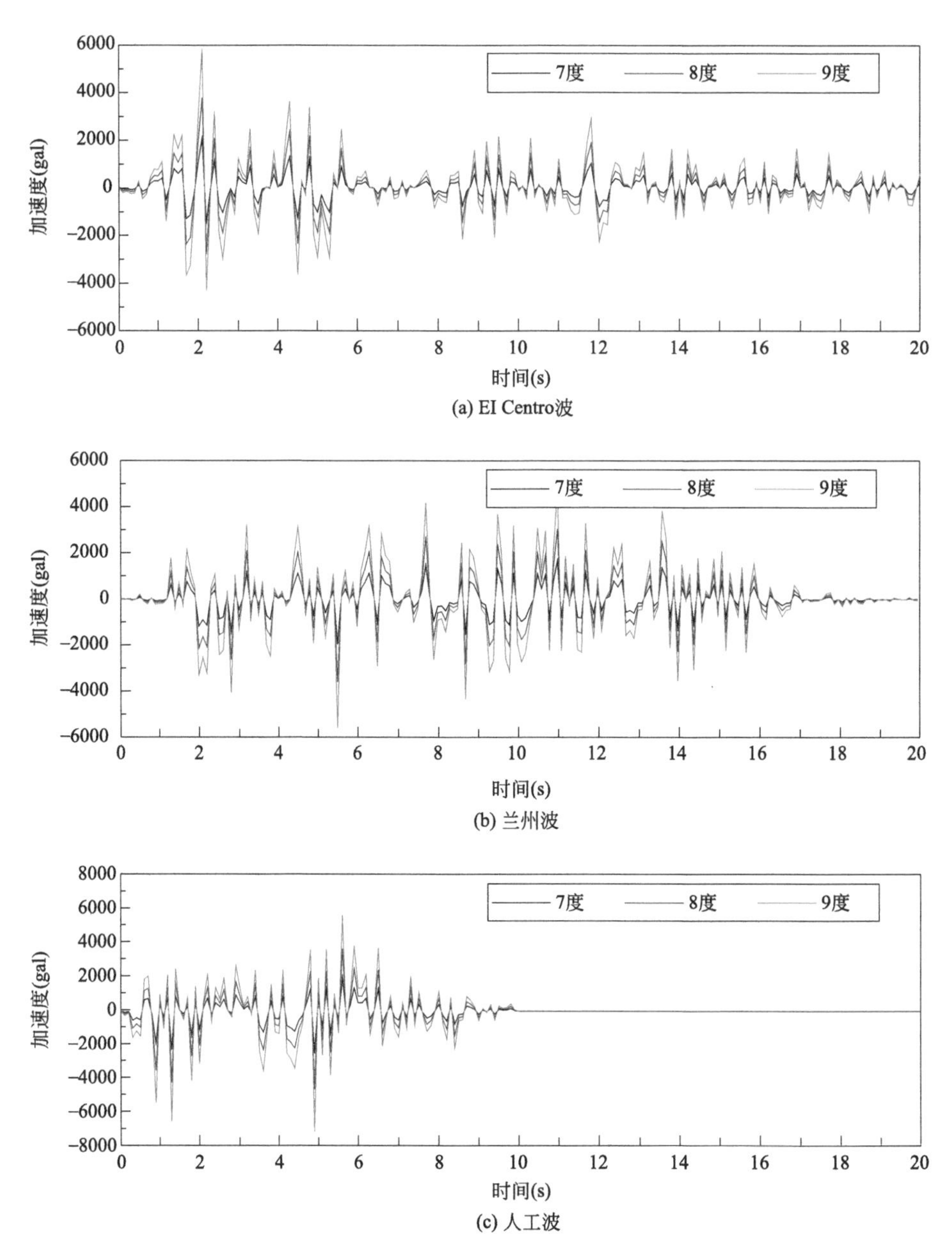

(a) EI Centro波
(b) 兰州波
(c) 人工波

图 4.3-9　罕遇地震下的加速度反应

3. 层间位移角

图 4.3-10 给出了三种波在弹塑性时程分析下的结构模型顶层位移角。由图 4.3-10 可以看出，结构模型的层间位移角均随着地震烈度增加而变大，多遇地震下顶层位移角的下降速率大于罕遇地震下的下降速率。其原因在于罕遇地震下地震波的峰值加速度远大于多遇地震的峰值加速度，表明结构在罕遇地震下很快达到甚至超过弹性层间位移角限值，进入塑性破坏阶段，随之快速破坏，耗能阶段较少。多遇地震下结构会经历一个从弹性到塑性的过程，表现为位移角逐渐变大，变化速率由快到慢。EI Centro 波、兰州波和人工波作用下结构的弹塑性层间位移角最大值分别为 1/81、1/128、1/110，小于《建筑抗震鉴定标准》GB

50023—2009[30] 中对于框排架结构 1/30 的限值，表明该厂房具有良好的抗震性能。

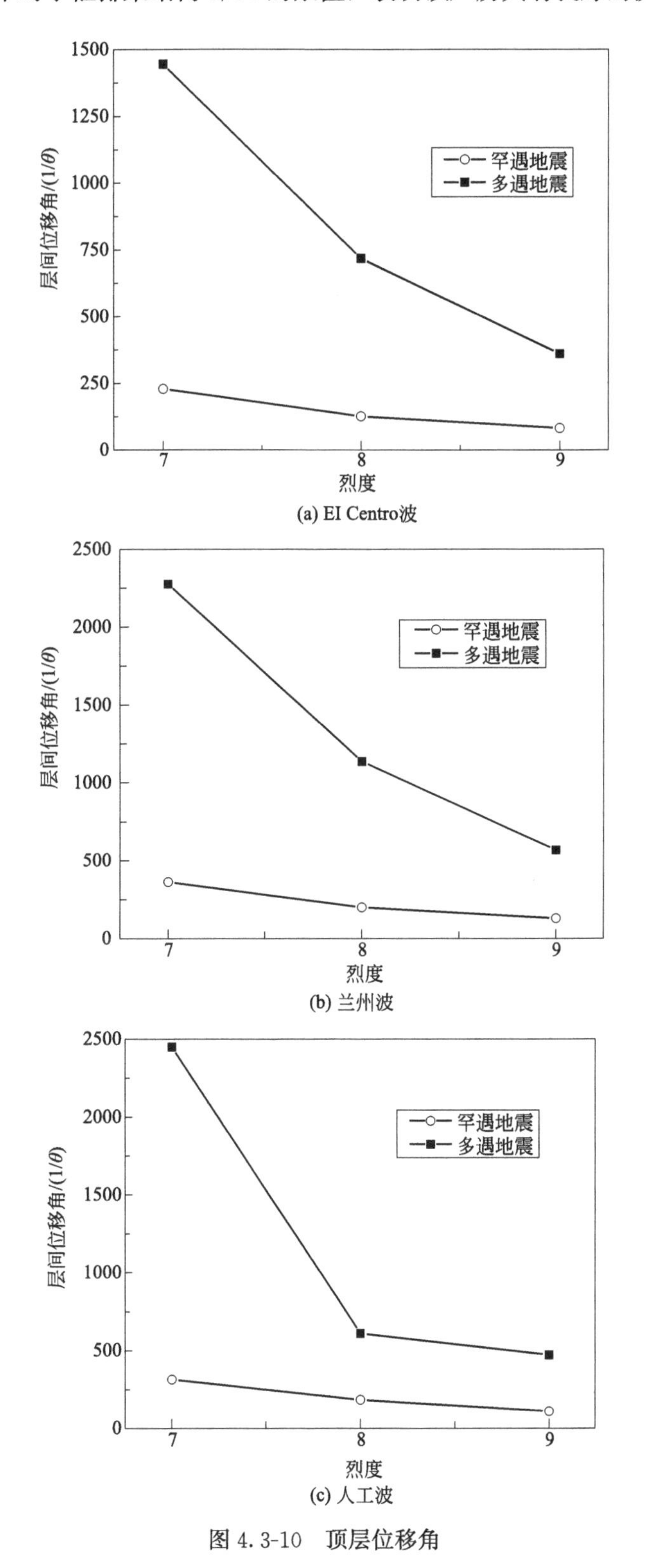

(a) EI Centro波

(b) 兰州波

(c) 人工波

图 4.3-10　顶层位移角

4. 瞬时耗能

从 SAP2000 中可直接提取到结构的动能、势能（应变能）阻尼耗能，动力反应分析中结构能量以自身的动能为主，通过分析动能的变化可得到结构在地震作用下能量的耗散情况。图 4.3-11 和图 4.3-12 所示分别为 EI Centro 波、兰州波和人工波在多遇和罕遇地震下的瞬时耗能情况。由图 4.3-11 和图 4.3-12 可以看出，瞬时耗能随着地震烈度增加而增加，且不论是多遇还是罕遇地震，EI Centro 波、兰州波在 9 度地震作用下瞬时耗能为 8 度地震作用下的 4 倍左右，为 7 度地震作用下的 20 倍左右。

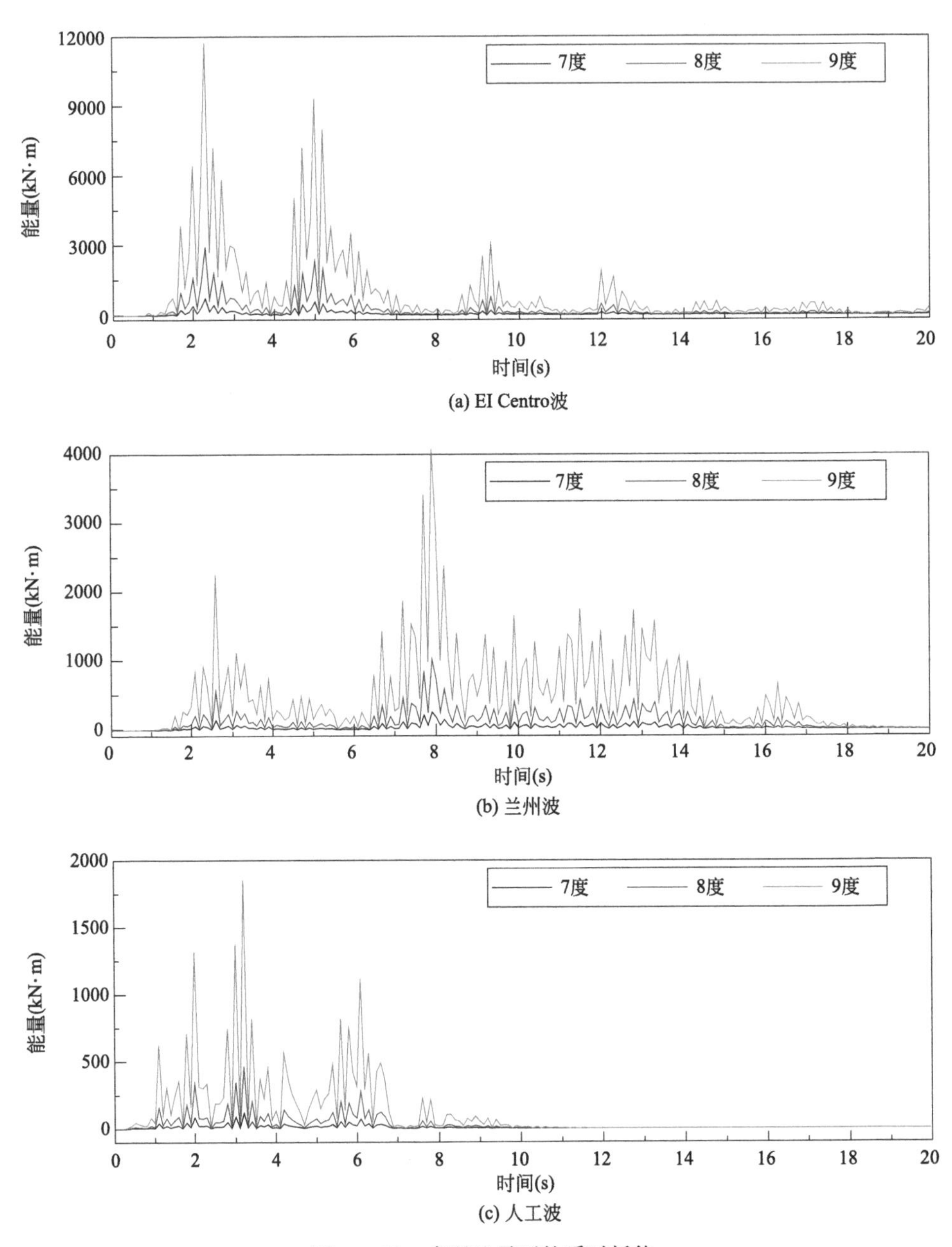

图 4.3-11　多遇地震下的瞬时耗能

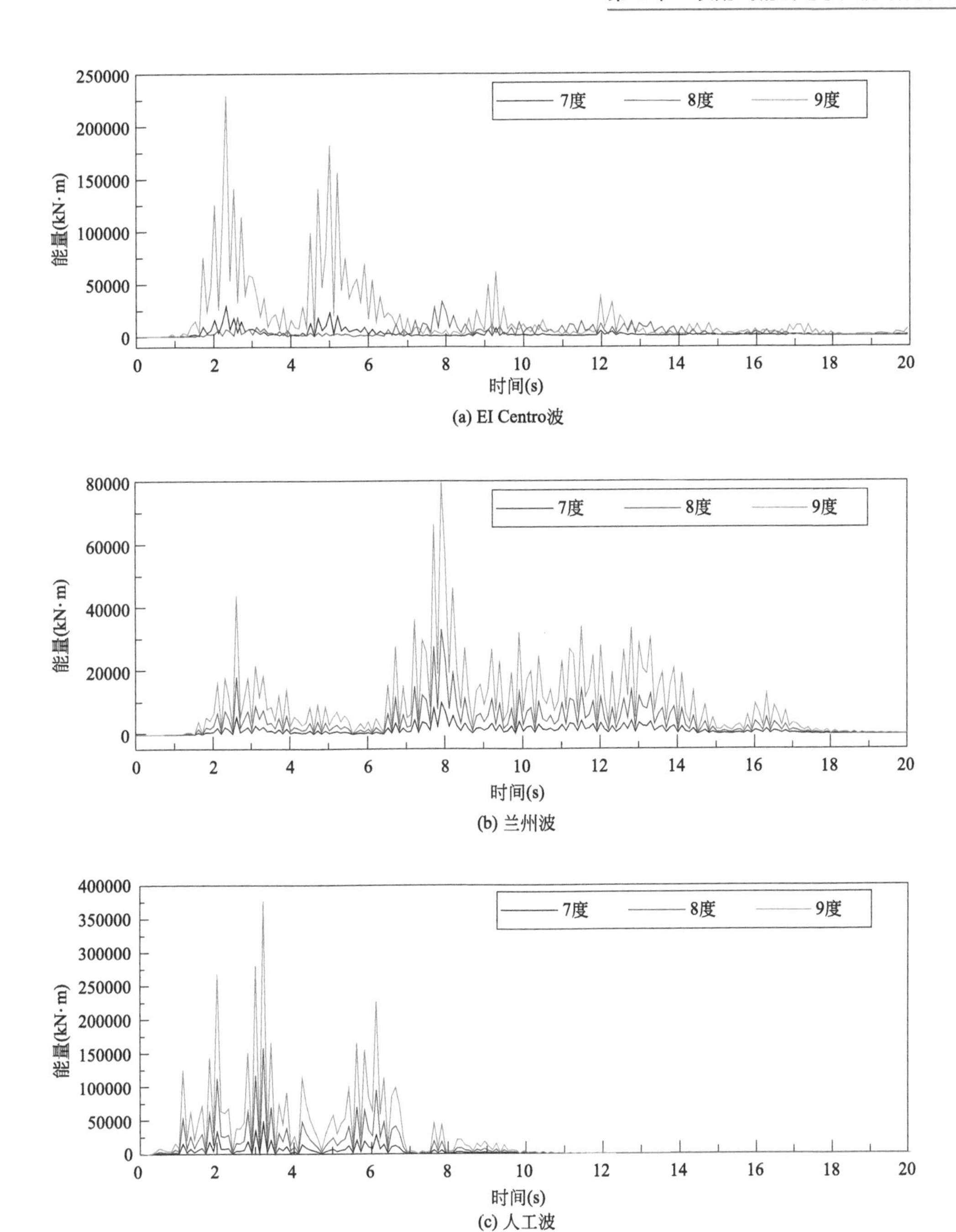

(a) EI Centro波

(b) 兰州波

(c) 人工波

图 4.3-12　罕遇地震下的瞬时耗能

人工波在多遇地震下的瞬时耗能与罕遇地震相差巨大，罕遇地震下表现出很强的能量累积，这与位移和加速度响应表现出的规律相一致，表明地震波能量随着地震烈度的增加会快速上升，罕遇地震下的能量累积是多遇地震下的几十倍以上。

EI Centro 波和兰州波主要耗能时间段有所不同，但主要都是集中在加速度峰值段，人工波耗能阶段则主要集中在前期，峰值阶段能量得到大幅耗散，结构此时要承受更大的能量冲击，位移经过弹性阶段，进入塑性阶段，结构已经接近破坏，同时也表明多遇地震下的抗震设防措施在罕遇地震下基本失效，但整体结构没有发生倒塌，表明实际工程能够满足多遇地震下的抗震设防要求。

5. 研究结论

采用有限元软件 SAP2000 对预制装配式精密电子厂房进行地震反应分析，通过模态分析获得其自振特性，并且采用反应谱和弹塑性时程分析两种方式研究其动力相依，得到的结构的周期比满足规范要求，结构设计合理。振型分解反应谱法和弹性时程分析法二者结果较为接近，获得结构的最大弹性层间位移角为 1/717，满足规范限值要求，表明该结构有着良好的抵抗变形的能力，抗震性能较好。弹塑性时程分析得到的结构最大层间位移角为 1/81，同样满足规范对于弹塑性位移角的限值，表明该预制装配式精密电子厂房能够满足抗震设防的要求。瞬时耗能主要集中在加速度峰值段，不同烈度、多遇与罕遇地震下的能量耗散差别较大。

4.4 本章小结

我国建筑业正处于快速发展的浪潮中，建筑结构正朝着复杂化、大规模化、高层化和高效化的方向发展。装配式结构具备良好的建筑适应性和潜在的高效节能性，不仅可以充分发挥材料的机械性能，达到节约成本和缩短工期的效果，还能很好地满足现代建筑所要求的高结构、大空间、高强度、功能多样化且施工高效率。这种结构形式目前在仓库、大型公共建筑、超高层和高精度电子工业厂房中都很受青睐，特别是装配式结构具有多种新颖的组合设计。因此，在实际结构设计过程中，需要结合传统设计理念，确定最为经济合理的精密电子厂房结构方案，为后续施工提供可靠的设计依据。精密电子厂房结构布置特点更为鲜明，同时，设计过程必须结合后续的施工便捷、生产运营、远期发展进行深化设计。

因此，本章对预制装配式精密电子厂房的结构体系及布置和关键节点设计进行了研究分析。通过对本工程设计创新的厂房结构体系进行系统梳理，详细介绍了核心区及支持区的结构布置、装配式结构节点、结构深化设计等关键设计理念。并结合本次工程的实际情况探讨了装配式结构构件连接设计方法，针对不同工程模块的特点和难点，逐个分析，确定结构方案，并对厂房整体结构进行抗震性能研究，确保结构方案的应用可靠性。通过对本项目结构体系的研究，不仅可以为工程建设领域贡献全新的结构设计理念，也可以为我国的装配式大型高科技精密电子厂房提供工程实践经验。

第5章 装配式精密电子厂房结构施工

5.1 施工现场布置

为便于本工程针对结构施工工艺展开研究，保证施工现场布置紧凑合理，施工流程能够顺利进行，本工程的施工现场总平面布置按照招标图纸和现场勘测情况，遵从国家有关法律和现有的建筑工程施工相关规定展开研究，主要按照以下布置原则进行设计：

（1）按照先总后分的原则开展施工现场布置，先对施工现场的总平面布置进行设计，然后再分区、分阶段地进行平面布置；

（2）办公、生产、生活、加工四区分离，按专业需求划分施工用地，避免各专业用地交叉而造成的相互影响和干扰；

（3）采取立体分段布置，依据工程结构特点和各施工阶段管理要求，对施工平面实行立体分阶段布置，在不同结构层以及各施工阶段，根据施工要求及时进行平面布置的动态调整；

（4）合理高效利用施工场地，依据施工部署的分区情况进行分区平面布置，生产区施工设备和材料堆场按照“分区堆放”和“及时周转”的原则，合理布置塔吊、吊车、混凝土泵等大中型机械设备，以达到最优的使用率，减少场内二次搬运和材料运输对其他施工区域的影响。

本工程的施工现场主要功能区包括材料加工堆放区、施工区、PC加工区、办公区以及生活区等。根据工程结构特点、地形地貌以及构筑物分布情况，其总平面布置与功能分区安排情况如图5.1-1与表5.1-1所示。

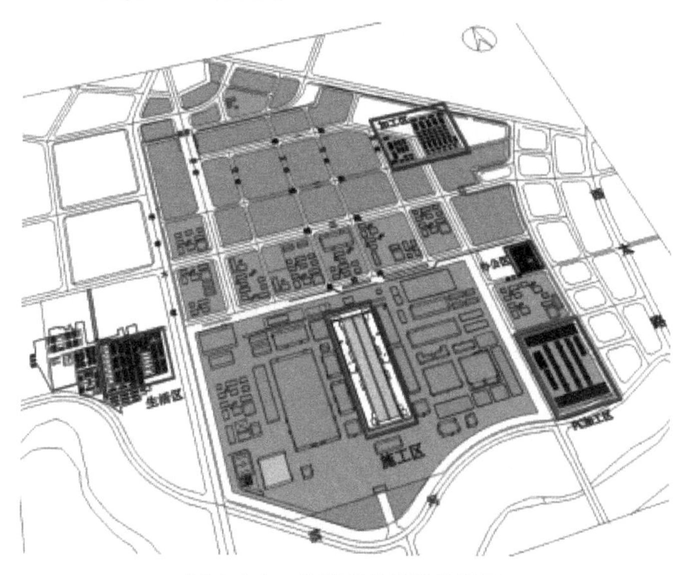

图5.1-1 总平面布置及分区图

功能分区表 表 5.1-1

序号	区域	功能	占地面积
1	材料加工堆放区	工程材料、机械的堆放，进场前的检查，材料的加工等	85640m^2
2	施工区	现场施工，配置有塔吊 28 台，400t 履带吊 6 台，130t 履带吊 3 台，汽车式起重机 70 辆	106000m^2
3	PC 加工厂	工程 PC 构件的生产加工	96000m^2
4	办公区	项目管理人员的办公、会议、展厅等	5200m^2
5	生活区	管理人员及劳务人员的宿舍、食堂等后勤保障	58500m^2

5.2 主要施工顺序（结构逆作）

5.2.1 核心区

本工程厂房核心区采用 CFT（钢管混凝土）柱＋RC（现浇混凝土）柱＋PC（预制混凝土）柱＋钢结构屋架结构体系，由于涉及多种结构构件形式，需要考虑不同构件相互之间的工作面影响，以及流水作业的衔接问题；同时，核心区作为今后生产运营的根本所在，施工质量要求极高。因此，对其施工顺序展开研究，是保证施工安全和质量的必然要求。本节先对常见的施工顺序进行分析，再重点介绍本工程施工顺序的创新做法。

1. 核心区顺作法施工流程

核心区的钢管混凝土是将普通混凝土填入薄壁圆形钢管内形成的一种钢—混凝土组合结构。其工作原理是：借助内填混凝土增强钢管壁的稳定性与钢管对核心混凝土的套箍（约束）作用，使核心混凝土处于三向受压状态，从而使核心混凝土具有更高的抗压强度和抗变形能力，可以适用于大跨度、重载抗震结构。同时，钢管本身可以兼作箍筋、纵向钢筋以及耐侧压的模板，浇筑混凝土时可省去钢筋绑扎、支模和拆模等工作，对本工程简化施工安装工艺、节省脚手架、缩短工期、减少施工场地有较大帮助。

因此，本工程选用钢管混凝土结构作为核心区复杂大跨度超长屋架的下部纵向支撑结构，并与屋架共同形成核心区的外围整体框架。核心区内部结构则由大量现浇混凝土柱、预制柱、格构梁等构件组成。针对本工程厂房核心区的结构形式，参考类似厂房结构的施工，传统的施工方式一般遵循自下而上的顺序。以本工程为例，其传统施工流程可以总结如下：

首先进行地基与基础处理，开挖基坑后，进行钻孔灌注桩的施工；之后根据设计要求，进行桩体上部承台的开挖，同时根据预先测放的位置开挖并预埋第一节钢管柱；施工完毕后，开始基础筏板的钢筋网绑扎，绑扎结束后，进行基础筏板与钢管柱混凝土的共同浇筑，并提前预留出与上部钢管混凝土柱的接口；下部基础施工完毕后，开始分层进行上部构件的施工，为保证现浇柱的工作面充足，优先进行大截面现浇混凝土柱的钢筋笼绑扎与模板搭设工作，之后进行一层 CFT 柱的吊装；吊装完毕后，进行 PC 柱以及格构梁、叠合板的安装，并进行首层 CFT 柱、半装配式 RC 柱以及叠合板的混凝土浇筑；首层安装及施工完成后，开始进行第二层结构构件的施工，并保证竖向构件与上下层连接的可靠性；最后在完成厂房内部一、二层的施工工作后，开始第三层 CFT 柱的吊装、浇筑，进行屋架的整体吊装、滑移、合龙。主要施工顺序示意图如图 5.2-1 所示。

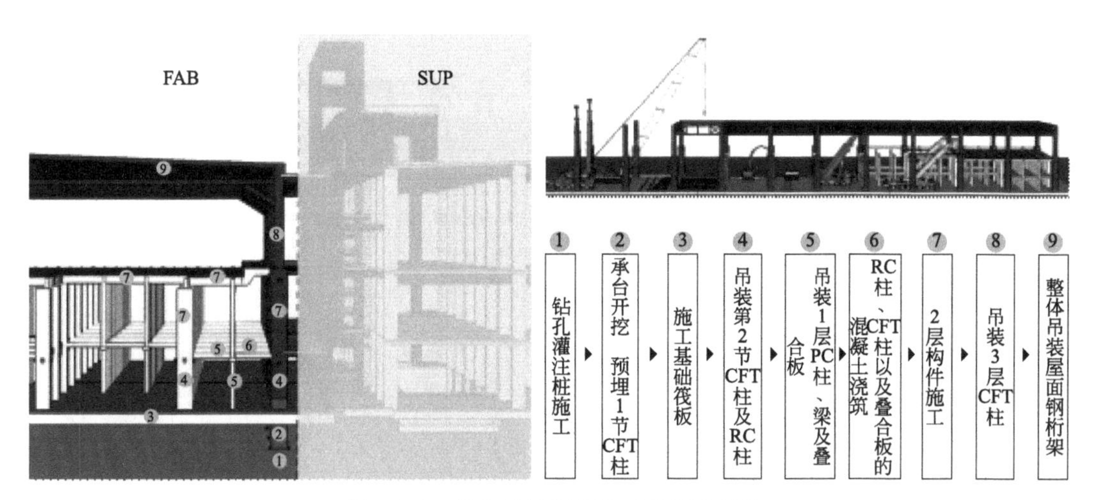

图 5.2-1　核心区顺作法施工顺序示意图

2. 核心区逆作法施工流程

为确保工期履约，保证各类构件的施工工作面能够满足要求，本工程结合 CFT 结构的特点，考虑其良好的受力性能和施工便捷性，对核心区的施工流程进行了优化，创新研究了一种核心区多种结构类型的逆作法施工工艺，在确保结构安全以及施工规范要求的同时，加快主体结构施工进度。

FAB 厂房核心区的创新施工工艺主要可以分为五个阶段：

（1）CFT 柱安装

本工程在完成核心区下部的钻孔灌注桩施工，首节钢管柱开挖、吊装、浇筑以及筏板基础的施工等工序之后，直接吊装上部 2～3 节的钢管混凝土柱，并进行通长钢管混凝土柱的混凝土浇筑工作。

（2）钢结构屋架安装

利用钢管混凝土柱的优良特性，完成上部通长的钢管混凝土柱的施工之后，利用塔吊完成屋面钢桁架的整体吊装以及滑移、合龙等安装工作，形成不受环境影响的封闭施工环境，便于内部结构构件的快速施工。

（3）RC 柱施工

在完成核心区外部封闭结构的施工之后，开始进行 RC 柱的半装配施工，通过吊车进行模板和钢筋笼的一体化吊装，便于快速施工，并减少工作面和人力资源的施工需要。

（4）PC 柱、梁、格构梁施工

现浇构件的施工完成后，开始进行预制构件的安装工作，利用已施工的现浇构件可以更快速地进行 PC 构件的定位安装，控制施工精度。

（5）楼承板施工

最后，进行楼承板的施工，利用已经施工合格的梁、柱框架，可以更好地满足钢板安装和楼板混凝土浇筑的平整度等质量要求。

本工程核心区逆作法的施工顺序图如图 5.2-2 所示，详细的三维工艺流程模拟如图 5.2-3 所示。

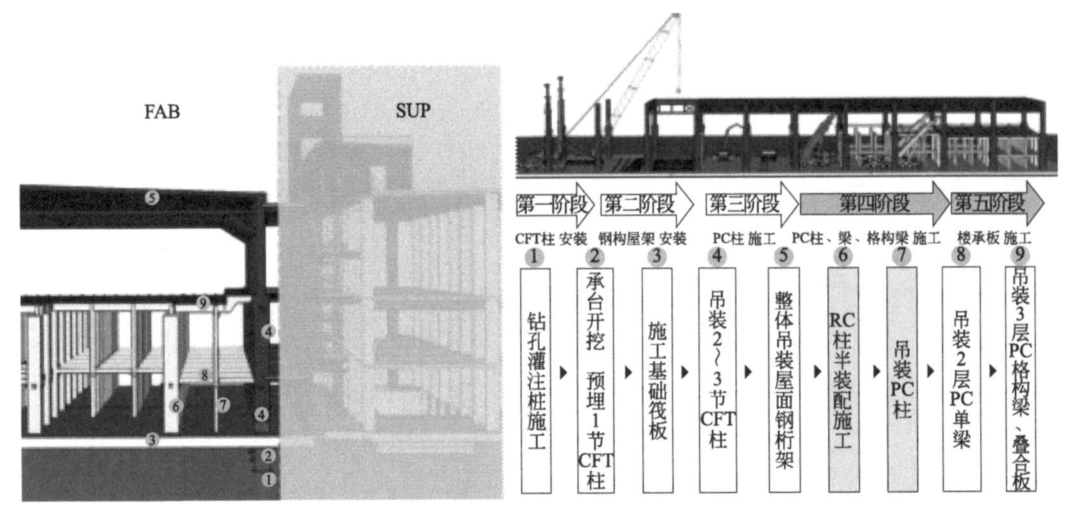

图 5.2-2　核心区逆作法施工顺序示意图

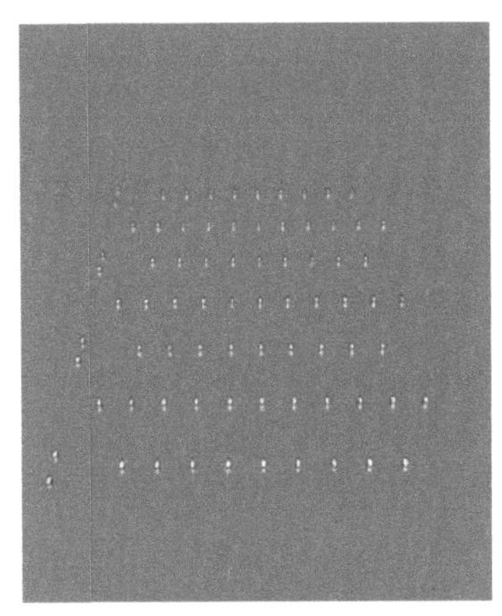

(a) 桩基施工

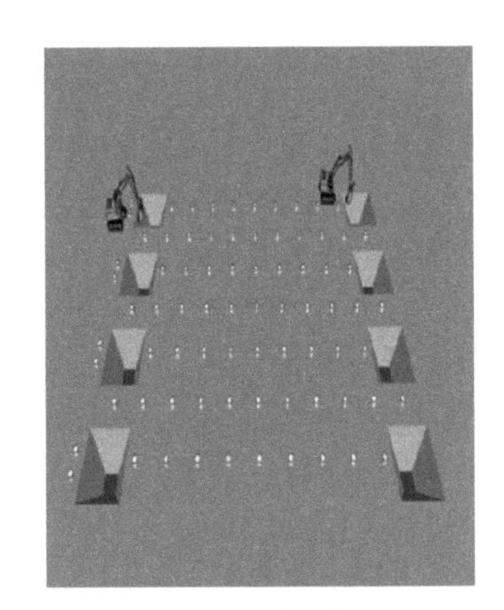

(b) CFT基础坑施工

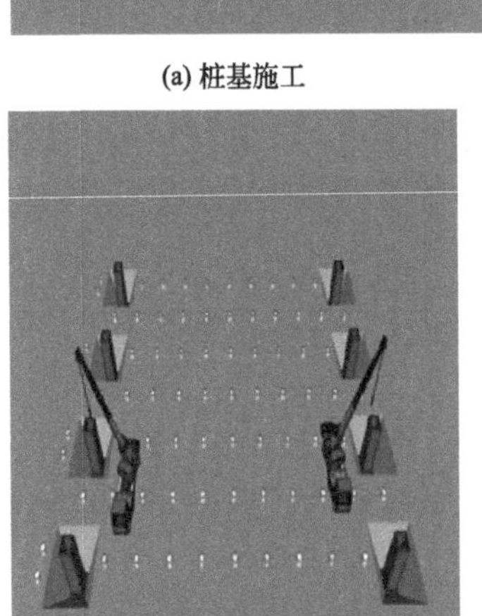

(c) CFT第1节柱施工

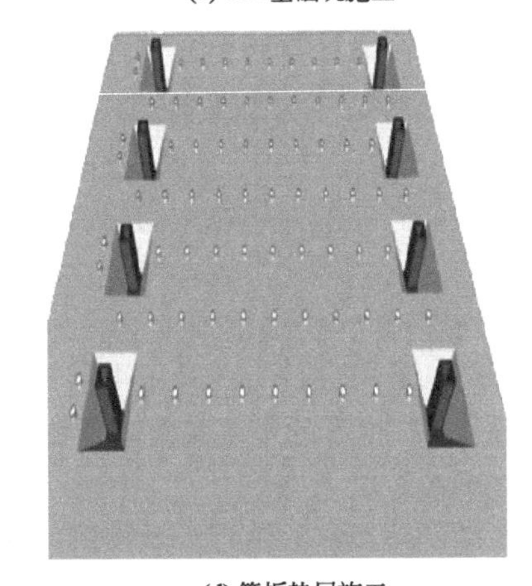

(d) 筏板垫层施工

图 5.2-3　核心区逆作法施工流程模拟图（一）

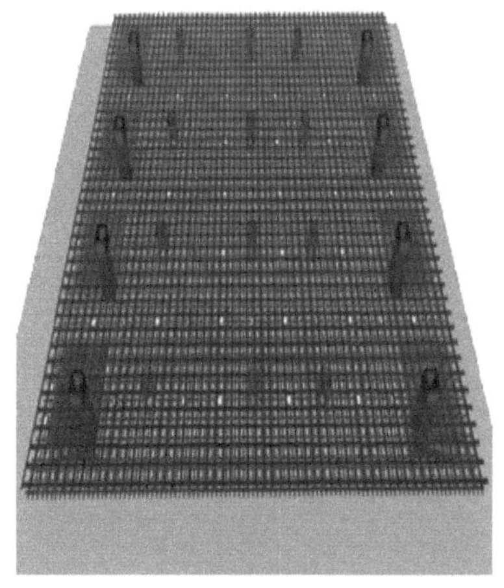

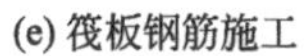
(e) 筏板钢筋施工

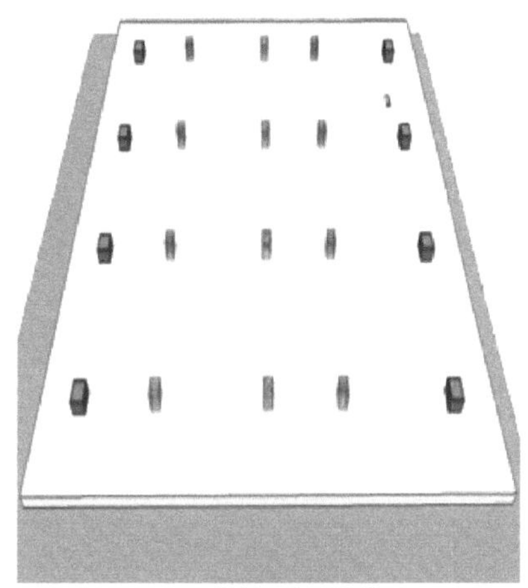

(f) 筏板混凝土浇筑

(g) CFT第2、3节柱与共同沟垫层筏板施工

(h) 钢结构吊装

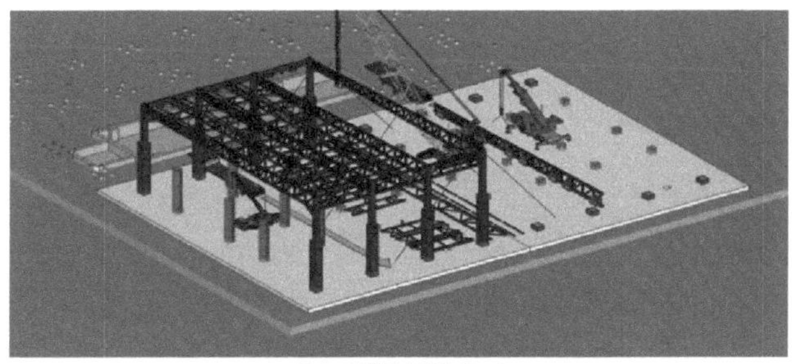

(i) RC结构吊装施工

图 5.2-3　核心区逆作法施工流程模拟图（二）

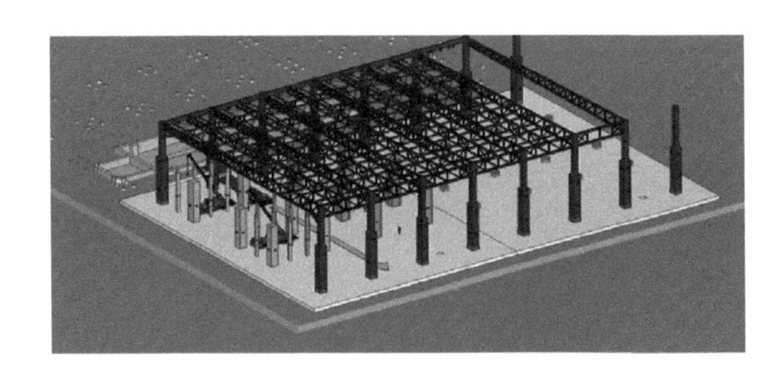

(j) PC结构吊装

图 5.2-3　核心区逆作法施工流程模拟图（三）

5.2.2　支持区

型钢混凝土结构与钢筋混凝土结构相比，可以有效减小结构构件的截面，增大使用面积和空间；与钢结构相比，可以减少结构的维护费用，延长使用寿命。同时，为配合核心区的工作需要，满足施工便捷性的要求，支持区的结构采用 SRC（型钢混凝土）柱＋钢梁＋钢筋桁架楼承板体系。并根据该结构传统施工工艺流程的特点，创新性地进行了施工工艺的优化，加强了型钢混凝土结构在工程中的应用可行性，提升了支持区与核心区施工节奏的协调性。

1. 支持区顺作法施工流程

型钢混凝土结构亦称为劲性钢筋混凝土结构或包钢混凝土结构，是在型钢结构的外面包裹一层混凝土外壳形成的钢—混凝土组合结构。支持区所采用的型钢混凝土柱、钢梁以及钢筋桁架楼承板是典型的框架结构形式，因此其传统施工工艺基本遵从框架结构的施工顺序，其一般施工工艺流程如图 5.2-4 所示。

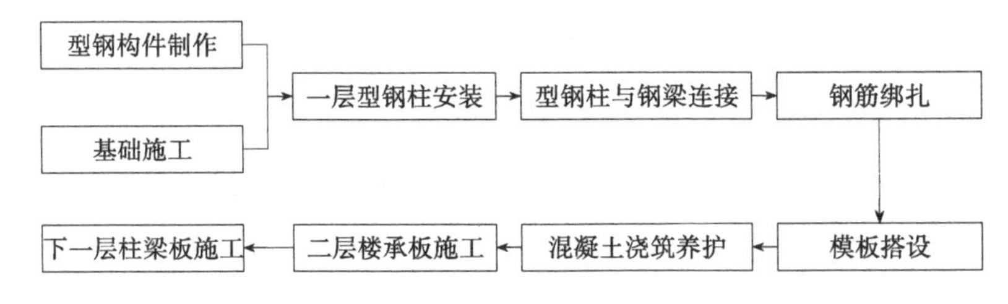

图 5.2-4　传统型钢混凝土结构施工工艺流程图

针对本工程实例所采用的基础形式和结构形式，具体的顺作法施工流程可以总结如下：

首先在工程中进行型钢柱的加工制作，并提前预留柱脚和梁柱节点处的螺栓孔；同时可以进行钻孔灌注桩的测放、钻孔、清孔以及灌注混凝土等施工流程，桩基础施工完成后，进行片筏基础的钢筋网铺设以及混凝土浇筑；基础施工完成后，型钢柱、钢梁进场，开始自下而上进行钢结构的定位和安装，首层型钢柱以及钢梁安装完毕后，开始绑扎型钢混凝土柱的外部钢筋，按要求将纵向钢筋与箍筋绑扎完毕后，进行铝合金模板的安装，进而浇筑 SRC 柱的混凝土；浇筑密实后，施工二层的钢筋桁架楼承板，并继续按照顺序进行上层型钢柱、钢梁以及楼承板的施工；直至屋面板施工完毕后，最后完成屋顶设备基础以及DS区的钢结构安装工作。其具体的施工顺序如图5.2-5所示。

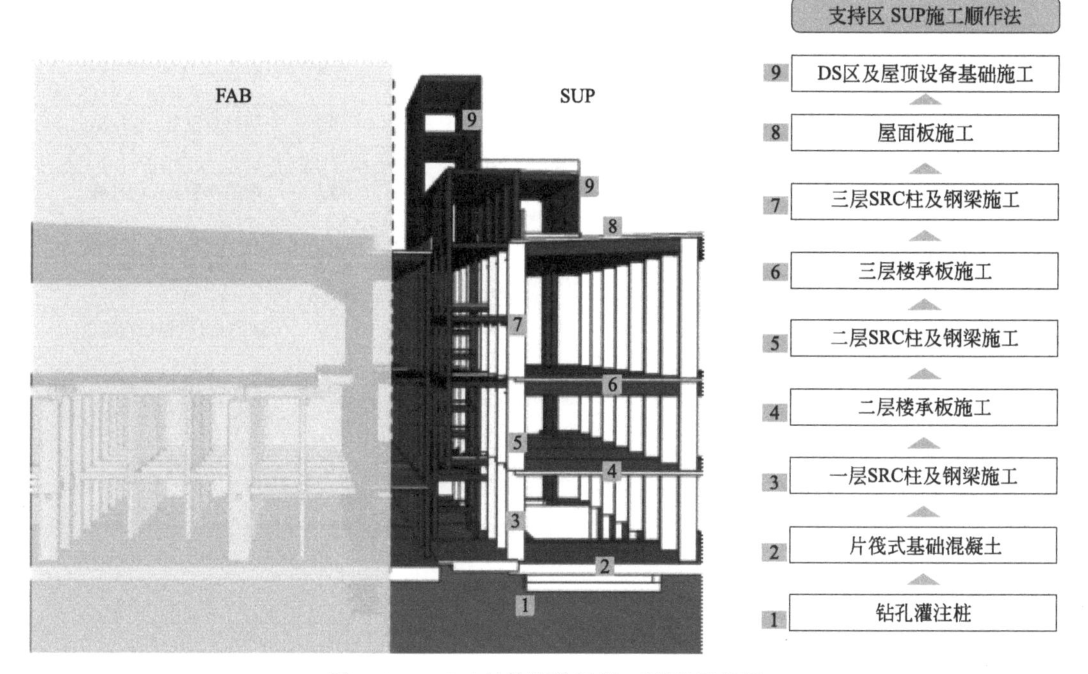

图5.2-5 SRC结构顺作法施工顺序示意图

2. 支持区逆作法施工流程

由于型钢混凝土结构特殊的结构形式，其具有比同外形钢混构件更强的承载能力，能独立承受上部梁板构件的自重和施工荷载。同时，浇筑的型钢混凝土不必等待混凝土达到一定强度就可继续进行上层施工，这种优越的性能也为型钢混凝土的施工工序优化提供了可能性，可以帮助厂房建设进一步加快施工速度，缩短工期。

本工程经过对地下结构逆作法的研究，结合本工程的支持区结构特点，总结出了一种创新性的型钢混凝土结构逆作法施工工艺。在桩基础以及筏形基础施工完毕后，先将多层钢结构梁柱整体安装完成，为后续楼承板施工提供工作面；之后先进行屋面层楼承板的施工，为下部结构的施工提供稳定的工作环境，避免外部环境气候的影响，加快施工进度，同时为混凝土浇筑完成后的养护工作提供恒温恒湿的环境；之后再将钢筋工程依次从低至高施工完成，同时依次将二、三层楼板作为其上下层SRC柱钢筋绑扎、混凝土浇筑工作的工作面，使楼板安装工作与型钢柱施工同步进行，提高施工效率；为保证梁柱节点处的稳定性，本工程在钢结构构件加工时增加梁柱节点定型护筒，作为楼承板支撑和型钢混凝土柱模板上层接口，提高SRC柱混凝土浇筑的安全性；与此同时，利用上部屋面板作为工作面，完成屋顶设备基础的施工；最后完成DS区的施工。详细的施工工序如图5.2-6所示。

本工程施工前对支持区SRC结构逆作法的详细施工过程进行了三维模拟，以便于指导施工人员展开深入的规划布置，其具体施工流程模拟情况如图5.2-7所示。

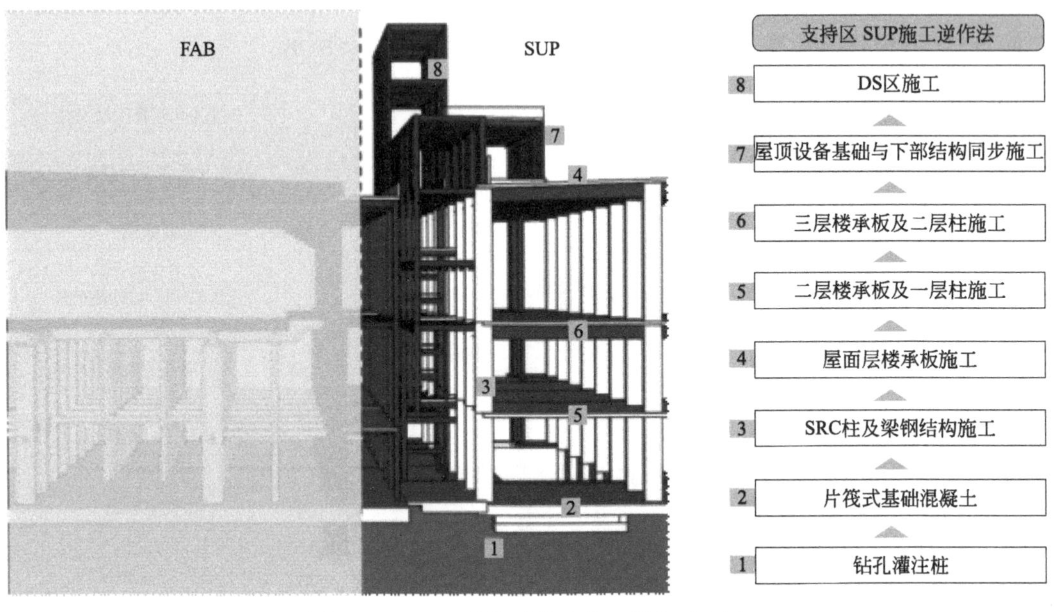

图 5.2-6 SRC 结构逆作法施工顺序示意图

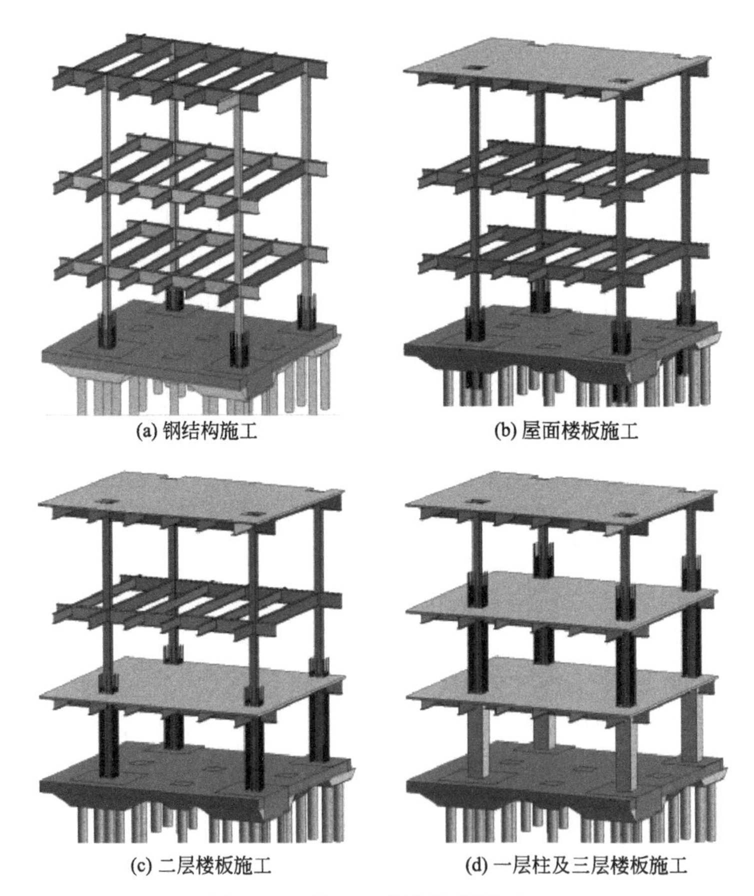

图 5.2-7 施工工艺流程模拟（一）

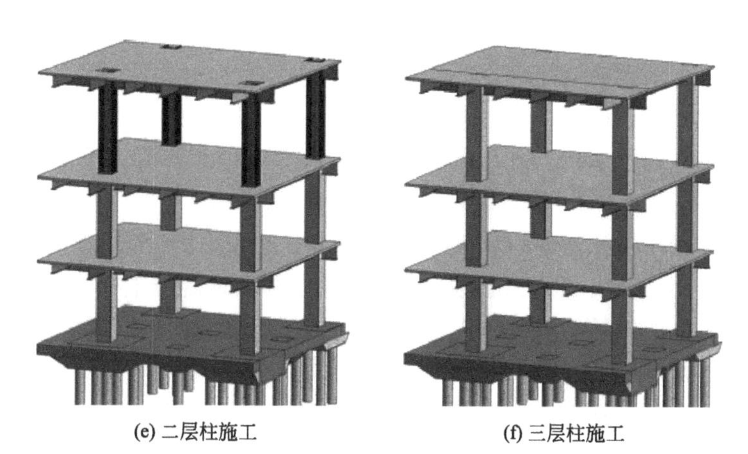

图 5.2-7　施工工艺流程模拟（二）

5.2.3　结构逆作优势分析

1. 核心区逆作施工优势分析

本工程核心区的逆作法施工工艺与传统做法相比有以下优势：

（1）直接施工通长的钢管混凝土柱，进而利用其作为屋面桁架的承重构件，优先将屋架安装完毕，保证其余构件处于稳定、封闭的施工环境中。同时，由于屋架与内部 PC、RC 构件间隔一层的高度，方便吊车的进出场和运行，对于内部构件的安装工作影响较小，能更好地发挥封闭施工环境的优势。

（2）通过一体化模板钢筋笼实现了现浇柱的通长半装配施工，改变了传统施工中分层绑扎钢筋、现场支模浇筑等烦琐的施工流程，提高了现浇柱的施工效率。并且由于 PC 构件与 RC 构件的布置较为紧密，通过逆作法的改进，也能避免工作面不足、安装精度相互干扰等问题。

（3）本工程逆作法中的 PC 构件施工与传统施工顺序也有较大区别，不再以楼层为标准，分层进行施工。而是在 CFT 柱、RC 柱、屋架等全部施工完毕后，统一进行安装，这种施工顺序安排可以避免传统做法中各类构件的施工机械和人员同时进场的混乱，减少施工现场管理难度。PC 构件在最后进行统一施工，也可以利用已完工现浇构件进行定位校核，提高安装效率和施工精度。

（4）本工程核心区框架结构的施工涉及多种类型构件，针对不同的构件，施工工艺有较大区别，按照传统施工顺序不仅使高峰期的材料、机械供应进场有较大压力，而且也不利于开展施工流水作业。本工程所应用的逆作法施工工艺，巧妙地将各类型构件的施工分类集中，将 CFT 柱、屋面钢桁架、RC 柱、PC 构件等分阶段统一施工，在提高施工质量的同时，也加快了施工进度。

2. 支持区逆作施工优势分析

本工程支持区的逆作法施工工艺与传统做法相比有以下优势：

（1）支持区逆作法首先对传统施工做法中型钢混凝土柱的施工工艺作出了较大改进，利用型钢混凝土柱的优良承载性能，将 SRC 柱的钢结构施工与混凝土施工分离，通过其钢结构所提供的工作面，可以更好地优化其他工序的施工工艺，并与核心区的钢结构安装工作衔接，提高施工机械的利用效率。

（2）基于多层型钢结构优先施工提供的工作面，本工程逆作法进一步考虑先进行屋面板的施工，保证下部型钢柱钢筋绑扎、楼承板施工等具有良好的施工环境，可以不受外界影响。优先施工屋面板，可以在进行下部结构施工的同时，使其混凝土及早进行养护，从而后续利用养护完成的屋面板，进行屋面设备基础、DS区和下部结构的同步施工，极大地提高了施工效率。

（3）本工程支持区逆作法还将型钢柱的钢筋绑扎、混凝土浇筑工作与楼板施工巧妙结合，优先施工二层楼板，再利用二层楼板同时进行下部型钢混凝土柱的混凝土浇筑工作以及上部型钢混凝土柱的钢筋绑扎，极大地提高了施工效率，减少了传统柱、梁、板施工顺序导致的工作面不足问题。

（4）本工程对支持区逆作法进行了现场试验、数值模拟，重点分析了各个施工阶段的关键控制点，并针对性地作出改进，根据施工需要将许多关键节点进行了优化。相对于传统施工工艺流程，不仅能缩短工期、加快各工序衔接，而且对施工质量的改善也提供了可靠保障。

5.3 施工关键技术

5.3.1 工业厂房钢结构吊装技术与精确合龙施工技术

1. 工业厂房钢结构吊装技术

本工程大量采用预制装配式钢结构构件，对于大型超高钢结构框架的组装与吊装如果仍采用传统吊装作业方法，不能满足整个工业厂房安装工作的要求，同时施工效率极低。为适应本项目钢结构安装施工的需要，研究决定把大型超高的整座钢结构框架分割成若干个框架单元（模块），分别在地面进行各个框架单元（模块）的组装。并在符合吊装能力的前提下，框架内的设备和部分管道预先安装到位，然后选用符合工况条件的大型起重设备分别进行各个框架单元（模块）的吊装就位和钢结构框架的总装[31]。

（1）工艺原理

针对本工程中出现的大量钢构件的拼接和吊装，首先通过深化设计将钢结构的整体框架分解为若干个便于吊装的钢框架单元模块，再按照合理的拼接顺序在地面进行片式框架的组装，然后选用符合工况条件的大型起重机分别进行各个框架单元的吊装就位和总装，并在符合吊装能力的前提下，将框架内的设备和部分管道预先安装到位，完成整体钢结构框架的吊装施工。该施工工艺可以有效减少传统吊装施工的大量高空作业，扩大钢结构的组装作业面，进而加快钢结构的施工进度并提高施工质量。

（2）施工工艺优点

模块式钢结构框架组装、吊装施工工艺技术具有下列特点：

1）将便于形成吊装单元模块的框架单元进行地面组装，减少了传统散装钢结构在空中组装时容易受到的风荷载、光线折射等对安装测量造成的影响，提高了钢框架整体拼装精度和施工便捷性。

2）采用模块化吊装技术也可以更好地综合各类吊装机械和地面拼装作业的优势，节约施工成本，减少组装和吊装的施工难度。

3）模块化框架吊装技术便于及时发现和排查钢构件的质量问题，在地面提前进行更换和修复，减少后续高空吊装作业中的返工。

4）框架单元地面组装降低了大面积、高频率高空作业导致的安全施工控制难度。

5）采用模块框架单元可以多个框架单元同时进行地面组装，扩大了钢结构的施工作业面，提高了施工效率，缩短了组装周期，有利于工程总进度的控制。

(3) 施工工艺流程

施工工艺流程，如图 5.3-1 所示。

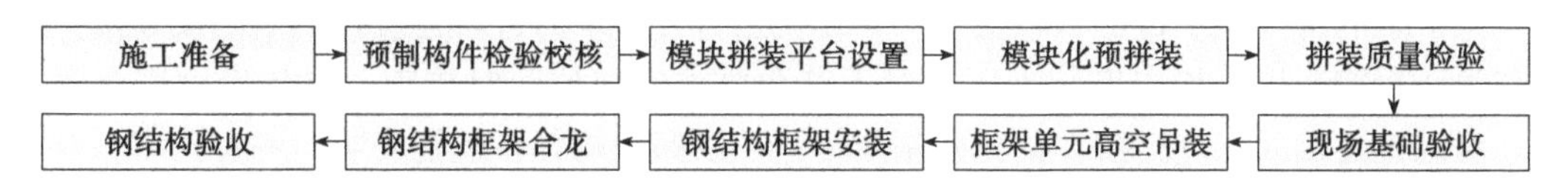

图 5.3-1　施工工艺流程图

(4) 操作要点

1）施工准备

模块式钢结构框架吊装技术需要针对其地面组装和低空吊装进行重点设计，保证分段拼装的合理性以及后续高空吊装的可行性，因此，其施工准备工作较多，需要针对不同结构的复杂性和特点展开，具体可以归纳为以下 7 项内容：

① 编制钢结构模块化吊装方案，确定组装和吊装方法、吊机选型、工况性能等详细施工参数。

② 根据确定的吊装方案，对钢结构进行便于吊装的分段、分节，确定加工厂所需的构件设计方案。要求具体方案应符合钢结构框架内大型设备吊装就位作业的要求，满足钢结构框架单元吊装受力过程中自身的强度、刚度条件。

③ 根据设计图纸进行预制钢构件的制造加工，如施工条件有变化，加工方案需要调整，或有新的构件需要加工制造，应及时联系构件加工厂并提供相关设计资料。

④ 钢结构加工阶段进行钢材表面除锈及防锈底漆的涂装，除锈采用抛丸除锈的工艺方式，对无法通过抛丸设备的构件采用喷砂工艺进行除锈。

⑤ 对吊装所使用的机械、吊具进行维修保养，并检查确认合格后才能进场使用。进场后，应首先确定钢结构框架吊装主吊吊机的定位位置，钢结构片式组装、框架组装的区域，布置钢结构框架地面组装、构件吊装和抬吊等吊机的定位。

⑥ 最后再确定场地道路和吊机定位位置的区域范围，验算吊机定位地基和场地道路的地基承载力并按要求进行处理。

⑦ 进行现场的资源准备，包括劳动力配置、机械机具配置和材料配置等准备工作。此外，还要做好吊装平衡梁、吊索（千斤绳）制作和钢结构加固、组装与总装等的技术准备措施。

2）预制构件检验校核

钢结构框架预先制造成构件分批送往现场后，需要现场人员首先对其进行清点，确定构件数量是否正确，再核对构件的实物是否符合设计图纸的相关设计参数，核对无误后，应检查构件的制造质量是否符合设计图纸与相关规范要求，如不符合要求应校正合格后再进行重新验收。

3）模块化拼装平台设置

片式框架模块化组装平台设置的数量应视钢结构框架的外形尺寸、组装工期要求与场地条件进行确定，并提前在工厂与构件一起进行制造。为保证地面组装质量，在组装平台下部应设置可调节的支座并固定牢靠，控制拼装过程中框架的方向、角度，并提供可靠的下部支撑，防止片式框架磕碰损坏。同时，组装平台表面要保持光滑、平整，不能有明显的凸起和孔洞，避免对钢构件表面质量或拼装精度造成影响。

4）框架单元预拼装

① 钢桁架构件均需提前进行地面预拼装，在专门的拼装胎架上采用平面预拼装的形式。预拼装的构件处于自由状态安装，组装找正符合要求后进行连接件的紧固或焊接，连接部位所有的连接板均应安装牢固。对不符合要求的部位及时校正，拼装尺寸符合要求后，对螺栓连接的节点连接件钻孔并制作标记，以保证构件在现场安装时的过孔率。

② 采用焊接连接时，施焊应符合设计或施工验收规范的规定，控制焊接工艺，防止焊接变形。

③ 对于钢柱的拼装，应提前在胎具平台上组装卧式胎架，进行两根钢柱的组装工作。在钢柱组装时，必须保证两根钢柱的总体平直度、间距、平行度、对角线及断面错位，待组装完成，检查组装尺寸合格后，方可进行梁、支撑的进一步组装。

④ 利用胎架的调整支座，调整片式框架的各立柱底平面保持在同一个水平面上。找正与调整符合组装（规范或设计要求）要求后，组装两榀片式框架之间的连接构件，如横梁、斜撑、平台、扶梯和栏杆等，所有结构构件形成一个完整的框架单元。复查框架单元的各个构件尺寸，符合规定要求后进行连接部件的紧固或焊接。

5）框架单元吊装

① 框架吊装吊点、吊索具设置选用。根据构件模块特点和施工环境，进行吊具、索具的选用，并对吊索具的受力分析进行计算，确保吊索具安全可靠。把吊点的设置、吊耳的结构形式及吊点相关结构的加强等提供给制造厂，在钢结构制造的同时制造焊接吊耳。但总体来说，吊点、吊索具的设置主要归纳为两种，一种为采用平衡吊梁式吊索具，另一种为吊索（千斤绳）直接锚固式，吊装索具实际应用如图 5.3-2 所示。

图 5.3-2 工程吊索示意图

② 吊点、吊耳的选择设置。吊点、吊耳的选择设置应满足下列条件：A. 保证钢结构框架吊装工艺的顺利实施；B. 吊点位置的选择应设置在钢结构框架最理想的受力点，保证钢结构框架单元的局部受力，通过横梁斜撑等分散传递至框架单元整体均匀受力，控制钢结构框架单元的自身刚度、强度或变形在允许范围内。

③ 吊装机械的投入。钢结构吊装机械的选用根据钢结构分段和重量，结合组装、吊装不同施工工序所需的起重机性能参数进行选取，主要起重设备投入详见表 5.3-1 所列。

主要吊装机械投入计划表　　**表 5.3-1**

序号	规格型号	数量(台)	使用部位	备注
1	QUY200 履带吊	4	核心区框架单元、钢桁架吊装	47m 主臂
2	QY50 汽车式起重机	4	框架单元、钢桁架地面拼装	
3	QY25K5 汽车式起重机	4	框架单元、钢桁架地面拼装	
4	塔吊	16	支持区钢框架吊装	

④ 已吊装完成的框架单元，应根据抄测的水平、垂直线进行检查，局部不平整的部位，应进行切割修整，切割深度为 15mm（不得碰到钢筋）。保证叠合板吊装的搁置长度，进行叠合板构件吊装时，要尽可能减小在非预应力方向因自重产生的弯矩，采用钢扁担吊装架进行吊装，4 个吊点均匀受力，保证构件平稳吊装。

⑤ 与大型机械吊装单位做好沟通工作，提前熟悉吊装方案，提前将机械定位，保证能够地面组装进行紧密的流水作业，并在正确的工况条件下进行吊装作业。

6）钢结构框架各段总装

① 钢结构框架的总装以下段框架单元为基准，找准上段框架单元的垂直度，上段框架单元与下段框架单元接口间隙及平齐均应符合要求。框架准确就位组对焊接后（至少焊接 2～3 层），吊车卸力摘钩，摘钩人员做好安全措施。摘钩完成后起重工指挥吊车缓慢起钩，此时须密切关注吊索具的运动状态，确保吊装索具与框架之间不连不挂，当所有吊索具脱离框架后主吊车旋转、行走到指定位置。

② 由于上段框架单元与下段框架单元的就位组对均在高空进行，上段框架单元的吊装受风力的影响产生摇晃、晃动，很难落位在下段框架单元上，因此需要采取锚固千斤顶、手拉捯链等强制性控制措施进行固定，使得上段框架单元以最短的时间顺利地落位在下段框架单元上。

③安装过程中，应指派专人观察吊装就位情况，指挥塔吊协同工作，一旦出现异常情况，应及时与安装人员、吊装机械取得联系。

2. 工业厂房钢结构精确合龙施工技术

（1）结构温度影响分析及合龙带设置

在确定合龙带时，不但要考虑结构本身的受力和变形情况，同时还应考虑钢结构的整体安装顺序和主钢梁的安装分段情况，尽量减少合龙点的数量，特别是合龙口的数量，以方便施工，减少合龙时的人员、设备及其他资源的投入，并确保施工过程的安全，保证工程质量。本工程全长 540m，根据工期需要分三段进行施工，在 36 轴设置合龙带如图 5.3-3、图 5.3-4 所示。

大跨度钢结构在结构形成和使用过程中，温度变化对结构应力分布存在较大影响，结构合龙时的温度，对使用阶段结构应力也存在较大影响。为保证结构在施工过程中的安全，对结构进行施工全过程的力学模拟分析（图 5.3-5），跟踪结构在施工过程中由温度影响、安装误差造成的内力变化和发展，从而采取适当的措施，抑制不利因素的影响。计算结果如表 5.3-2 所示，满足规范要求。

图 5.3-3　三段同时安装

图 5.3-4　安装合龙段

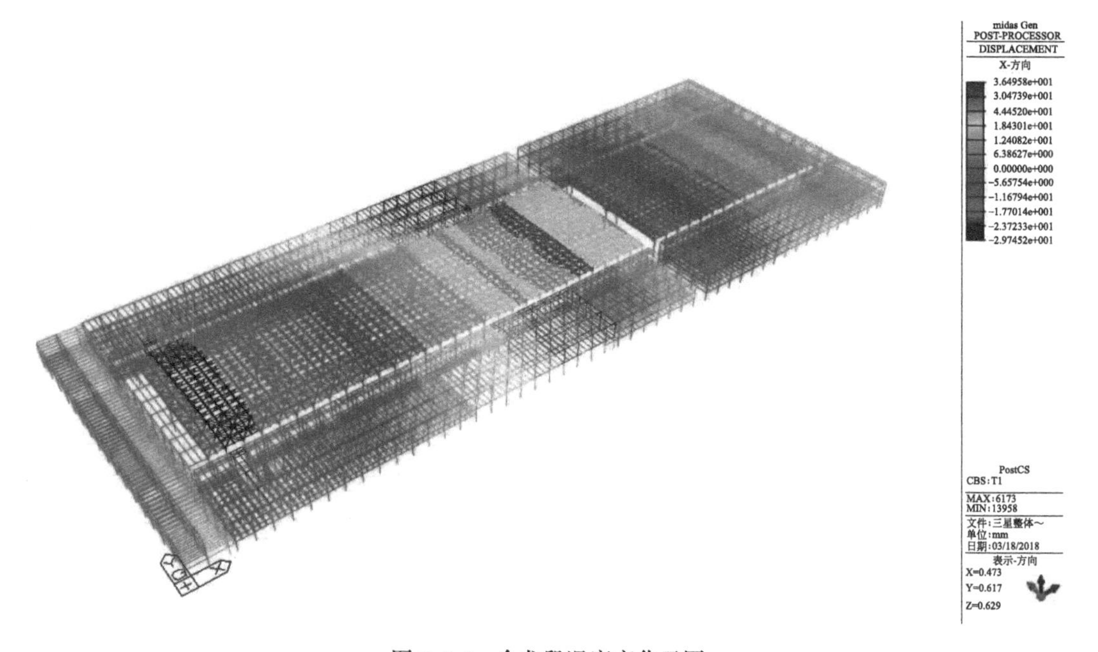

图 5.3-5　合龙段温度变化云图

温度作用下的结构变形　　　　**表 5.3-2**

温度区段		变形		
		X 向	Y 向	Z 向
核心区	合龙段南端(36 轴)	20mm	17.5mm	12.1mm
	合龙段南端(35 轴)	19mm	6.1mm	4mm
支持区	合龙段南端(36 轴)	22mm	9.3mm	8.1mm
	合龙段南端(35 轴)	4mm	3.2mm	2.7mm

(2) 合龙段安装工艺

合龙段的安装质量不仅影响结构安装过程中的安全，而且影响最终的合龙和结构总体施工质量及结构使用过程中的安全，因此，必须采取合理的安装工艺措施，确保合龙段与相关构件的安装及结构的顺利合龙。为控制合龙时合龙口的间隙大小，根据结构在施工阶段温度荷载作用下的变形及应力状态分析结果，通过设置合龙段次桁架螺栓孔条孔，使施工阶段主体结构的变形和应力控制处于比较良好的状态，保证合龙段的顺利安装。如图5.3-6所示。

图5.3-6 合龙段次桁架螺栓孔条孔设置

(3) 合龙时间控制

由于设计要求的合龙温度是一个温度范围，故实际合龙时，合龙温度可在设计要求的温度范围内选取，但合龙时间应根据温度监测资料、气象信息资料及天气预报情况选定，并尽量安排在夜间温度相对稳定的时间段及后半夜进行，以避免合龙过程中合龙口出现过大的温度应力，特别是拉应力。施工时，先根据气象台提供的实时气象监测资料提前进行温度监测，然后根据温度监测结果和收集的气象资料，联合各相关单位，确定初步的合龙时间。初步合龙时间确定后，各相关人员各就各位，准备进行合龙。

5.3.2 现浇混凝土柱半装配施工关键技术

1. 大截面独立柱钢筋笼工厂化预制绑扎关键施工技术

(1) 钢筋笼预制绑扎施工工艺流程设计

大型工业厂房项目对建筑空间有越来越高的要求，孕育而出的超高钢筋混凝土柱、超大钢筋混凝土梁也不断增多，钢筋数量较多、规格较大，施工难度亦趋增大，尤其是对现场钢筋安装带来诸多不便。为解决此问题，提出了大截面独立柱钢筋笼工厂化预制绑扎施工技术，将大型梁、柱钢筋笼采用制作平台地面工厂化加工、整体吊装运输的办法，减少了施工难度，提高了钢筋制作效率，加快了整体施工进度，该施工工艺流程见图5.3-7。

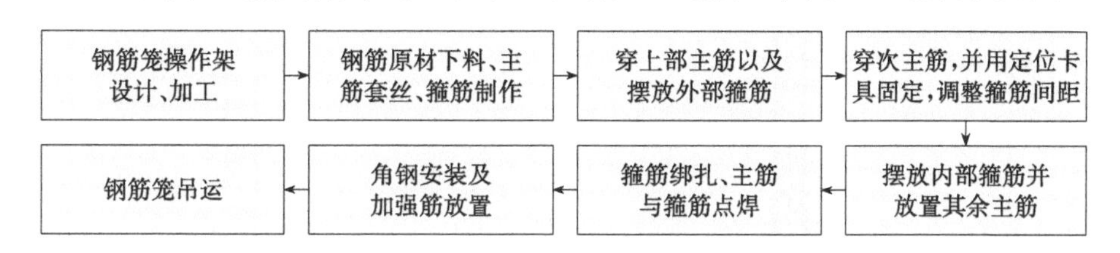

图5.3-7 钢筋笼预制绑扎施工工艺流程

(2) 钢筋笼预制绑扎施工工艺操作要点

1) 钢筋笼绑扎操作架制作、安装。

现浇柱钢筋绑扎操作平台采用16号工字钢制作底座以及支梁，立柱采用10号槽钢，挂件采用5号槽钢，顶部托件采用6.3号槽钢，操作架总长度为10150mm，高度为2050mm，宽度为1800mm，共16根立柱，立柱间距为1300mm、1400mm。上排筋操作平台上焊接6.3号槽钢，采用长2000mm、直径为50mm钢棒作为钢筋支撑。两根10号槽钢立柱中间间距为45mm，采用长200mm、直径为30mm的钢棒作为副支撑，采用长2000mm、直径为30mm的钢棒作为钢筋支撑。选择专业厂家进行加工，加工完成且验收合格后运至场外钢筋加工厂使用，并对施工人员进行交底，保证钢筋操作平台的正确使用如图 5.3-8 所示。

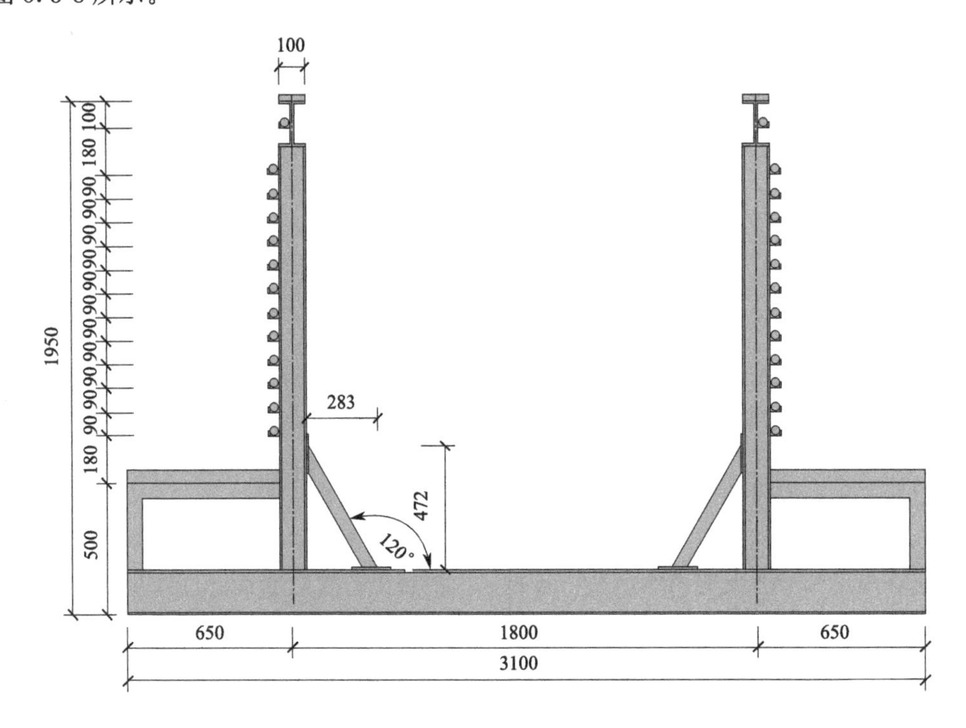

(a) 操作平台左视图

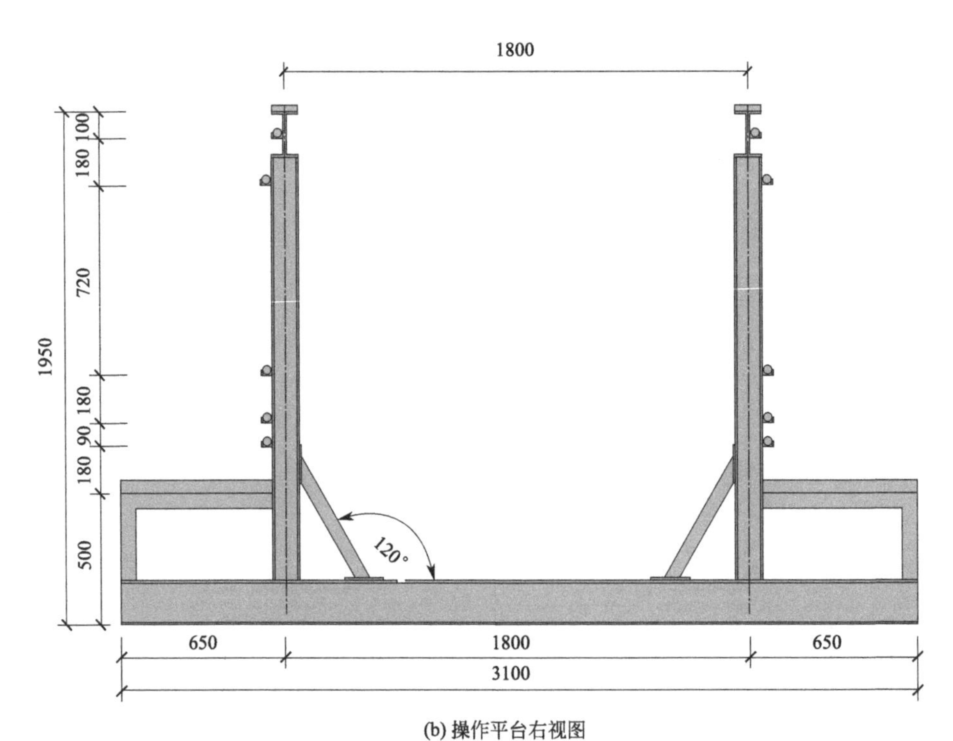

(b) 操作平台右视图

图 5.3-8　操作架示意图（一）

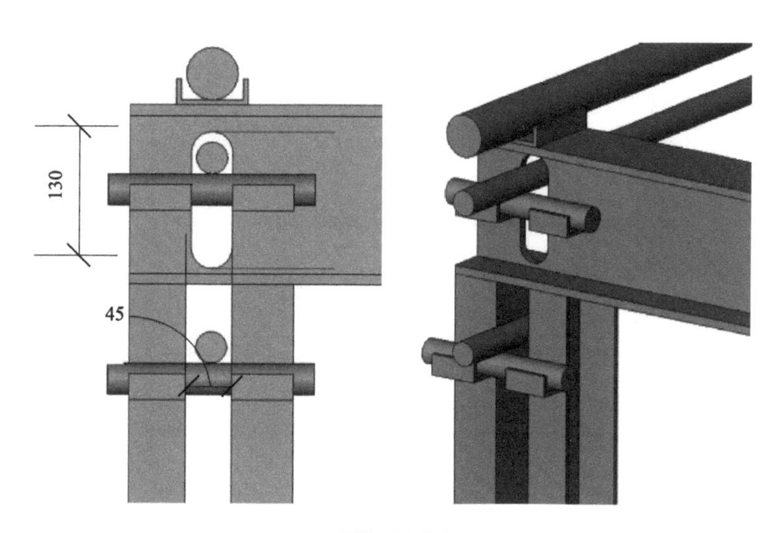

(c) 操作平台节点

图 5.3-8 操作架示意图（二）

2）根据钢筋下料表对主筋进行下料并套丝，加工箍筋。

3）根据柱钢筋笼设计图纸，安装柱钢筋笼上部主筋以及排布柱箍筋。如图 5.3-9 所示。

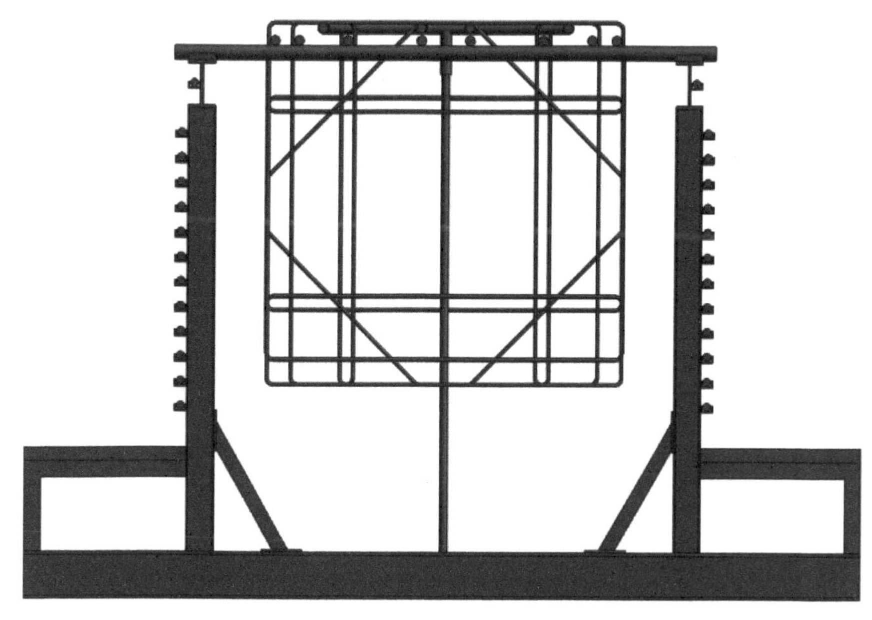

图 5.3-9 放置上部主筋以及摆放外部箍筋示意图

4）安装柱钢筋笼侧边及底部主筋，安装主筋定位卡具。

根据柱主筋定位卡具排布柱主筋间距，并将上部主筋与箍筋绑扎牢固，柱钢筋笼主筋定位卡具采用 10mm 厚钢板条制作，钢板条宽度根据柱钢筋保护层厚度确定，依据柱子主筋排布尺寸制作成锯齿形，由四部分组成，各部分采用螺栓进行连接。具体安装间距根据柱子钢筋设计要求确定。如图 5.3-10～图 5.3-12 所示。

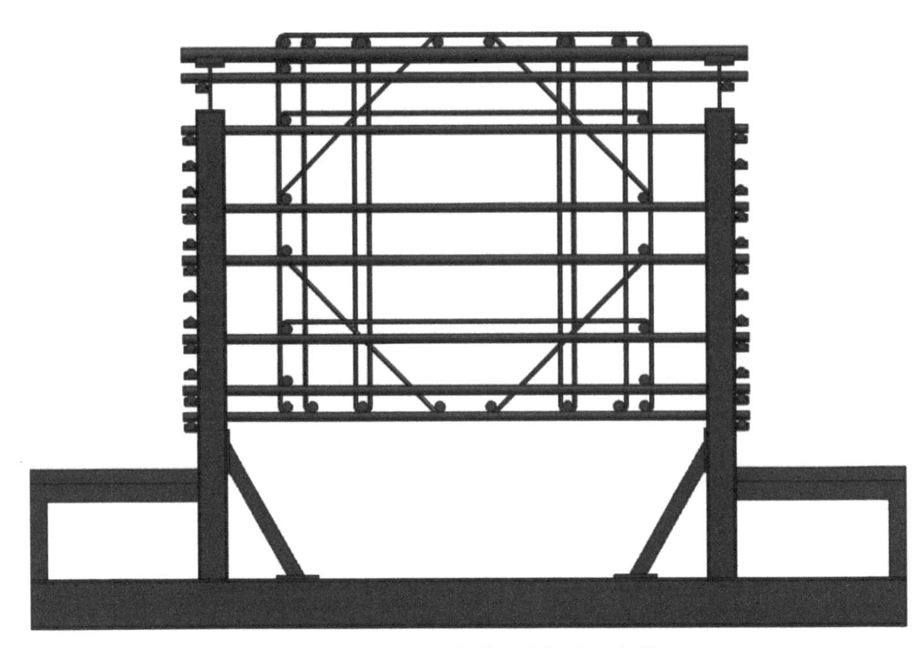

图 5.3-10　柱钢筋笼主筋绑扎示意图

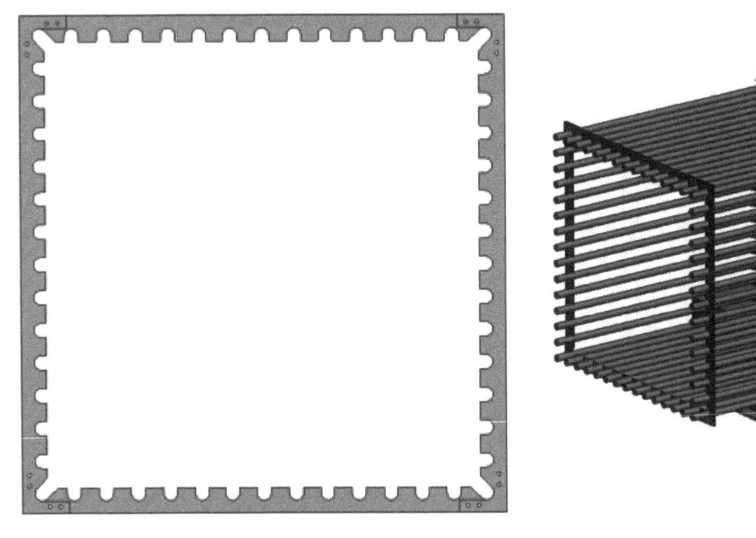

图 5.3-11　柱钢筋笼主筋定位卡具

图 5.3-12　保护层卡具示意图

5）完成剩余主筋施工，保留底部及顶部钢棒。如图 5.3-13 所示。

6）箍筋绑扎及主筋与箍筋点焊。

钢筋笼主筋每隔 500mm 用 16 号钢丝与箍筋绑扎连接，每隔 1000mm 与箍筋点焊。

7）保护层角钢焊接。

钢筋保护层使用∟40×40×3 角钢制作，具体安装间距根据柱子钢筋构造设计要求确定。先对焊成两个 L 形，套入钢筋笼后进行角钢对焊。焊点用 ϕ12 钢筋进行加强焊。如图 5.3-14、图 5.3-15 所示。

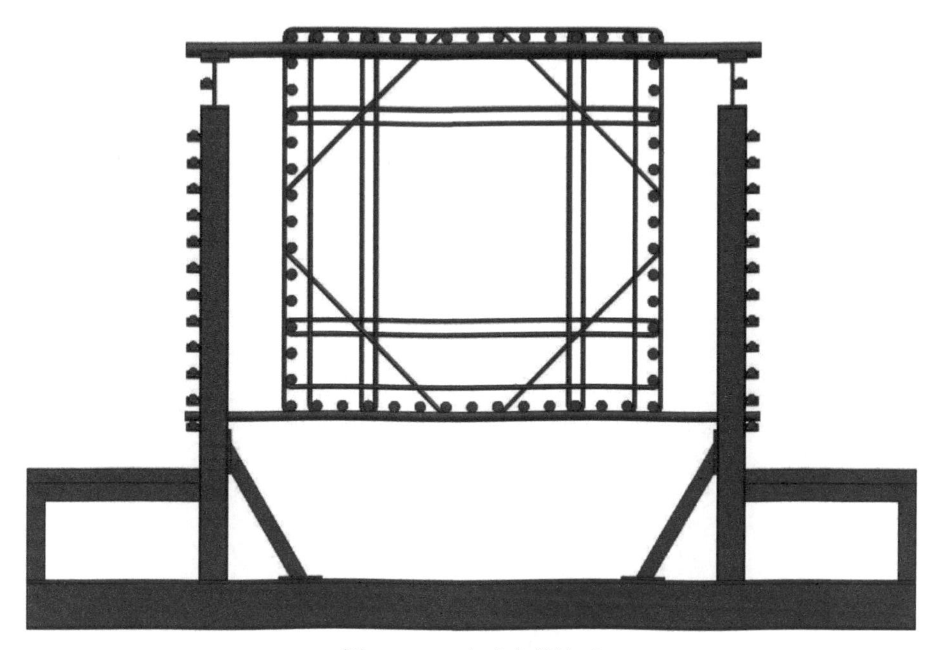

图 5.3-13　完成主筋施工

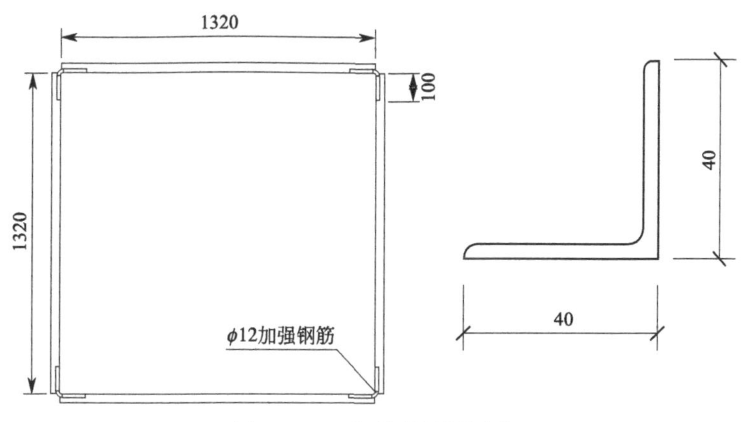

图 5.3-14　钢筋保护层尺寸

8）加强筋放置。

整体吊装前柱两侧安装加固几字撑（一组几字筋在钢筋笼两侧各一个，共设 2 组）。如图 5.3-16、图 5.3-17 所示。

9）钢筋笼吊装。

柱子钢筋整体起吊杆件采用桁架，桁架尺寸 300mm×180mm×30mm，长度为 6000mm，下部设置四个吊点，吊点间距为 1900mm，吊环分别拴在上部主筋上，垂直起吊。如图 5.3-18、图 5.3-19 所示。

2. 现浇混凝土独立柱钢筋模板一体化施工技术

（1）半装配化施工工艺流程设计

在大型工业厂房中，高大截面独立柱的施工是影响工程整体施工的关键。若对高大截

图 5.3-15　钢筋保护层卡具示意图

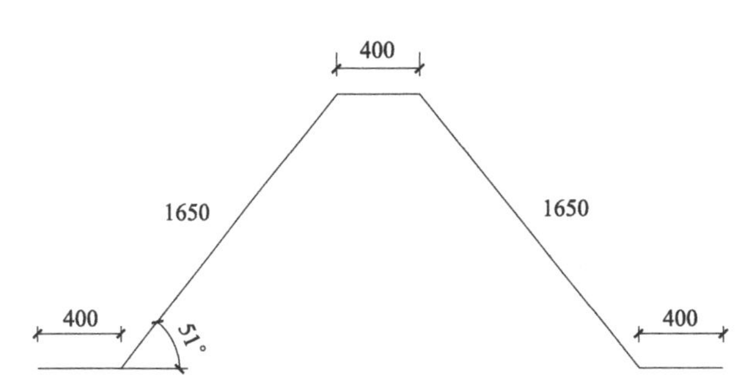

图 5.3-16　几字撑尺寸

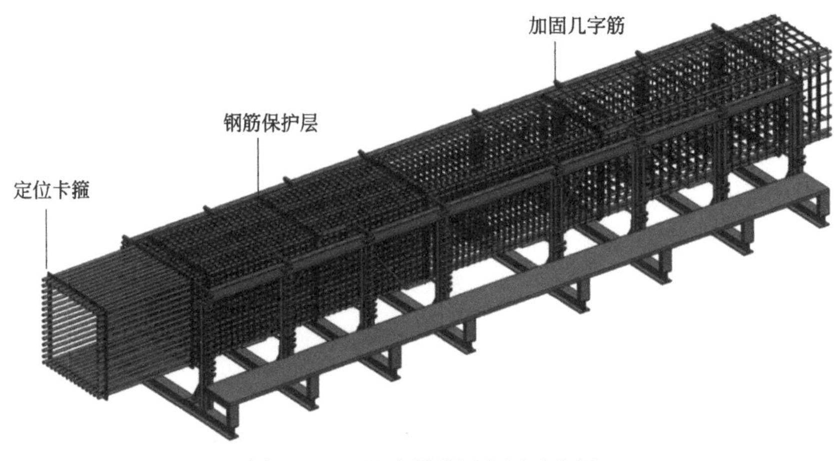

图 5.3-17　几字撑放置位置示意图

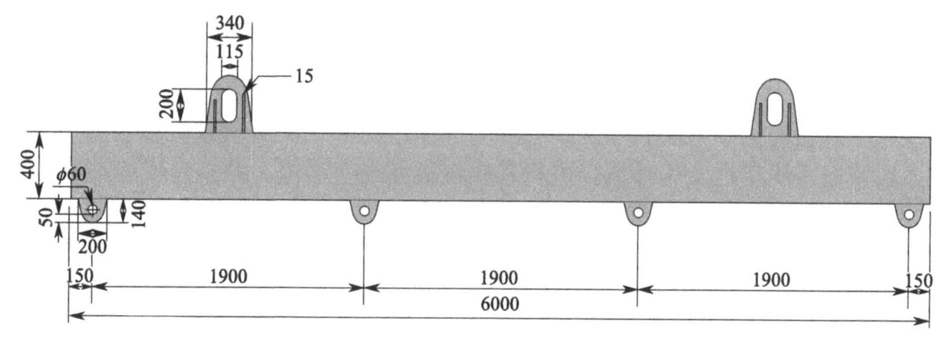

图 5.3-18　钢筋笼吊装桁架示意图

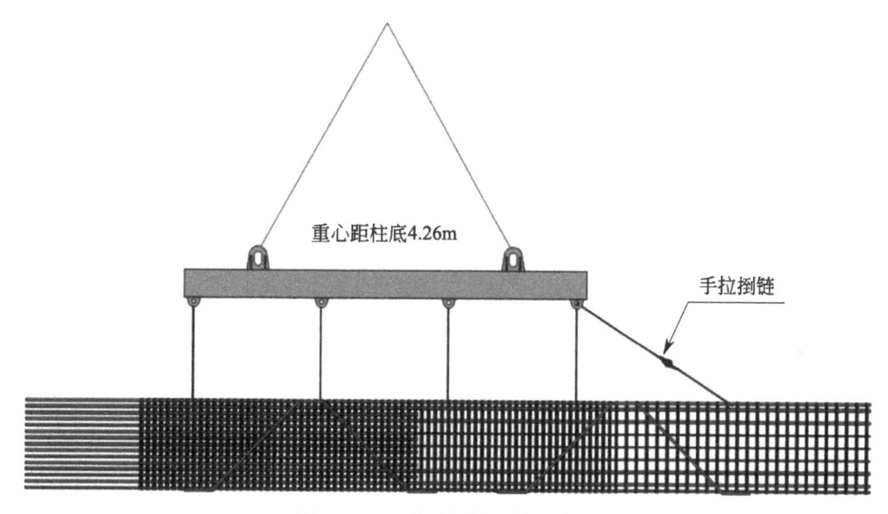

图 5.3-19　钢筋笼吊装示意图

面独立柱进行场外预制再进行现场装配，由于其自重大致使运输及吊装困难，且装配各个环节极易叠加风险导致事故发生；若进行现场浇筑施工，柱模板的支设难度较大，且使用过程中模板也易发生弯曲变形，影响钢筋混凝土柱的垂直度，施工质量难以保障。为解决上述问题，提出了一种现浇钢筋混凝土柱半装配化施工工艺，其通过对传统现浇混凝土柱施工工艺的创新，优化设计基础钢筋排布，利用柱模板钢托架使柱模板与柱钢筋笼组装在一起，整体吊装直插入预留柱基础并进行加固校正，再进行混凝土现场浇筑，其施工工艺流程图见图 5.3-20。

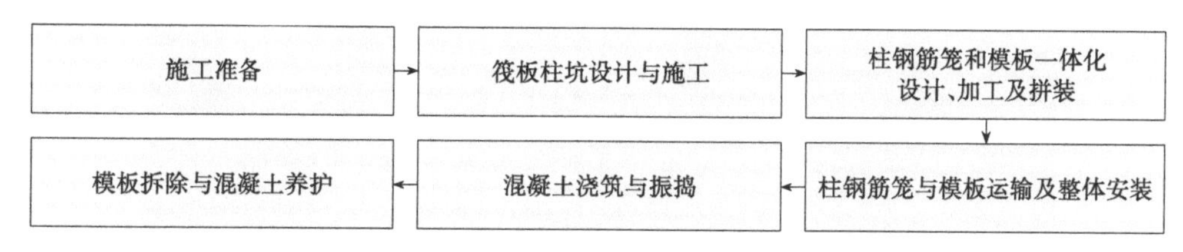

图 5.3-20　半装配化施工工艺流程

(2) 半装配化施工关键工序施工控制方法

1) 筏板柱坑设计与施工

在基础垫层上依据轴线定位框架柱位置及预留相应框架柱位置边界线预埋精轧螺纹钢筋定位线，并进行标识。随后按照框架柱标识线安装预留柱下沉基础的筏板钢筋定位支架，使用 M12 膨胀螺栓固定。再将基础筏板钢筋安放于定位支架上的定位卡槽内，进行基础筏板钢筋绑扎。然后采用快易收口网、60mm×80mm 菱形钢板网以及 ϕ16@250 的钢筋绑扎在筏板钢筋定位支架外侧，进行基础筏板混凝土拦截，并在柱下沉基础四角预埋 8 根精轧螺纹钢，与基础筏板钢筋焊接固定。如图 5.3-21、图 5.3-22 所示。

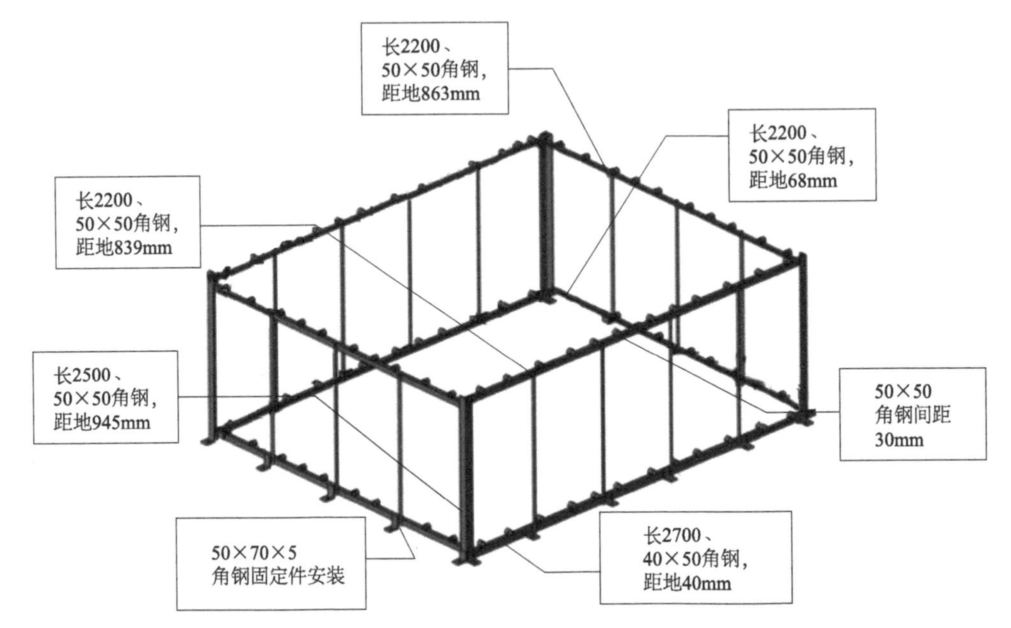

图 5.3-21　钢筋定位支架设计

图 5.3-22　筏板钢筋绑扎施工

基础筏板施工时，进行模板定位底座设计，预埋固定模板底座预埋件，预埋件采用

1.3m 的 ϕ32 精轧螺纹钢，预埋深度为入筏板内 80cm，露出筏板面 50cm，用于固定模板底座。模板底座依据位置安放后采用 2 根 [16 号槽钢背面对焊，用螺母固定于预埋精轧螺纹钢筋上，以固定模板底座，底座安装完毕后再次复核其安装位置及标高。如图 5.3-23、图 5.3-24 所示。

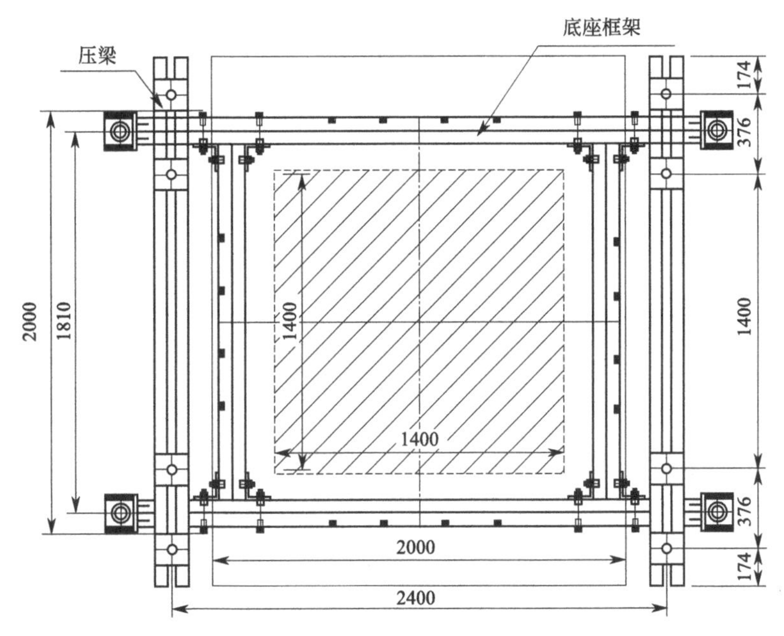

图 5.3-23 模板定位底座设计

图 5.3-24 模板定位底座安装

2）柱钢筋笼与模板一体化设计、加工及拼装

在场外加工厂集中进行柱钢筋笼绑扎，按照施工图纸及柱钢筋优化设计图纸进行柱钢筋下料加工，借助柱钢筋笼绑扎操作平台先将柱一面主筋摆放在操作平台上表面，依次穿入柱箍筋并按照间距排布，与柱主筋进行绑扎，后依次穿入其余面的柱主筋并与箍筋绑扎，柱钢筋保护层使用∟40×40×3角钢制作，间距2500mm布置。依照柱大小将角钢先对焊成两个L形，套入钢筋笼后进行对焊。焊点用ϕ12钢筋进行补强。如图5.3-25所示。

图5.3-25 柱钢筋笼绑扎制作

现浇混凝土柱模板采用2块L形定型钢模板，在专业加工厂集中加工后运至现场。模板所用材料均为Q235级钢，具体设计参数见表5.3-3。操作平台采用50mm方管进行焊接制作，加工操作架三角支撑，与钢模板螺栓连接使用。模板长度为11.03m，每块模板采用M20×60螺栓连接。如图5.3-26、图5.3-27所示。

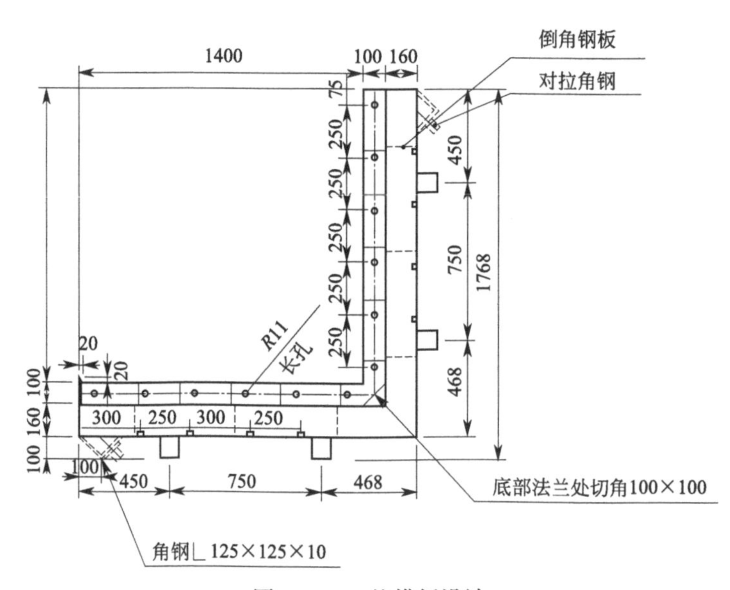

图5.3-26 柱模板设计

图 5.3-27 柱模板加工

柱模板设计参数 **表 5.3-3**

模板部位	材料及规格	排布设计
面板	8mm 钢板	—
横向背楞	[10 号槽钢	双根对焊@500mm
竖向背楞	[16 号槽钢	双根对焊@750mm
法兰	12mm 钢板	—
对拉杆件	ϕ25 精轧螺纹钢	—

模板与钢筋笼拼装时，将第一块 L 形模板安放于模板支架上并固定，将钢筋笼平稳吊运，安放于模板上，钢筋笼吊装采用专用吊具进行，钢筋笼吊放于第一块模板上并固定后吊装第二块 L 形模板，与第一块模板进行拼装。柱钢筋笼与钢模板连接顶部采用定制钢托架，钢托架与模板螺栓连接固定，柱钢筋笼主筋顶部套丝 45.5mm，加工与柱主筋同规格、同型号钢筋丝杆，丝杆采用 300mm 长 ϕ36 的钢筋两头套丝，一头套丝 150mm，另一头套丝 45.5mm，柱主筋与丝杆采用 ϕ36 套筒连接固定，丝杆另一头采用套筒加垫片卡在钢托架上，使柱子钢筋笼与钢模整体固定，拼装形成整体。在钢筋笼一角位置安装混凝土浇筑串筒，混凝土浇筑串筒选用 9m 长 ϕ200 钢管制作，每间隔 50cm 三面依次向上留设 150mm×150mm 孔洞。如图 5.3-28 所示。

3）柱钢筋笼与模板运输及整体安装

利用平板车将拼装好的钢筋笼和模板运至现场，柱钢筋笼与模板的整体安装设计如图 5.3-29 所示，钢筋笼与模板整体吊装选用 130t 履带吊与 75t 汽车式起重机配合使用。汽车式起重机的起吊点位于柱模板底部吊耳位置，履带吊吊点位于模板顶部吊耳位置，履带吊与汽车式起重机配合同时平稳起吊，待模板水平吊离地面高度约 2m 后，起吊模板底部的汽车式起重机停止起吊并向起吊模板顶部的履带吊旋转靠近，起吊模板顶部的履带吊继续起吊使模板与钢筋笼整体竖立，之后按照预留的柱体定位底座进行安装就位。吊装完成后安装模板斜向支撑及拉设缆风绳，借助模板斜向支撑、缆风绳及模板底座再次校正模板的垂直度及柱顶部标高，复核无误后固定。如图 5.3-30 所示。

图 5.3-28　钢筋笼与模板拼装

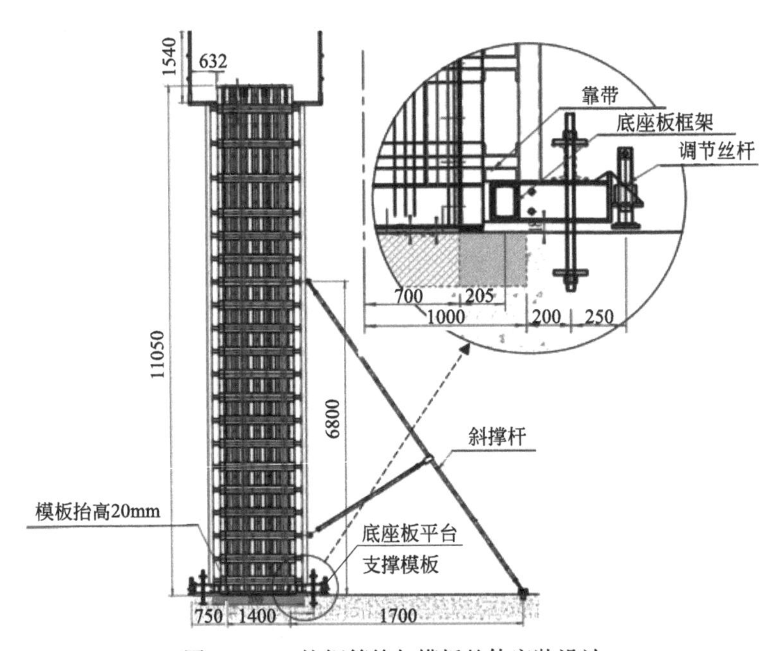

图 5.3-29　柱钢筋笼与模板整体安装设计

4）混凝土浇筑与振捣

提前一天浇筑现浇柱底部筏板预留口位置混凝土，浇筑时由现浇柱筏板预留口对角同时进行浇筑，浇筑高度同筏板顶面齐平，并振捣密实，收面成型。第二天待底部混凝土凝固后，拆除柱钢筋笼与模板顶部固定托架，安装操作平台，操作平台与柱模板采用螺栓连接，采用曲臂车配合汽车式起重机进行安装。安装完毕后进行柱混凝土浇筑。柱混凝土浇筑选用 37m 臂架泵车进行，由于框柱较高，混凝土浇筑时落差较大，在混凝土浇筑时借

图 5.3-30 柱钢筋笼与模板整体吊装施工

用预先埋入的串筒进行放料，每根柱浇筑混凝土配备 2 条长 12m 的振动棒进行振捣，每次浇筑高度约 80cm 时停止放料进行振捣，由柱角对角下棒振捣，每次振捣时长约 20s，浇筑混凝土后串筒埋入柱内。如图 5.3-31 所示。

图 5.3-31 柱混凝土浇筑

5）模板拆除与混凝土养护

柱混凝土浇筑完成后，待柱混凝土强度达到要求且能保证柱表面及棱角不因拆模而受损坏后再进行柱模板拆除。柱模板拆除的顺序和方法遵循自上而下的原则，先拆除混凝土操作架与柱加固件，再拆除柱两个角的模板连接件，柱模板脱离柱混凝土面后利用汽车式起重机吊拆，即模板拆除中也为两张整模，拆除中利用吊车进行单张整模吊拆。柱混凝土养护采用覆盖保湿的养护方法，采用双层 PE 薄膜将柱缠绕保湿养护。如图 5.3-32 所示。

（3）基于数值分析的半装配化施工质量与安全控制

该半装配化现浇混凝土柱为高大截面柱，在场外进行加工和拼装，并运输至现场进行

图 5.3-32　柱混凝土保湿养护

安装和混凝土浇筑，为防止现场施工过程中柱的变形过大，建立了有限元模型进行数值分析，保证施工时的质量和安全。首先对采用半装配化工艺的现浇柱进行模板侧压力计算。按照建筑施工模板安全技术规范的要求，计算得到的模板侧压力大小为 65.4kN/m^2。由振捣产生的荷载按 6.5kN/m^2 计算，倾倒混凝土时产生的水平荷载值按 4kN/m^2 计算，施工人员荷载 2.5kN/m^2，荷载分项系数按表 5.3-4 取值。

荷载分项系数取值表　　**表 5.3-4**

荷载类别	分项系数
新浇筑混凝土对模板侧面的压力	1.3
振捣混凝土时产生的荷载	1.5
倾倒混凝土时产生的荷载	1.5
施工人员及施工设备荷载	1.5

则总荷载为：

$$F_{总}=65.4\times1.3+6.5\times1.5+4\times1.5+2.5\times1.5=104.52\text{kN/m}^2$$

高大截面柱进行混凝土浇筑时模板的变形是影响安全的重要因素，因此使用了 MIDAS Civil 2015 进行混凝土浇筑时柱钢模板的受力性能分析。建立的有限元模型如图 5.3-33 所示，柱模板所用材料为 Q235 钢，面板为 8mm 钢板，横向使用 [10 号加强，背楞采用 [16 号，法兰采用 12mm 钢板封侧槽口，对拉杆件长 30mm。模板上部的四个对拉杆件布置间距为 750mm，其余对拉杆件布置间距为 500mm。模板长度设为 11.05m，柱截面尺寸为 1.4m×1.4m，模板侧压力使用上述计算值。

柱模板的变形情况如图 5.3-34 所示，在采用半装配化工艺后进行混凝土浇筑，柱模板四面都有一定程度的变形。因上部的对拉杆件布置间距较大，下部的对拉杆件布置间距较小，模板的上部变形较下部变形大，但模板的整体变形量最大值仅为 0.4mm，满足《建筑施工模板安全技术规范》JGJ 162—2008[32] 中对模板变形量容许值的要求。

对混凝土浇筑后柱模板面板和拉杆的应力进行数值分析后，得到柱模板拉杆受到的最

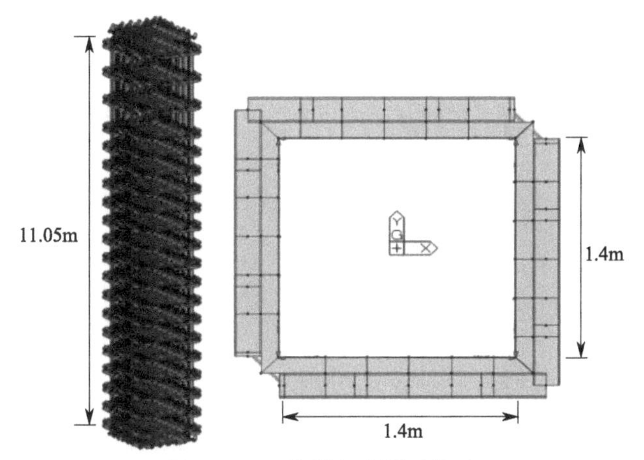

图 5.3-33 柱模板有限元模型

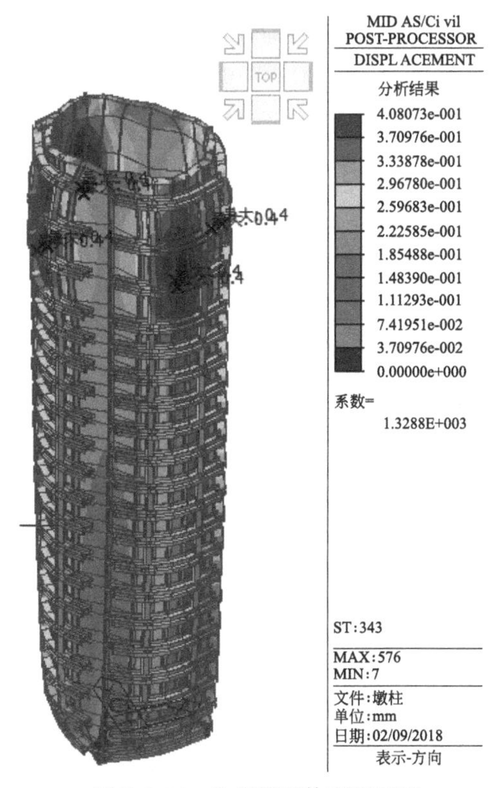

图 5.3-34 柱模板整体变形云图

大剪应力为 103MPa，柱模板面板受到的最大应力为 17MPa。根据《钢结构设计标准》GB 50017—2017[33] 中的规定，在钢材受拉、受压和受弯时，厚度或直径小于 16mm 的 Q235 钢的强度设计值为 215MPa，因此，数值模拟值远小于规范的规定值，满足安全性要求。如图 5.3-35、图 5.3-36 所示。

通过对现浇钢筋混凝土柱半装配化施工工艺进行数值计算与分析，柱模板是安全可靠的，承载力及变形均在规范控制范围内，强度计算满足规范要求，施工质量与安全能够得到保证。

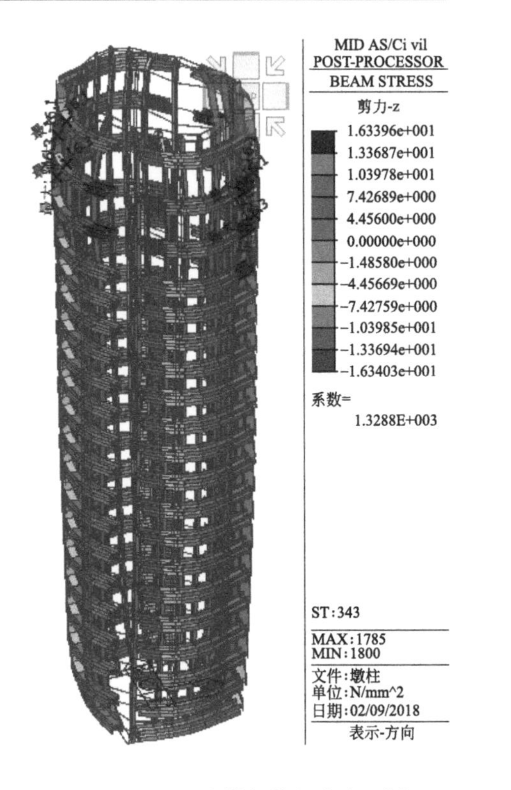

图 5.3-35　柱模板拉杆应力云图

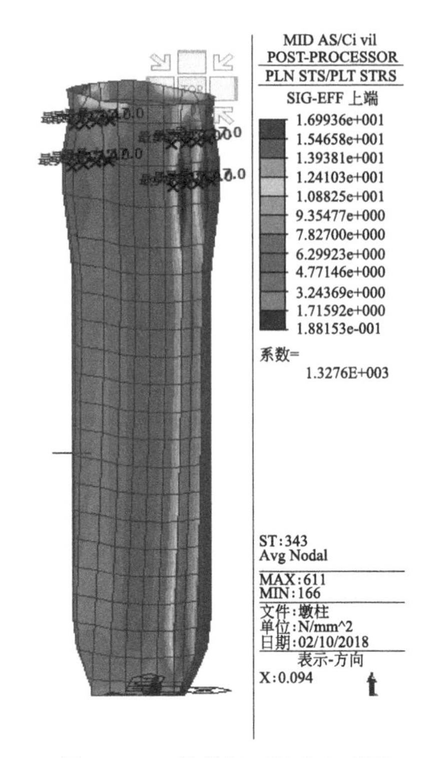

图 5.3-36　柱模板面板应力云图

5.3.3　超高钢柱一次浇筑成型施工关键技术

本项目依托工程的主厂房结构均为大跨度的钢筋混凝土装配式框架结构。高空间与大跨度带来的是框架柱截面尺寸的增大和柱高度的增加。因此，针对本工程实际情况，需要展开超高钢柱一次浇筑成型施工关键技术的研究。本项目的一次浇筑成型施工工艺主要从钢柱模板、钢筋与混凝土等方面展开研究。通过柱模板的重点设计与混凝土浇筑工艺研究，保证超高型钢混凝土柱与钢管混凝土柱的一次浇筑成型，极大地加快了施工进度，构件质量也达到了国家相关工艺标准的要求。

1. CFT 柱一次浇筑成型施工技术

本工程核心区总共有 CFT 钢管柱 144 根，截面 1400mm×1400mm，高度 13.72m，钢护筒为 30mm 厚钢板，内部焊接铆钉及隔板，上口缩颈为 700mm×950mm。由于 CFT 柱截面大、高度高，为保证 CFT 柱内混凝土浇筑质量，本项目采用 C45 自密实混凝土进行钢管内部混凝土的浇筑，并通过一系列质量保证措施确保浇筑、养护的施工质量[34]。

（1）施工难点

1）矩形钢管混凝土柱与其他形式的钢管混凝土柱不同，尤其是不同于一般的劲性钢管混凝土柱，其在浇筑混凝土期间必须考虑空心钢管侧壁的变形情况、稳定性等受力性能，防止钢管柱因为混凝土侧压力超过变形限值。

2）由于本工程上部钢管柱一次吊装完成，对混凝土浇筑工艺提出了较高要求，如果不能合理控制施工方式，容易造成矩形柱内部混凝土发生离析、分层等质量问题。

3）自密实混凝土的施工参数对钢管混凝土柱的施工质量具有极大影响，其坍落度不足、级配不良易导致钢管柱内混凝土整体不密实。因此，本工程采用的预拌混凝土，必须在施工前与商品混凝土搅拌站沟通，考虑混凝土运距、出入钢管温度及自密实混凝土的扩展度等因素，根据混凝土的强度及浇筑情况提前进行配合比与掺料设计，以保证其施工应用过程中的稳定性。

（2）施工方案

常规的钢管混凝土柱的混凝土浇筑方式有人工逐层浇筑法、泵送顶升法和高位抛落无振捣法等。由于工期较为紧张，如果采用人工逐层振捣浇筑，施工速度较慢，无法满足施工进度要求。因此，本工程不考虑采用人工逐层浇筑法。此外，由于本工程钢管柱内部设置了纵横向隔板，同时第三节柱的收口较小，如果采用泵送顶升法进行混凝土浇筑，容易在较大的液压冲击下，导致混凝土挤压破坏内部隔板以及钢管侧壁。同时，由于周边场地受到限制，加压设备不宜展开布置，因此泵送顶升法不适用于本工程。而按照规范要求，高位抛落法进行钢管混凝土的浇筑时，要求混凝土抛落高度小于 3m，同时不得大于 12m，这也不适用于本工程的实际情况。故经过综合考虑，本工程决定采用导管法进行钢管混凝土柱的施工。

本工程的钢管混凝土所用矩形钢管内部设置了纵横向隔板，且一次浇筑高度远远大于常规钢管混凝土柱的浇筑要求，达到了 12m 以上的高度。设计选用直径 500mm 的钢导管进行浇筑，导管单节长度为 3m，采用快速接头进行钢导管的接长和拆卸，导管位置示意图如图 5.3-37 所示。浇筑过程中，首先利用塔吊将拼装完成的导管沿着钢管柱上部内部隔板中间的浇筑孔下放至首节钢管底部以上 1～2m 的高度，然后将导管上部与料斗连接。之后开始进行混凝土的浇筑施工，采用汽车泵将混凝土运送至所需的浇筑高度，分层进行钢管内混凝土的浇筑，保证每层混凝土浇筑密实后再进行上一层的浇筑。

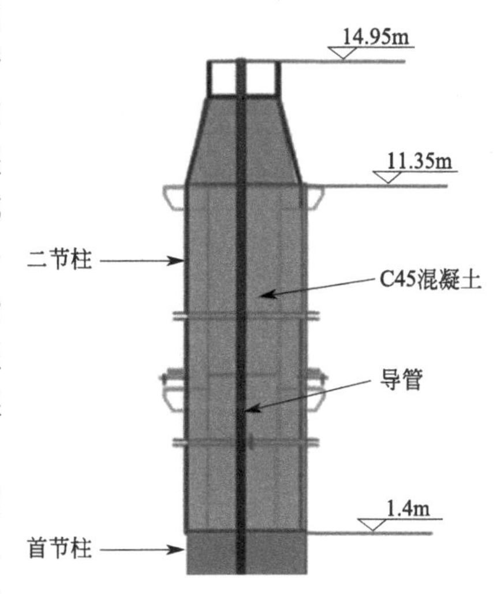

图 5.3-37　导管位置示意图

钢管混凝土采用自密实混凝土，浇筑前先在底部浇筑 10～20cm 厚同配合比的减石子水泥砂浆，由此可以杜绝混凝土粗骨料在下降过程中出现弹跳的情况，防止柱子底部出现烂根问题。此外，由于导管内壁在施工过程中对下落的混凝土有一定的摩擦作用，从而可以避免混凝土在自重作用下产生离析。同时，利用导管也解决了抛落高度限制的问题，使得常规的高抛自密实混凝土能够满足钢管柱的施工质量要求。随着钢管内的混凝土液面高度不断提高，只要将导管逐节拆卸，直至钢管内的混凝土浇筑至顶部即可。

（3）混凝土配合比

自密实混凝土应经过严格的试配，从而确定最为合理的配合比，保证钢管混凝土内部的浇筑质量。本项目所采用的自密实钢管混凝土针对施工质量要求，除了需要满足结构设计所需要的强度和耐久性以外，更要提供良好的自密实性能，即流动性、抗离析性、填充性以及较小的坍落度损失。为保证利用导管法浇筑的钢管混凝土柱 C45 自密实混凝土的施工质量满足设计要求，其材料参数应满足以下基本要求：

1）水泥采用 42.5 号普通硅酸盐水泥，且自密实混凝土的水胶比宜小于 0.45，胶凝材料用量控制在 400～550kg/m^3，采用 15%的 I 级粉煤灰掺合料；

2）细骨料宜采用级配Ⅱ区的中砂，含泥量和泥块的含量分别不大于 3.0% 和 1.0%；

3）粗骨料宜采用公称粒径在 5～20mm 之间的连续级配碎石；

4）28d 混凝土强度应达到 50MPa 以上，初凝时间在 8～10h，终凝时间在 12～16h。

为确定自密实混凝土的配合比参数，本工程与混凝土搅拌站进行深入交流，通过一系列自密实混凝土的试配和试验，确定了最合理的配合比参数，混凝土配合比报告如图 5.3-38 所示。具体试验包括以下内容：

1）混凝土坍落度和坍落扩展度参照《普通混凝土拌合物性能试验方法标准》GB/T 50080—2016[35] 规定的坍落度和坍落扩展度测试方法进行测试。本试验分别测试新拌混凝土拌合物的坍落度值和坍落扩展度值以及在同等环境下静置 1.5h 后混凝土拌合物的坍落度值和坍落扩展度值，扩展度测量示意图如图 5.3-39 所示。

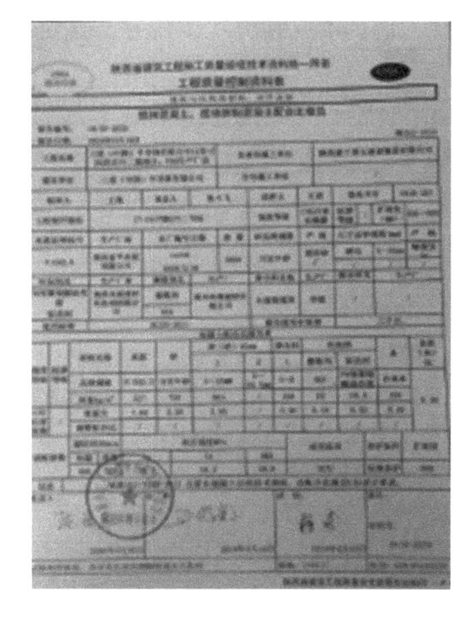

图 5.3-38　自密实混凝土配合比报告

图 5.3-39　扩展度测量示意图

2）根据《混凝土结构设计规范（2015 年版）》GB 50010 —2010[26] 相关规定，进行混凝土立方体抗压强度试验的试件采用 150mm×150mm×150mm 的立方体标准试件，试件成型过程模拟自密实混凝土实际施工过程，采用无振捣、无插捣的方式进行，将混凝土按照配合比拌和完成后注入试模，静置 5min 后用刮尺刮除多余的混凝土，待临近初凝时抹平。

3）立方体抗压试件的养护和抗压强度试验方法按《普通混凝土拌合物性能试验方法标准》GB/T 50080—2016[35] 和《混凝土物理力学性能试验方法标准》GB/T 50081—2019[36] 进行。

4）通过漏斗流过试验，测试自密实混凝土的漏斗流出时间，进而确定混凝土流动的难易程度，通过时间越短表明流动性越好。自密实混凝土流动通过时间应在 10s 左右。

5）骨料沉降：将新拌混凝土装入容积 10L 的量筒内加盖，在 20±5℃的恒温条件下静置 4h 后，倒出目测确定底部粗骨料的沉降情况，进而确定混凝土拌合物的抗离析性，保证自密实混凝土在钢管内的均匀分布。

(4) 混凝土浇筑

针对自密实混凝土的浇筑过程，应根据其施工条件，采取一系列质量控制措施，严格控制自密实混凝土的浇筑质量，保证钢管内部混凝土密实度的同时，防止柱身产生过大变形。具体施工质量控制要点如下：

1) 钢管柱应提前每隔三块内部隔板钻一个直径 20mm 的观察孔，孔的位置设置在内隔板下 50mm 的范围内，浇筑过程中根据观察孔是否溢浆判断混凝土是否浇筑密实。

2) 按照钢管柱的实际长度来确定导管的节数，针对已经安装完成的钢管柱与导管，在不能及时浇筑时应增加其上口的盖板保护，以防雨水、杂物落入柱内，影响后续钢管柱浇筑质量。

3) 柱内自密实混凝土的浇筑采用垂直分层浇筑法，应根据下料的速率凭经验来估测浇筑的高度，并根据施工进度安排提前协调好汽车泵进场，保证钢管柱在浇筑混凝土的过程中能够连续稳定。由于自密实混凝土黏性较大，设计钢管每 3m 为一个浇筑的分段，每浇筑 3m，即上提导管至下一个浇筑分段，并悬停在分段中部，待下部混凝土自然塌落 30s 后再进行下一分段的浇筑工作。

4) 钢管内部浇筑混凝土的时候，一定要保证混凝土的密实度达标，可以使用敲击的方法来判断混凝土的密实度。混凝土浇筑完成以后，关键的部位使用超声波检测方法来对质量进行检测，如果混凝土有不密实的地方，采取局部钻孔的方法进行补救。

5) 混凝土浇筑完成以后，实施覆膜养护，柱面采用双层塑料布包裹，防止水分散失，终凝后应立即进行加湿养护，保持湿润状态，钢管柱养护时间应不少于 28d，混凝土内外温差控制在 25℃以内。正常温度下每日浇水 2 次。

2. SRC 柱一次浇筑成型施工技术

本工程支持区共有 SRC 柱 1406 根，主要分布在 SUP 区的 1、2、3 层及屋面层，设计柱截面尺寸有：1000mm×1000mm、1200mm×1200mm、1200mm×1400mm、1300mm×1300mm、1300mm×1500mm，柱子高度从 3.8m、6m、12m 至 12.5m 不等。SRC 柱在筏板施工中预埋柱子钢筋及型钢预埋件，柱子钢筋型号主要为 ϕ36、ϕ32、ϕ12，混凝土强度等级为 C50。由于型钢混凝土柱的最大施工高度达到了 12m，且混凝土外观质量要求较高，在综合考虑施工质量、进度、安全、效益等方面的因素之后，本工程对超高型钢混凝土柱的模板工程与混凝土工程进行了优化设计，保证其一次浇筑成型，具体内容介绍如下。

(1) 施工难点

1) 本工程型钢混凝土柱具有数量多、结构尺寸大，钢筋强度等级高、直径大、排布密集，混凝土外观质量要求高、耐久性要求高等特点。这些特点直接造成模板配置与设计困难、钢结构和钢筋深化设计复杂多变、现场钢筋绑扎困难、混凝土浇筑振捣困难等问题。

2) 由于采用逆作法施工技术，型钢混凝土柱的施工周期较长，控制全部柱子施工质量以及外观效果前后一致的难度较大，需要形成标准可行的详细施工方案，控制柱体施工全过程的标准化施工质量。

3) 部分型钢混凝土柱的吊装高度较大，一次浇筑成型对其模板质量以及混凝土浇筑工艺要求较高，如果不能有效控制施工质量，容易出现超高型钢混凝土柱的柱身浇筑不密实、外观质量较差等问题，甚至由于施工高度较高、处理不当，可能会导致安全问题。

（2）施工方案

1）本工程型钢柱单体占地面积大、工期紧、结构复杂，筏板基础、钢结构施工是后续工程有序展开的前提。故根据本工程现场实际情况和总进度计划安排，筏板施工以18轴与36轴为分界线，向南北两侧同步进行，钢结构施工随核心区钢结构安装工作相应展开。

2）脚手架架体采用普通钢管扣件式脚手架，管径为48mm×3.5mm；架体设置为回字形，内排立杆中心距柱边距离不小于300mm，立杆间距1～2.5m间，横杆步距为2m，外立面满搭剪刀撑；操作面满铺钢踏板，上下层操作面间距为2m，操作面两侧均设置1.2m高护身栏，每0.6m一道拦腰杆。

3）SRC柱模板施工采用组合铝合金模板，模板厚度65mm，模板长度分为2600mm、1200mm、800mm、600mm、450mm等，平板宽度规格分为100mm、300mm、400mm三种，阳角模板为100+100mm（带阳角20mm圆角）；单块铝合金模板之间使用销钉销片工具式连接（图5.3-40）；采用定型柱箍进行加固。楼承板边缘柱模板采用15mm厚木模板及方木进行支设。

4）钢筋采用传统施工工艺进行施工，钢筋在场外加工厂加工完成后搬运至现场施工，柱钢筋先在底部预留钢筋上套柱箍筋，再连接主筋，然后绑扎箍筋；板钢筋在楼承板安装完成后按照图纸设计合理进行下料，现场进行绑扎；混凝土浇筑采用商品混凝土52m臂架泵配合浇筑，当柱身与楼板同时施工时，先浇筑柱子，柱子浇筑完成后再浇筑板。

（3）型钢混凝土模板重点设计

1）模板选型

本工程SRC柱模板采用组合式铝合金模板体系，模板厚度65mm，单块模板长度可达到2.6m、模板宽度100～400mm，单面模板拼接采用专用销钉组拼，相邻两边模板采用专用角铝和销钉连接；模板拼装前涂刷水性隔离剂。铝合金模板构造示意图如图5.3-41、图5.3-42所示。

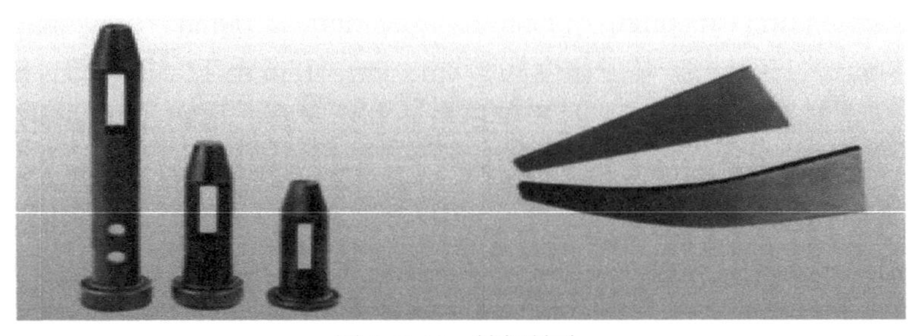

图5.3-40　销钉销片

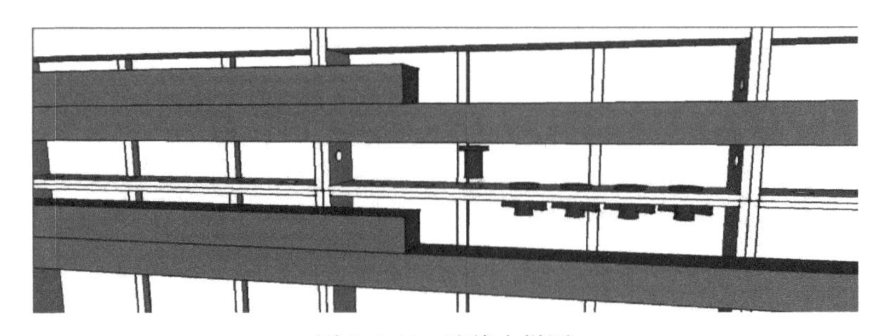

图5.3-41　连接大样图

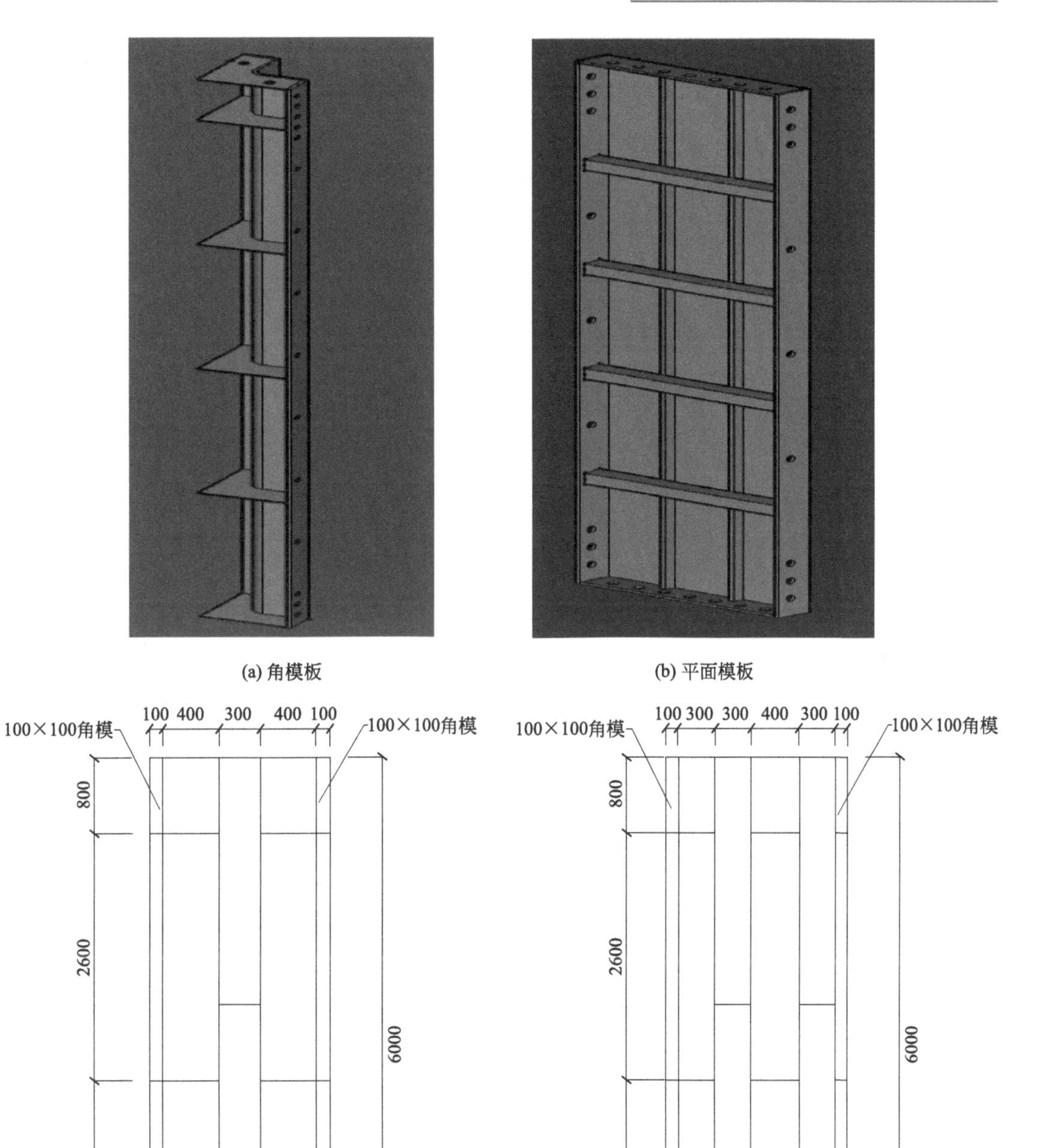

图 5.3-42　柱模板示意图

2）模板加固

本工程的模板单元采用专用销钉进行组装拼接，相邻两块模板采用专用角铝和销钉连接，柱加固背楞采用工具式背楞或者单片工具式柱箍，模板和背楞采用专用连接杆连接。如图 5.3-43 所示。

图 5.3-43　模板组装示意图

3）梁柱节点部位

在梁柱节点部位，模板支设在节点钢护筒外部，紧贴钢护筒保证模板的稳固性和严密性，将钢护筒包裹在模板内 50mm 左右，从而避免施工过程中出现漏浆问题。梁柱节点的模板大样图如图 5.3-44 所示。

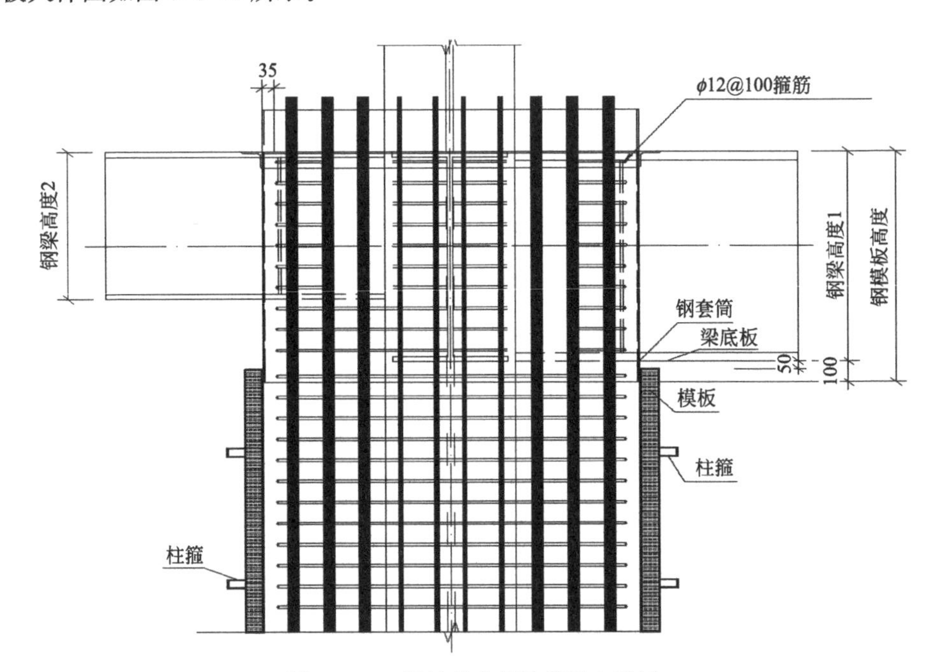

图 5.3-44　梁柱节点部位模板大样图

4）模板验算

为保证该模板施工应用的可靠性和稳定性，本工程对其进行了模板、柱箍以及连接件的强度、刚度验算。

① 设计参数

根据相关规范要求，本工程所用铝合金模板的相关设计参数符合规范要求。具体内容如下：

本工程铝合金模板材质成分符合《变形铝及铝合金化学成分》GB/T 3190—2020[37]中6061的要求，见表5.3-5所列。

化学成分分析表　　　　表5.3-5

牌号	化学成分(质量分数,%)								
	Si	Fe	Cu	Mn	Mg	Cr	Zn	Ti	Al
6061	0.4～0.8	≤0.7	0.15～0.4	≤0.15	0.8～0.12	0.04～0.35	≤0.25	≤0.15	余量

本工程铝合金模板材质力学性能符合《铝合金建筑型材　第1部分：基材》GB/T 5237.1—2017[38] 中6061-T6的要求，见表5.3-6所列。

模板材质力学性能分析表　　　　表5.3-6

牌号	状态	抗拉强度(N/mm^2)	规定非比例延伸强度 $R_{p0.2}$(N/mm^2)	断后伸长率(%)
6061	T6	≥265	≥245	≥8

本工程铝合金模板的设计计算符合《铝合金结构设计规范》GB 50429—2007[39] 中6061-T6的要求，见表5.3-7所列。

模板结构力学参数分析表　　　　表5.3-7

牌号	状态	抗拉强度(N/mm^2)	弹性模量(N/mm^2)
6061	T6	≥200	6.9×10^4

按照《建筑施工模板安全技术规范》JGJ 162—2008[32]，组合铝合金模板结构或其配件的最大变形值不得超过表5.3-8规定。

组合铝合金模板及其构配件的容许变形（mm）　　　　表5.3-8

部件名称	容许变形值
铝合金模板面板	≤1.5
单板铝合金模板	≤1.5
钢楞	L/500或≤3.0
柱箍	L/500或≤3.0
铝合金模板结构体系	L/1000
支撑系统累计	≤4.0

铝合金模板系统模板宽度有400mm、350mm、300mm、250mm、200mm、150mm、100mm、50mm等标准规格，模板边框高度为65mm，模板面板厚度4mm。主要型材截面参数见表5.3-9所列。

主要型材截面参数表 **表 5.3-9**

模板宽度(mm)	截面积 A(mm^2)	x 轴截面惯性矩 I_x(mm^4)	截面最小抵抗矩 W_x(mm^3)	截面简图
400	2414.83	959363.7	18997.3	

② 荷载统计

模板施工荷载按照《混凝土结构工程施工规范》GB 50666—2011[40] 进行取值。

其中，铝合金模板自重标准值：0.25kN/m^2

混凝土重力密度：24kN/m^3

新浇混凝土对模板的侧压力根据《混凝土结构工程施工规范》GB 50666—2011 进行计算，取荷载组合值为：S=60.254kN/m^2。

③ 柱铝合金模板整体强度及刚度校核

柱铝合金模板所受荷载为混凝土侧压力，柱根部所受侧压力最大，柱铝合金模板在模板竖直方向设置背楞，根部背楞的间距按 550mm 设置。模板受荷示意图如图 5.3-45 所示，模板弯矩图、变形图如图 5.3-46、图 5.3-47 所示。

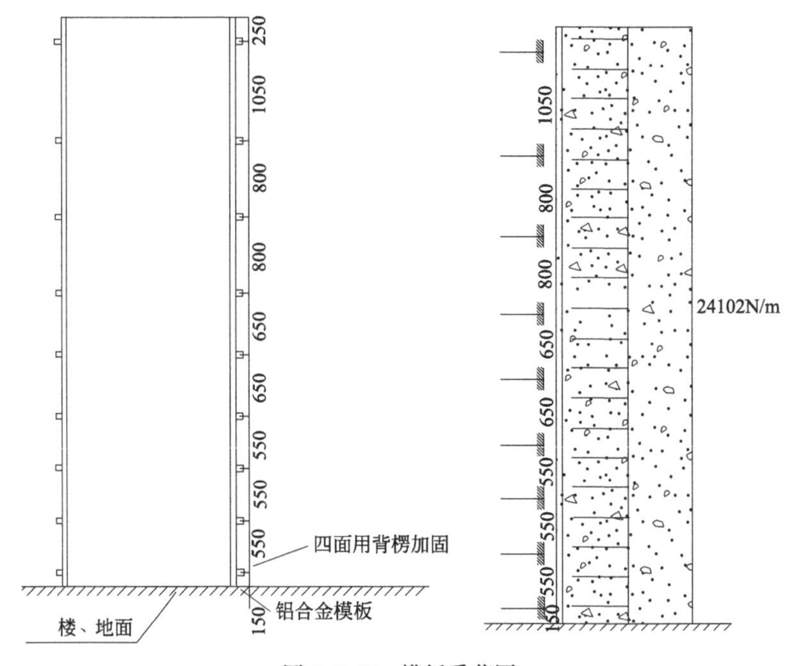

图 5.3-45 模板受荷图

模板所受均布线荷载为：60.254×0.4=24.102kN/m，取标准模板宽度 400mm，经验算可得：

最大弯矩 M_{max}=1392N·m

最大挠度 v_{max}=0.21mm

强度校核 $\sigma=M_{max}/W$=73.3 N/mm^2≤［f］=200N/mm^2

挠度验算 v_{max}＝0.21mm＜［v］＝1.5mm

模板整体强度和刚度满足要求。

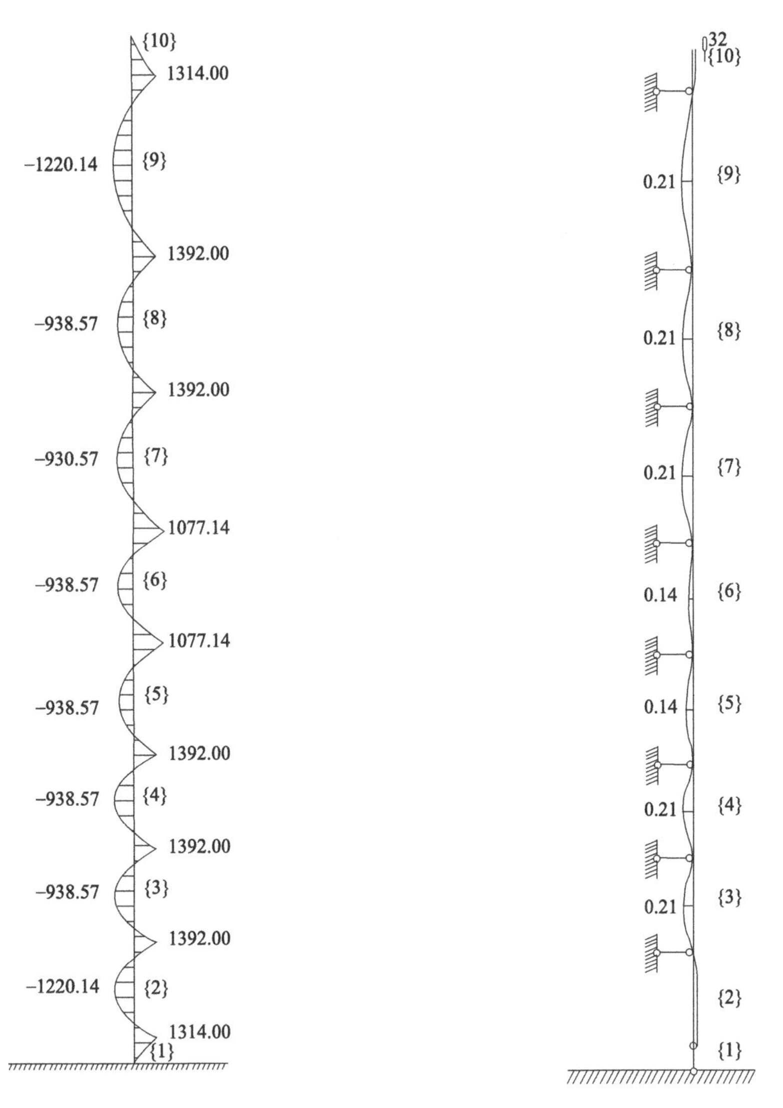

图5.3-46　模板弯矩图（N·m）　　图5.3-47　模板变形图（mm）

④ 柱铝合金模板标准单元局部强度及刚度校核

铝合金模板标准单元局部面板校核。

面板取 a＝0.4m、b＝0.3m、h＝0.004m 进行受力计算；整个面板受均布荷载 q＝60.254kN/m^2。

最大弯矩 M_{max}＝－0.035kN·m

最大挠度 v_{max}＝0.71mm

强度校核 $\sigma=M_{max}/W$＝43.75 N/mm^2≤［f］＝200N/mm^2

挠度验算 v_{max}＝0.71mm＜［v］＝1.5mm

模板标准单元局部面板强度和刚度满足要求。

⑤ 铝合金模板标准单元纵筋局部强度及刚度校核

铝合金模板纵筋受力等效截面如图 5.3-48 所示。

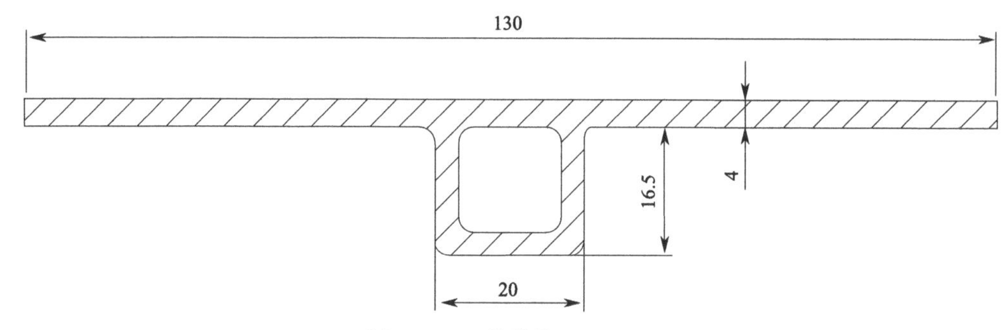

图 5.3-48　纵筋截面（mm）

截面参数：$I=19455.7\text{mm}^4$，$W=I/H=1261.7\text{mm}^3$，所受均布荷载大小：$q=7.83\text{kN/m}$。经验算可知：

最大弯矩 $M_{\max}=-0.07\text{kN}\cdot\text{m}$

最大挠度 $v_{\max}=0.31\text{mm}$

强度校核 $\sigma=M_{\max}/W=55.48\text{N/mm}^2\leqslant[f]=200\text{N/mm}^2$

挠度验算 $v_{\max}=0.31\text{mm}<[v]=1.5\text{mm}$

铝合金模板标准单元纵筋局部强度及刚度满足要求。

⑥ 铝合金模板标准单元板筋局部强度及刚度校核

在铝合金模板整体强度及刚度均符合设计要求的前提下，需进一步校核此处加强筋的强度及刚度。标准模板背面焊接有加强筋，加强筋的最大间距 300mm，加强筋的荷载来源于面板支撑的纵筋，加强截面参数为：$I=3.9\times10^4\text{mm}^4$，$W=2645.8\text{mm}^3$，所受集中荷载为：$P=2349\text{N}$。受力情况如下：

最大弯矩 $M_{\max}=305.37\text{N}\cdot\text{m}$

最大挠度 $v_{\max}=0.957\text{mm}$

强度校核 $\sigma=M_{\max}/W=115.4\text{ N/mm}^2\leqslant[f]=200\text{N/mm}^2$

挠度验算 $v_{\max}=0.957\text{mm}<[v]=1.5\text{mm}$

铝合金模板标准单元筋板局部强度及刚度满足要求。

⑦ 柱箍验算

柱箍采用 2 根 10 号普通槽钢合并，截面参数如下：$I=396.6\times10^4\text{mm}^4$，$W=79.4\times10^3\text{mm}^3$，柱箍间距见表 5.3-10 所列。

柱箍间距表　　表 5.3-10

第一道距地面高度 b_1(mm)	150
第二道距地面高度 b_2(mm)	700
第三道距地面高度 b_3(mm)	1250
第四道距地面高度 b_4(mm)	1800
第五道距地面高度 b_5(mm)	2450

续表

第六道距地面高度 b_6(mm)	3100
第七道距地面高度 b_7(mm)	3900
第八道距地面高度 b_8(mm)	4700
第九道距地面高度 b_9(mm)	5750

因无对拉螺栓，可采用阳角处对拉螺栓进行柱垂直背楞斜向对拉，故柱箍可按简支梁进行计算，简支梁上部简化为5个集中力作用，经计算从下至上第2道柱箍所受集中力最大：$P_{2max}=13.256kN$。柱箍受力与变形情况如图5.3-49、图5.3-50所示。

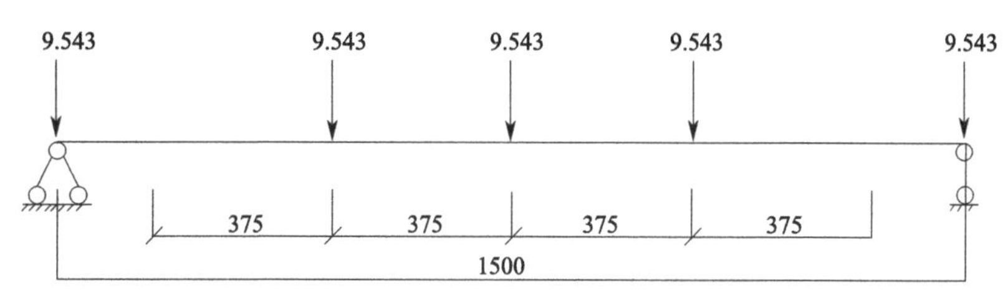

图5.3-49 柱箍受力图（kN）

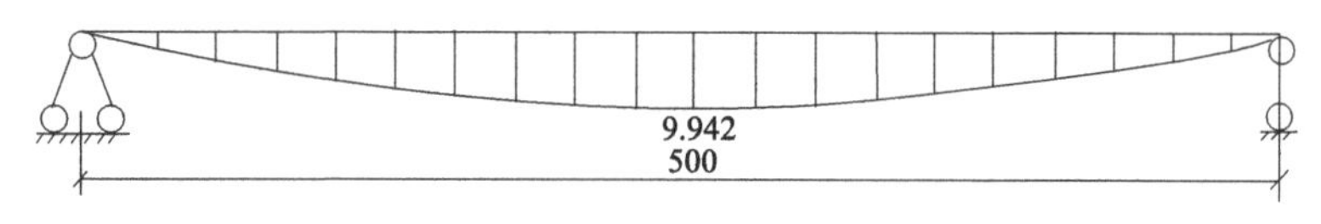

图5.3-50 柱箍变形图（mm）

最大弯矩 $M_{max}=9.942kN \cdot m$

最大挠度 $v_{max}=2.7mm$

强度校核 $\sigma=M_{max}/W=125N/mm^2 \leqslant [f]=200N/mm^2$

挠度验算 $v_{max}=2.7mm<[v]=1500/400=3.75mm$

柱箍强度和刚度满足要求。

⑧ 柱箍角部背楞对拉螺杆强度校核

柱箍角部背楞对拉螺杆，采用T18梯形牙高强度螺杆（HPB300圆钢），抗拉设计强度 $[f]=270MPa$，对拉螺杆截面面积 $A_s=254.34mm^2$，拉杆的轴力来源于背楞的反力，经计算从下至上第2道柱箍对拉螺杆所受拉力最大：$F=24.85kN$。

强度核算：$\sigma=97.7\ N/mm^2 \leqslant [f]=270N/mm^2$，对拉螺杆强度满足要求。

⑨ 模板连接销钉强度校核

铝合金底模与侧模销钉连接，在混凝土压力的作用下，每个模板销钉在0.4m（最大模板宽度）×0.3m（模板 $A=200.96mm^2$，材质Q235，抗剪设计强度销钉间距）的范围内受到剪切力。模板销钉直径16mm，截面积200.96mm²。模板销钉强度应满足：$f_v \leqslant [f]$，经验算：$f_v=14.84N/mm^2 \leqslant [f]=120N/mm^2$。

模板销钉强度满足设计要求。

（4）型钢混凝土浇筑工艺重点设计

混凝土浇筑是型钢混凝土组合结构施工中的关键步骤，由于构件中型钢骨架的存在，尤其是梁柱节点等部位，型钢和钢筋纵横交错、十分密集，给混凝土的浇筑和振捣带来了极大的不便。因此，在型钢和钢筋安装完成后，负责混凝土浇筑和振捣的施工人员根据实地观察结果，对混凝土的浇筑方案进行了重点设计。

本工程混凝土采用 56m 臂架搅拌泵车及车载泵进行浇筑（图 5.3-51、图 5.3-52），当采用车载泵进行浇筑时，应在建筑物结构外部搭设泵管支撑架。具体浇筑方案包括以下内容。

图 5.3-51　臂架搅拌泵车

图 5.3-52　车载泵

1）浇筑前的准备工作

① 浇筑混凝土前，应当对浇筑部位施工缝处进行清理，清除表面松动的石子、混凝土残渣和其他异物。相关专业工程已验收合格。

② 与混凝土搅拌站进行沟通，在保证强度的前提下，选用外形圆润、粒径较小的粗骨料，使混凝土具有更好的流动性。

③ 检查布料机、振动棒等施工器械能否正常运转，应当准备适量直径较小的振动棒与大振动棒配合使用。

④ 对混凝土作业班组人员进行技术交底，明确浇筑和振捣难点。浇筑前，熟悉现场实际情况，在型钢和钢筋较为密集的地方尝试插入振动棒，确保振动棒能够顺利下放。

⑤ 柱子模板加固到位，模板位置及垂直度校核完成，经监理确认合格后方可进行混凝土的施工。

2）单根柱混凝土浇筑时间设计

混凝土浇筑按 4 个 SRC 框柱为一个批次，分层依次循环浇筑。由于 SRC 柱的特殊性，每一个柱子第一次浇筑混凝土高度为 2m，方量为 3.38m^3，每 2m 浇筑时间为 8min（常规计算框柱混凝土每小时浇筑方量为 25m^3）。见表 5.3-11 所列。

浇筑时间参数设计表　　**表 5.3-11**

名称	单根柱每层浇筑高度	单根柱浇筑次数	单根柱每层浇筑方量	单根柱每层浇筑时间	单根柱混凝土方量	单根柱浇筑总时间
SRC 框柱（1.3m×1.3m×6m）	2m	3 次	3.38 m^3	8min	10.1 m^3	24min

3）混凝土浇筑顺序

① 当板、柱同时开始浇筑时，先浇筑柱子再进行板的浇筑，柱子施工时应分层进行

浇筑振捣，板柱结合部位应按照柱的混凝土强度等级进行施工；当板先施工时，应在柱子部位用模板进行拦截。

② 柱混凝土浇筑按4根SRC框架柱为一个批次，分层依次循环浇筑，8根柱依次循环进行混凝土浇筑振捣。

③ 型钢混凝土柱采用分层浇筑，分层厚度不宜大于500mm，浇筑时应加溜槽，控制混凝土的下落高度不大于2m。由于型钢混凝土柱中存在型钢骨架，阻碍了混凝土流动，容易造成浆液和骨料分离，因此浇筑时，要从柱的四边均匀下料。振捣时，采用直径为50mm的振动棒进行，钢筋密集部位可采用直径为30mm的振动棒并辅以钢筋钎进行。振捣点应设在型钢柱内侧及柱的四角处，间距不宜大于300mm。

4）混凝土振捣

① 型钢混凝土梁进行浇筑时，从梁的一侧下料，用振动棒将混凝土向梁另一侧赶，直到另一侧出现混凝土时在两侧同时振捣。

② 由于型钢柱加劲板的存在和节点处钢筋密集，柱中某些部位被型钢和钢筋围住，浇筑时，被围部分的排气空隙被混凝土堵住，导致其内部空气无法排出，混凝土也无法进入，形成了“气囊”。因此，对此类部位浇筑前，先利用硬质套管将其与外部贯通，待混凝土浇筑覆盖此部位后再将套管拔出并加强振捣。

③ 混凝土应进行分层浇筑，浇筑高度不大于2m，每层浇筑完成后用插入式振动棒进行振捣，提前在插入式振动棒上用红胶带对柱子高度进行标记，保证振动棒能插入模板底部。

④ 插入式振动棒要快插慢拔，振捣时间20～30s左右，并以混凝土不再显著下沉、不出现气泡、开始泛浆时为准，浇筑上层混凝土时，振动棒插入下层混凝土30～50mm。

⑤ 柱子振捣时尽量避免碰到模板、钢筋和预埋件，在模板附近振捣时，应同时用木锤轻击模板，避免超振、漏振。

5）混凝土收面

① 混凝土浇筑前，在筏板面筋上焊接30cm高、$\phi 10$钢筋头，间距4m，用水准仪抄平，用红油漆或红胶带标记20cm控制点，待一次收面完并检查完成后拔除，并对拔除产生的空洞及时进行修补。

② 混凝土浇筑完振捣密实后，用线绳连接钢筋头上标高控制点，根据控制线用2m铝合金刮杠对混凝土表面刮平。

③ 待混凝土表面初凝后，用磨光机（带圆盘）对混凝土表面进行提浆整平。

④ 提浆整平完成2～4h后，用磨光机（叶片）进行二次收面。收面完成后，在需要拉毛的部位采用毛刷对混凝土表面进行拉毛。

6）模板拆除与养护

① 混凝土浇筑完成12h后达到一定强度，在不破坏混凝土表面的前提下，方可进行模板拆除。

② 模板拆除的顺序和方法遵循自上而下的原则，先拆除柱箍，再拆除柱模板连接的销钉（先拆除模板竖向的连接销钉，再拆除横向模板连接销钉）；拆除模板时需使用专用模板拆模器先行撬动模板，使模板和混凝土脱离；柱每边模板板块的拆除顺序为：首先拆除中间的平板模板，然后拆除阳角模板以保证不损坏柱阳角混凝土；不允许硬拉硬撬。

③ 模板拆除完成后及时进行覆膜养护，养护柱子用薄膜应缠绕紧密并用胶带粘贴牢固，防止水分流失，养护时间不少于 14d。

5.3.4 电子厂房 PC 加工及安装施工技术

1. PC 构件优化设计与加工

(1) 工艺流程设计

本工程大量使用 PC 构件，预制混凝土构件安装总计达 10415 吊，其中，预制柱 2362 吊，预制单梁 4646 吊，预制格构梁 2820 吊。为减少现场湿作业施工，节省工期，采用一种预制装配式电子厂房 PC 加工及安装施工技术，在预制构件加工厂提前生产 PC 构件，构件运至现场即可安装，其施工工艺流程如图 5.3-53 所示。

模拟策划 → 预制构件进场 → 预制柱安装 → 预制梁安装 → 预制格构梁安装

图 5.3-53 PC 构件安装施工工艺流程图

(2) 支座节点优化分析

PC 构件与现浇混凝土柱、CFT 钢管柱、构件之间节点连接是 PC 安装的技术难点。在预制叠合梁时，在梁上预留承插孔，柱子牛腿上预埋内丝后上套丝钢筋进行锚固，安装时钢筋直接插入叠合梁上的预留孔内。构件安装支座节点如图 5.3-54 所示。

图 5.3-54 PC 构件安装支座节点

(3) PC 构件安装施工模拟

1) PC 安装在钢构屋顶先行施工情况下进行穿插吊装作业，钢屋架距地面的高度为 20.75m，所以 PC 吊装的顶部高度考虑 20m，吊臂顶至地面的最小距离为 18m，确定吊车大臂的竖向活动区间在 18～20m 之间，在顶部封闭限高的吊装环境中应用 BIM 技术进行施工模拟，根据吊车参数及吊车作业环境，确定吊装设备选型及吊车工况。如表 5.3-12 所示，100t 及 100t 以上的吊车在现场施工时需按照吊车参数表伸缩大臂，考虑现场空间环境影响因素，使用 100t 以下的吊车。75t 吊车按设计好的吊装点、大臂模数及与地面的高度进行吊装时，吊车大臂与周围建筑物不会产生碰撞，通过参阅吊车参数确定，75t

吊车可以起吊最远的格构梁，满足施工要求。如图5.3-55所示。

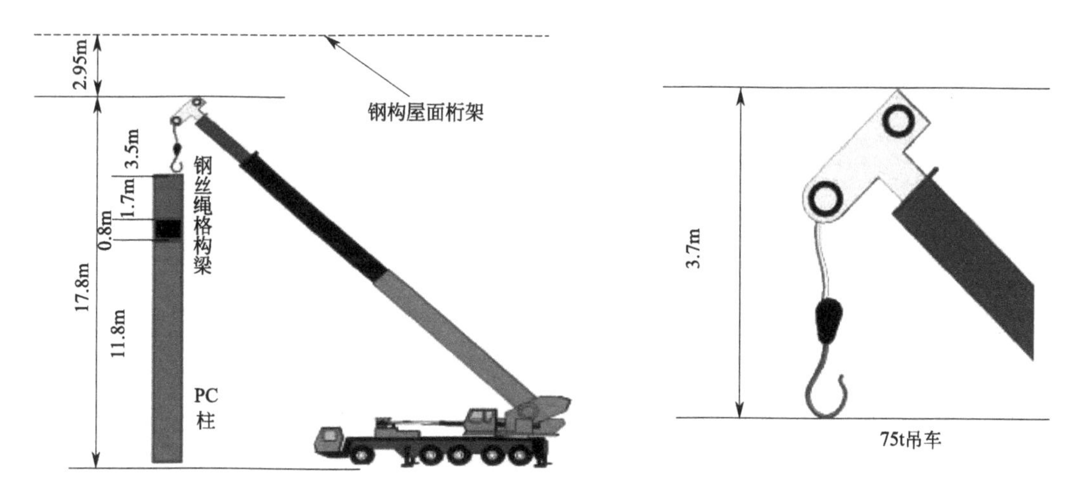

图5.3-55 PC构件安装施工示意图

吊车设备选型表 **表5.3-12**

吊车型号	大臂可选长度
75～100t	可不按模数出大臂长度
100t	17.8m/22.5m/27.2m
130t	21.28m/25.42m/29.56m

2）分段施工，多向流水，现场安装施工紧随钢屋架、现浇柱之后穿插施工。本工程总体施工部署为基础筏板施工完成后，钢柱及钢屋架先行施工，现浇混凝土柱与钢构屋架形成流水段，预制构件安装紧随其后穿插施工。

3）侧跨退出，逆向吊装，电子厂房按建筑功能设计呈“回”字形，内“口”为核心区，全部采用预制构件装配，外“口”为支持区，全部采用钢梁、钢柱装配施工。施工现场核心区与支持区同时施工，由于现场环境复杂，预制构件安装收口部位位于核心区与支持区交界处10.8m跨内。通过BIM软件模拟，提前策划，选取构件安装汽车式起重机、运输板车、构件堆放准确位置，使机械在10.8m跨度内大臂有序回转，确保预制构件顺利吊装完成。

(4) 施工要点

1）构件运输

预制构件的运输宜选用13m平板车，构件运输方式主要有水平运输和立式运输两种。大梁、柱的运输下部（靠近点部位）支垫枕木，并用柔性材料包裹，用扎带与车箱固定牢靠，防止失稳；单梁运输构件之间预留一定间隙，防止运输过程中相互碰撞，造成构件棱角破损；“Z”形梁运输采用专用支架，防止运输过程中失稳倾覆。如图5.3-56所示。

2）预制柱安装

基础筏板施工前在垫层上预先标注PC柱螺栓定位点，基础筏板绑扎时注意避让，避免后置锚栓与筏板钢筋发生碰撞。锚栓植入固化后利用柱底钢板支撑垫片控制柱安装标高，锚栓连接螺母进行精确调平。

(a)PC柱运输

(b) “Z” 形梁运输

(c)大梁运输

(d)单梁运输

图 5.3-56 构件运输示意图

按照模拟策划吊装中心定位点，采用起重吊装设备进行 PC 柱安装，吊装就位后，采用标准化、工具式钢斜撑临时固定，通过旋转钢斜撑，调整 PC 柱安装垂直度，校正验收完成后底部进行无收缩砂浆填充，砂浆达到设计强度后方可进行上部受力加载构件安装。预制柱安装过程如图 5.3-57 所示。

3）预制梁安装

PC 梁安装前，在构件端部弹设安装控制线，梁钢筋及防护栏杆提前安装到位。PC 梁吊装与柱支座处连接钢筋进行承插连接，检查搁置长度后，对承插孔空腔内灌注无收缩

(a)化学锚栓植入

(b)螺栓垫片连接

图 5.3-57 预制柱安装过程示意图（一）

(c)底部螺栓垫片调平

(d)PC柱吊装

(e)临时钢斜撑校正

(f)垂直度验收

(g)支模灌浆

(h)养护

图 5.3-57 预制柱安装过程示意图（二）

砂浆，梁柱拼缝部位泡沫棒填塞，外部密封，内部灌浆。梁主筋穿过预制柱预留孔洞，采用直螺纹套筒贯通连接，与现浇结构板钢筋绑扎连接，整体浇筑，保证了结构整体性。如图 5.3-58 所示。

4）预制格构梁安装

格构梁安装前将顶部防护栏杆及底部安全网一次安装到位，依据构件重量（10～19t）选择合适的吊装设备。格构梁安装就位后，将连接节点部位用调节式（三接头）套筒加连接钢筋呈“井”字形连接，通过套筒的活动调节避免了预制构件在安装过程中由于施工误差引起钢筋错位连接。节点部位连接检查验收后，空腔内采用混凝土填充。如图 5.3-59 所示。

(a)构件弹设控制线

(b)梁钢筋及防护栏安装

(c)梁吊装

(d)承插灌浆连接

(e)搁置长度检查

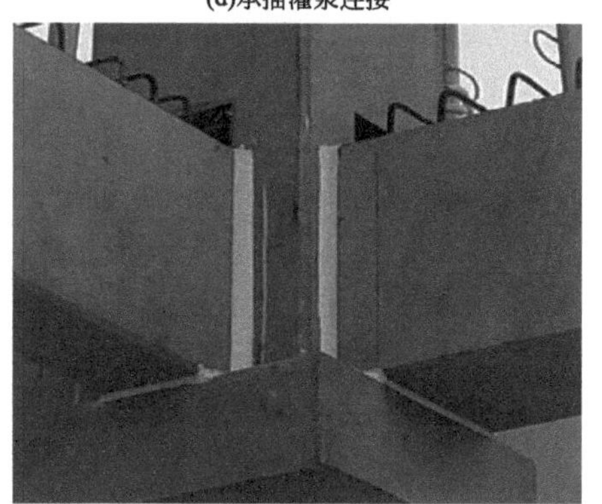

(f)打胶灌浆填充

图 5.3-58　预制梁安装过程示意图

(a)防护设施安装

(b)格构梁吊装

图 5.3-59　预制格构梁安装过程示意图（一）

(c)节点空腔填充

(d)拼缝灌浆

图5.3-59 预制格构梁安装过程示意图（二）

5）检查验收

预制构件安装完成后，对安装构件密封打胶、节点填充灌注质量进行检查验收，合格后方可进行下道工序施工。

2. 新型PC女儿墙施工技术

（1）工艺流程设计

本项目研发了一种预制装配式女儿墙施工技术，预制女儿墙在工厂模具化生产，通过加工厂一次预制成型，避免二次施工，成品构件运输至施工现场，垂直吊装、安装与连接，埋件预埋位置准确，成型质量好。PC女儿墙设计优化流程图如图5.3-60所示。

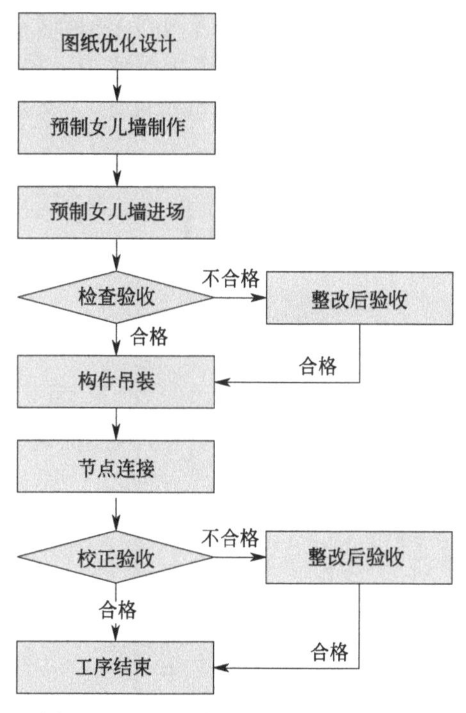

图5.3-60 PC女儿墙设计优化流程图

（2）操作要点

1）熟悉图纸、优化设计

① 预制构件生产前，结合现场施工环境及吊装设备参数，依据垂直吊装设备类型进行图纸优化。按照原图纸设计：女儿墙350mm厚，1140mm高，将单个女儿墙长度优化为不大于3700mm，其重量不超过4t，参照建筑模数，将预制女儿墙优化为定尺寸：3580mm×350mm×1140mm，特殊部位构件利用标准模具改造后特殊生产加工。女儿墙细部尺寸图如图5.3-61所示。

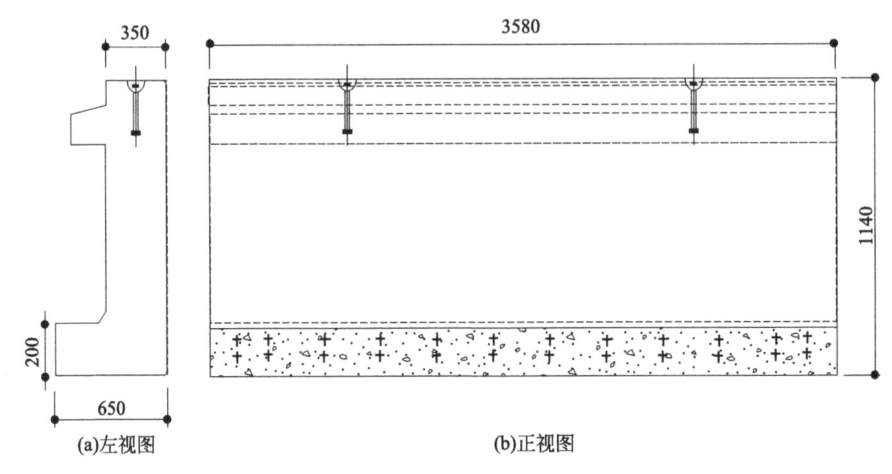

图5.3-61 PC女儿墙细部尺寸（mm）

② 外围女儿墙按照使用功能，上檐口优化为向内3%坡面，考虑檐口排水；女儿墙底部结构层防水施工，自带100mm圆弧角，一次预制成型，免去二次施工，成型质量好（应根据现场实际情况自行考虑女儿墙防水收口部位优化）。女儿墙斜面、圆弧设计优化如图5.3-62所示。

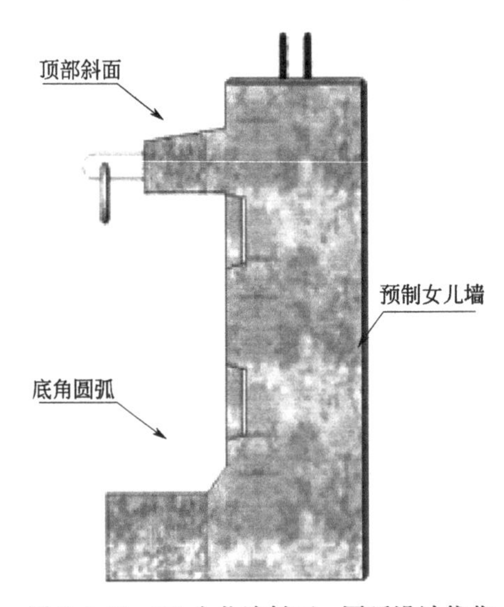

图5.3-62 PC女儿墙斜面、圆弧设计优化

③ 为了预制女儿墙现场安装施工方便，预制构件生产时内侧提前预埋套筒，将预制与现浇连接钢筋在结合部位断开。女儿墙安装完成后将连接钢筋用预埋套筒连接，连接钢筋锚入现浇结构板整体浇筑，保证了结构整体稳固。预埋套筒示意图如图 5.3-63 所示。

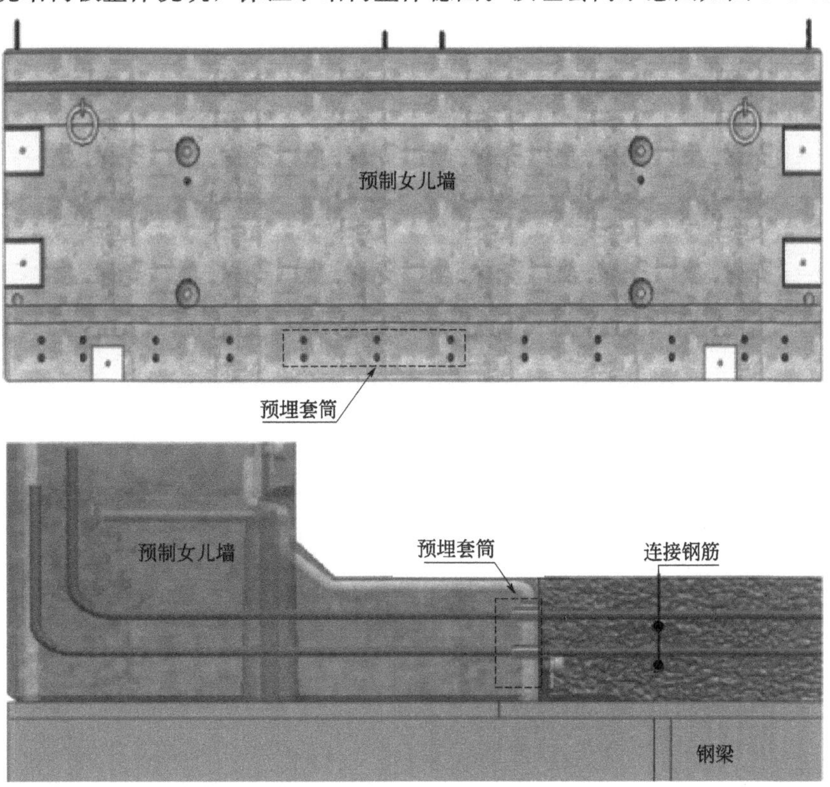

图 5.3-63　PC 女儿墙底部预埋套筒

2）预制女儿墙制作

预制女儿墙加工制作在预制厂完成，经过钢筋制作绑扎，固定模台安装后混凝土浇筑一次成型，采用“固定胎膜蒸汽养护”。女儿墙生产采用水平制作法，内侧檐口及埋件较多，结构复杂，考虑其特殊性，在女儿墙中心平衡点位置预埋 2.5t 金属成品吊点，除顶部预埋 2 个吊装吊点外，在构件内侧增设 4 个平移吊点，吊点与女儿墙内钢筋骨架相连接。养护与吊点设置情况如图 5.3-64～图 5.3-67 所示。

图 5.3-64　固定模台安装完成

图 5.3-65　固定胎膜蒸汽养护

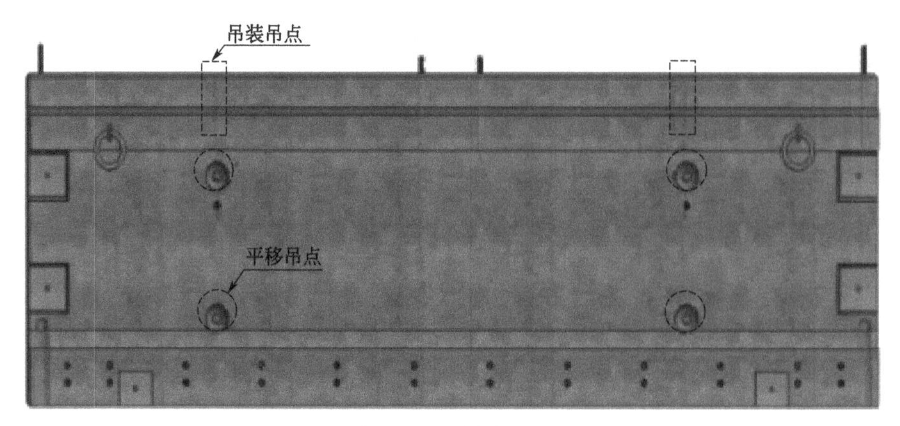

图 5.3-66　吊点设置

图 5.3-67　女儿墙平移

3）预制女儿墙进场

预制女儿墙在加工厂制作成型后通过平板车运输至施工现场，女儿墙经过截面尺寸、预埋件位置、表面感观验收合格后方可用于现场安装。运输示意图如图 5.3-68 所示。

图 5.3-68　女儿墙运输

4）预制女儿墙安装

构件采用机械设备转运，吊装前应提前规划好堆放或安装区域，底部垫好枕木，转运时钢丝绳与构件的水平角不大于60°，不小于45°。吊装区域内进行区域管制，配置信号手、引导员、司索工。

吊装前在屋面外侧钢梁上定位放线，设置女儿墙安装通线，墨线弹出女儿墙承插钢筋焊接定位点及女儿墙安装校正控制线。女儿墙吊装就位后，根据构件与钢梁顶的控制线进行微调，与相邻构件之间预留20mm间隙，保证女儿墙安装定位准确。放线定位情况如图5.3-69、图5.3-70所示。

图5.3-69 钢梁放线

图5.3-70 承插钢筋定位焊接

女儿墙水平位置校正后，使用吊线坠配合女儿墙钢丝绳对构件的垂直度进行校正，安装缆风绳后，旋转花篮螺栓再次微调，确保垂直，防止构件倾倒，保证安全性。女儿墙吊装固定情况如图5.3-71、图5.3-72所示。

图5.3-71 女儿墙吊装

图5.3-72 缆风绳固定

女儿墙安装采用“干式连接”，即构件底部与钢梁承插灌浆，连接件焊接。相邻构件之间螺栓连接。构件底部粘贴双面胶海绵条密封，防止浇筑时漏浆。构件吊装完成后，进行螺栓连接，构件内侧与钢梁用M20螺栓与100×100×12t的L形钢板垫片相互连接。钢梁一侧与角钢垫片焊接，构件一侧与预埋M20内丝连接。垫片焊接连接如图5.3-73所示。

相邻两构件间用M20螺栓与280×120×12t钢板垫片紧固连接，垫片外侧挂设抗裂钢丝

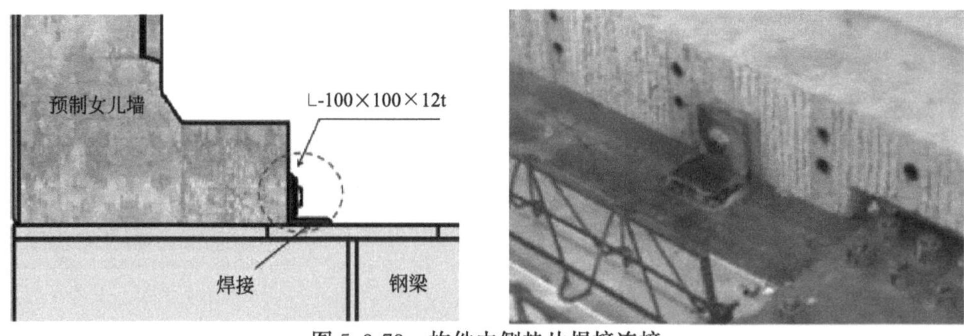

图 5.3-73　构件内侧垫片焊接连接

网片，砂浆填塞修补与女儿墙外表面平齐。构件拼缝处内外两侧用 ϕ25 泡沫棒填塞，距女儿墙两侧面预留 10mm 深凹槽，采用高弹性模量的密封胶封堵，内部空腔无收缩灌浆料填充。ϕ70 钢筋承插孔用无收缩灌浆料灌注。相邻构件连接施工过程如图 5.3-74 所示。

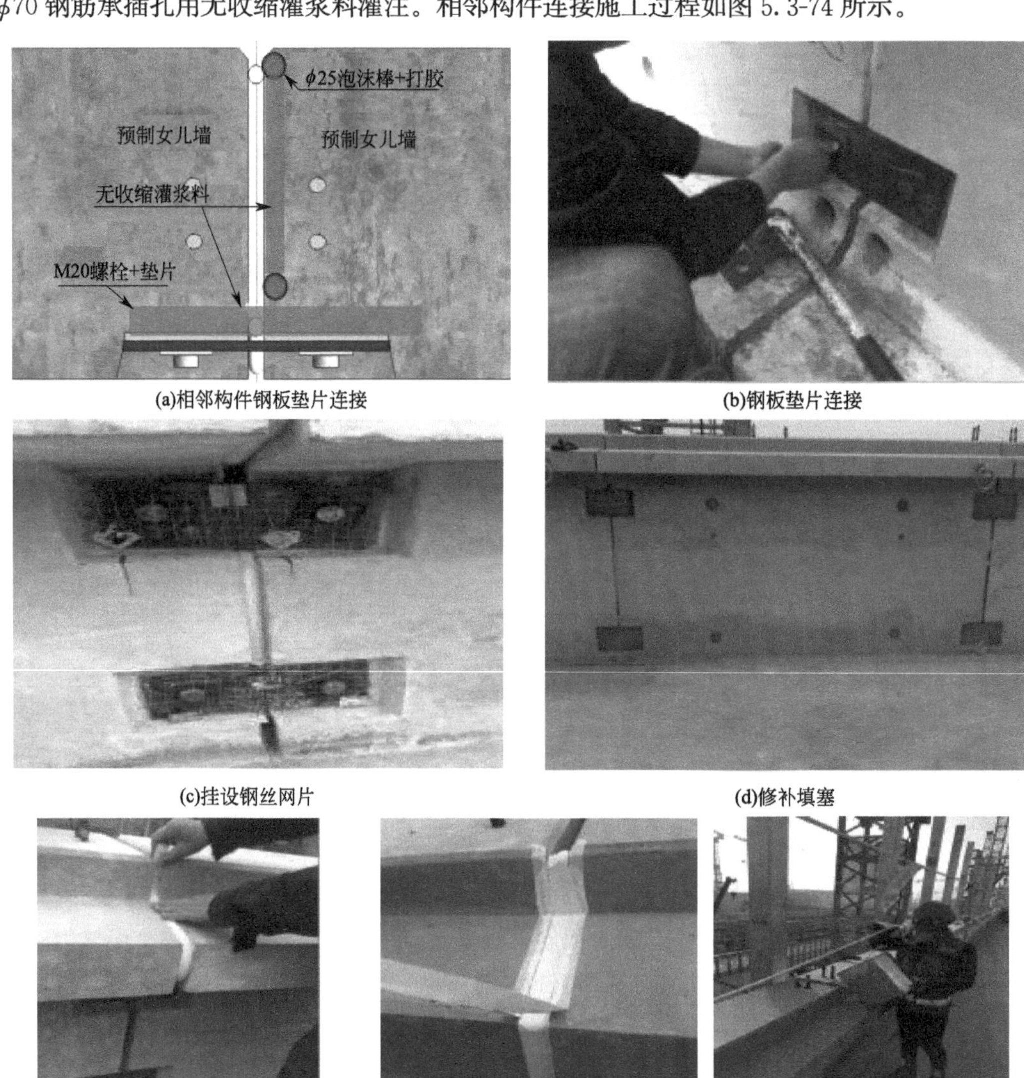

(a)相邻构件钢板垫片连接　(b)钢板垫片连接

(c)挂设钢丝网片　(d)修补填塞

(e)泡沫棒填塞　(f)密封打胶　(g)灌浆料填充

图 5.3-74　相邻构件连接施工示意图（一）

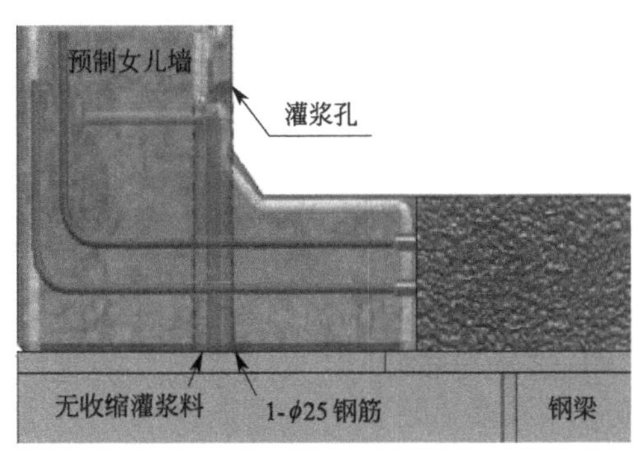

(h)承插孔灌浆连接

(i)承插孔灌浆

图 5.3-74　相邻构件连接施工示意图（二）

预制构件底部内侧面预埋 ϕ18@350 直螺纹套筒，构件安装完成后，连接钢筋一端与直螺纹套筒连接，力矩扳手紧固检查，另一端与现浇结构板钢筋绑扎连接，经检查验收后与楼板混凝土整体浇筑，其钢筋套筒连接符合钢筋抗震要求。连接钢筋锚固施工如图 5.3-75～图 5.3-77 所示。

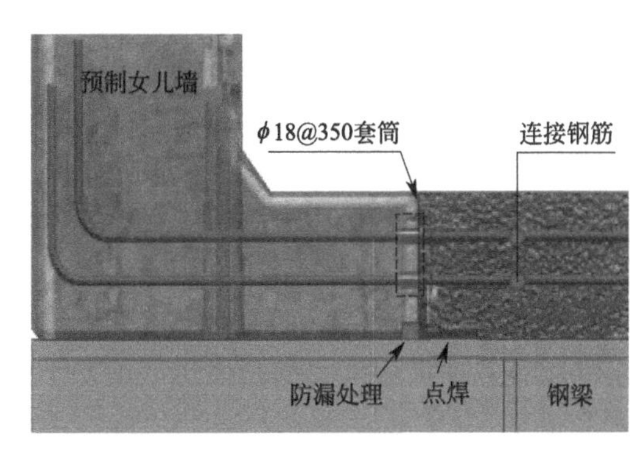

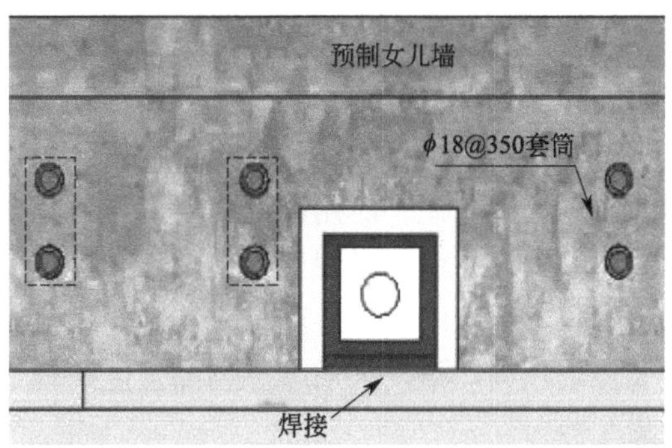

图 5.3-75　连接钢筋锚入现浇板

图 5.3-76　直螺纹套筒连接

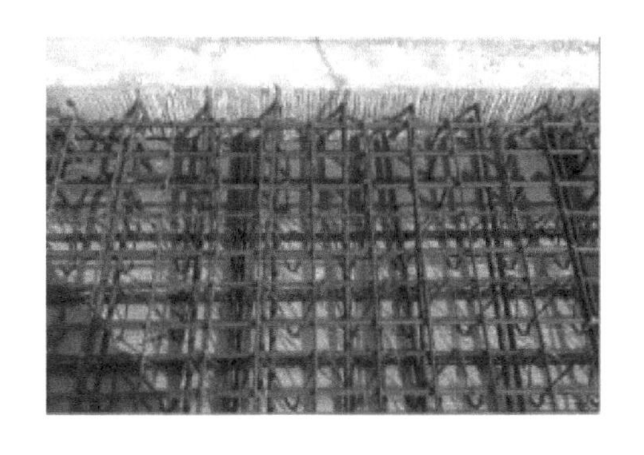

图 5.3-77　现浇结构锚固

5）校正验收

女儿墙安装完成后，用检测仪器检查构件安装垂直度、相邻构件平整度及节点连接质量，经验收合格后，方可进行下道工序施工。

5.3.5 钢结构构件全螺栓安装精度控制技术

1. 装配式钢结构全螺栓连接施工工艺特点

钢结构连接方式有焊缝连接、螺栓连接、铆接连接等。其中，焊缝连接一般可承受弯矩，属于刚性连接，除了类似超低温状态下或直接承受动力荷载的结构中，均可采用焊缝连接。而螺栓连接可归结于铰接，一般情况下均可使用。当结构受力较小的条件下则可以使用铆接连接。针对装配式钢结构施工，铆接连接方式在施工中应避免大量使用，因此常见的钢结构连接主要以焊接和高强度螺栓连接为主。螺栓连接又分为普通螺栓连接与高强度螺栓连接，普通螺栓大致可分为六角螺栓、双头螺栓和地脚螺栓等，高强度螺栓可分为张拉连接、承压连接和摩擦连接等，应用最广的则为摩擦连接。参照现场施工环境及厂房构件特性等因素，高强度螺栓又分为大六角头螺栓连接副和扭剪型高强度螺栓连接副。一般而言，扭剪型螺栓更加适应超高层或大型钢结构厂房，从而更好地满足单节点运用要求，同时全螺栓连接代替翼缘板焊接也可以有效满足防火要求。

本工程采用的装配式钢结构全高强度螺栓连接施工工艺具有以下优势：

（1）螺栓连接时单个螺栓的承载力有限，但通过螺栓群数量和布置设计，可以大大提高螺栓连接的灵活性，提高螺栓连接的适用范围以及节点区域的受力稳定性，减少节点连接所需的辅助材料。

（2）针对本项目工期紧、钢结构安装工作任务量巨大的施工难点，螺栓连接由于其结构简单、拆装方便、应用广泛的优点，可以更好地提高施工效率，加快施工进度。同时，通过构件设计、加工过程中提前预留螺栓开孔，也可以简化螺栓施工流程。

（3）本工程中的核心区与支持区均有较多的大截面承重梁柱节点，由于承重节点传力性能要求较为严格，采用摩擦型高强度螺栓连接可以有效保证装配式钢结构的节点安全性与耐久性。

（4）由于预制构件的现场安装需要经过多次搬运、振动，容易反复受到较大结构扰动，摩擦型高强度螺栓连接的构件连接类别为 2 类，容许应力幅为焊接连接的 1.5 倍左右。所以，螺栓连接的抗疲劳性能相比于焊接连接更能满足工程实际需要。

高强度螺栓连接的施工也具有其独特性，要求施工时仔细、认真，严格按照程序进行，该种结构形式是否充分发挥作用与施工质量好坏是密不可分的。在抗震设计中，主要承重结构的高强度螺栓连接一律采用摩擦型，并需要在专门的节点设计、试验分析后方可进行后续的加工、安装。

2. 装配式钢结构全螺栓连接施工工艺

本工程除核心区钢管混凝土对接节点为焊接节点外，其余所有对接节点均为纯螺栓连接节点，螺栓总用量 160 万套，单节点最大螺栓用量为 1600 套。为控制螺栓连接的安装精度，本项目对装配式钢结构全螺栓连接施工的安装工艺展开研究，通过合理的安装流程以及有效的质量控制措施保证钢结构的施工精度。

（1）工艺流程

工艺流程如图 5.3-78 所示。

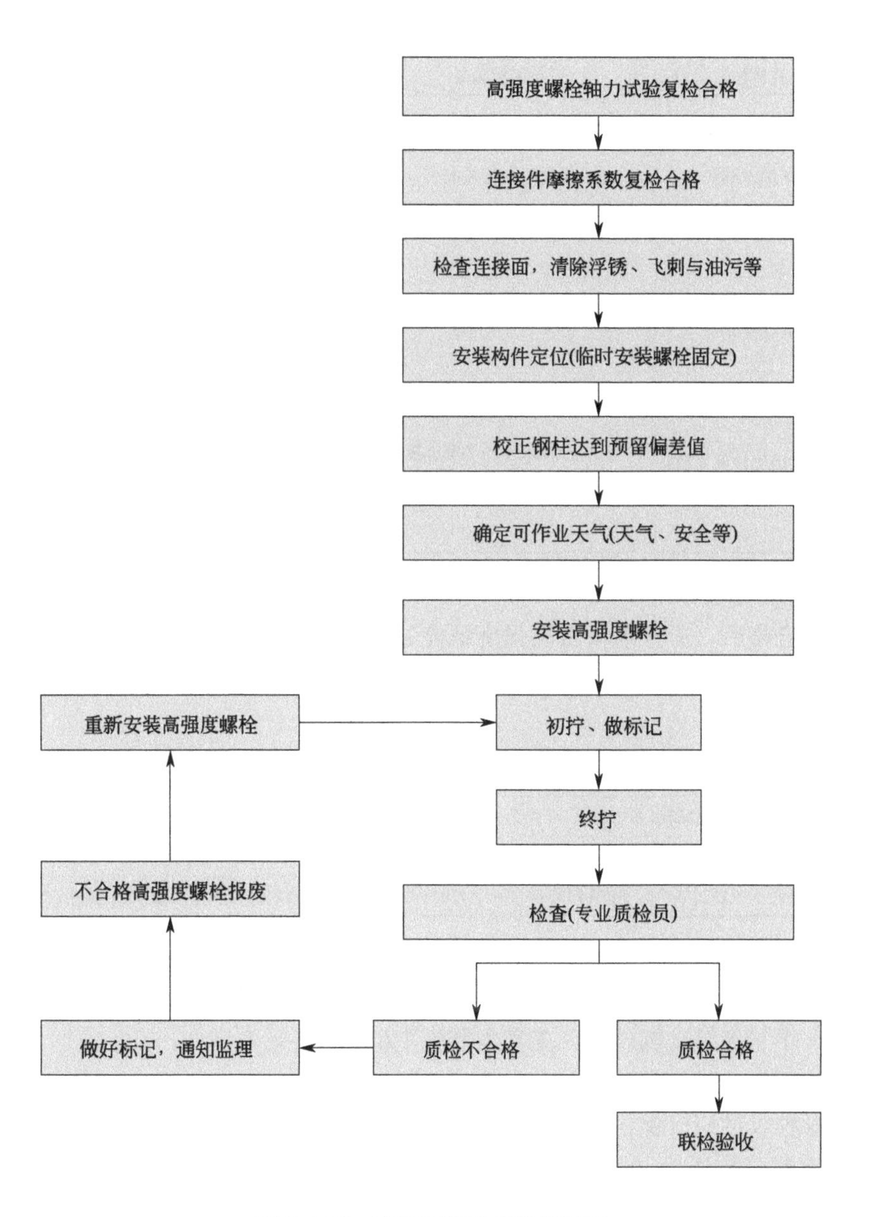

图 5.3-78　高强度螺栓安装流程图

（2）施工准备

1）产品的质量检查

螺栓、螺母、垫圈均应附有质量证明书，符合设计要求和国家标准的规定，并按照验收规范要求对产品进行抽样复检。连接用的钢板摩擦面应进行抛丸处理，现场抽样进行抗滑移系数检验，复检合格后方可使用。根据《钢结构高强度螺栓连接技术规程》JGJ82—2011[27] 与《钢结构用扭剪型高强度螺栓连接副》GB/T 3632—2008[41]，具体复检要求如表 5.3-13 所示。

高强度螺栓现场复检要求　　表 5.3-13

序号	复检种类	现场复检数量	复检方法
1	预拉力复验	每批 8 套连接副	电测轴力计、油压轴力计、电阻应变仪、扭矩扳手等计量器具，试验前进行标定，误差控制在 2%以内
			插入轴力计，分初拧和终拧两次进行试验，初拧值为预拉力标准值 50%左右，终拧至梅花头拧掉
2	扭矩系数复验（大六角头）	每批 8 套连接副	与预拉力复验方法相同，测出预拉力 P 的同时，测定施加于螺母上的施拧扭矩值 T（每 8 套连接副扭矩系数平均值应为 0.11～0.15）
3	摩擦面抗滑移系数	每 2000t 或不足 2000t 为一批，每批三组试件	试验采用双摩擦面的二栓拼接的拉力试件，试件由制作厂加工，试件与所代表的构件为同一材质、同批制作，采用同一摩擦面、同一处理工艺和具有相同的表面状态，用同批同一性能高强度螺栓连接副，在同一环境下存放。试件经验收后进行试验

2）产品存放管理

质量检验合格后，应按规格将高强度螺栓分类入库存放。根据《钢结构高强度螺栓连接技术规程》JGJ 82—2011，高强度螺栓的具体存放要求如表 5.3-14 所示。

存放要求　　表 5.3-14

项目	存放要求
分类存放	按照规格、型号分类储放，妥善保管，开箱后的螺栓不得混放、串用，做到按计划领用，施工未使用完的螺栓及时回收
存放环境	放在干燥、通风、防雨、防潮的仓库内，并不得损伤丝扣和沾染脏物；发现螺纹损伤严重、雨淋过的螺栓不应使用
现场质保期	保管时间不应超过 6 个月；保管周期超过 6 个月时，若使用必须按要求进行扭矩系数试验，检验合格后方可使用

3）施工机具准备

应提前准备装配式钢结构全螺栓连接施工过程中需使用的电动扭矩扳手及控制仪、手动扭矩扳手、手工扳手、钢丝刷、工具袋等施工机具。

（3）螺栓材料选用

高强度螺栓长度应以螺栓连接副终拧后外露 2～3 扣丝为标准计算。采用 10.9 级扭剪型高强度螺栓摩擦型连接，其性能应符合《钢结构用扭剪型高强度螺栓连接副》GB/T 3632—2008[41] 和《预载荷高强度栓接结构连接副 第 9 部分：扭剪型大六角头螺栓和螺母连接副》GB/T 32076.9—2017[42] 的要求。当采用直径在 24mm 以上的高强度螺栓时，可采用 10.9 级大六角头高强度螺栓摩擦型连接，其性能应符合《钢结构用高强度大六角头螺栓》GB/T 1228—2006[43] 与《钢结构用高度大六角头螺栓、大六角螺母、垫圈技术条件》GB/T 1231—2006[44] 的规定。摩擦面采用喷砂或抛丸处理方式，构件钢号 Q345，抗滑移系数不小于 0.50；构件钢号 Q235，抗滑移系数不小于 0.45。

（4）施工操作要点

1）螺栓安装前，应先对连接面进行处理，将摩擦面上的铁屑、浮锈等污物清除干净，同时应检查连接面的平整度，禁止出现钢材卷曲变形及凹陷问题，变形必须进行校正。安装时应注意连接板是否紧密贴合，紧贴面积要在 70%以上，用 0.3mm 塞尺检查，插入深度面积之和不得大于总面积的 30%，边缘最大间隙不得大于 0.8mm。对因钢板厚度偏差或制作误差造成的接触面间隙，应按规范进行处理。

2）螺栓孔采用比螺栓公称直径大0.2mm的量规检查，凡量规不能通过的孔，需要经过业主监理同意后，使用铰刀扩钻或补焊后重新钻孔，二次验收合格后方可进行螺栓施工。

3）高强度螺栓安装前临时保护。

对每一个接头，应先用临时螺栓或冲钉定位，为防止损伤螺纹引起扭矩系数的变化，严禁把高强度螺栓作为临时螺栓使用。对一个接头来说，应通过计算该接头可能承担的荷载确定临时螺栓和冲钉的数量，并符合下列规定：

① 不得少于安装螺栓总数的1/3；

② 每个接头不得少于两个临时螺栓；

③ 冲钉穿入数量不宜多于临时螺栓的30%。

4）屋面桁架螺栓施工质量保证措施。

本工程屋面单榀桁架跨度为48m，将钢桁架分为四段在工厂进行一次加工，为减少桁架现场拼装的巨大工程量，同时避免对桁架开孔过多造成的截面削弱，确保加工精度，对所有钢桁架进行100%预拼装，施工现场再将四段进行整体拼装，然后吊装，减少螺栓连接数量，提高构件的整体性。桁架分段拼装示意图如图5.3-79、图5.3-80所示。

图5.3-79　钢结构单榀桁架

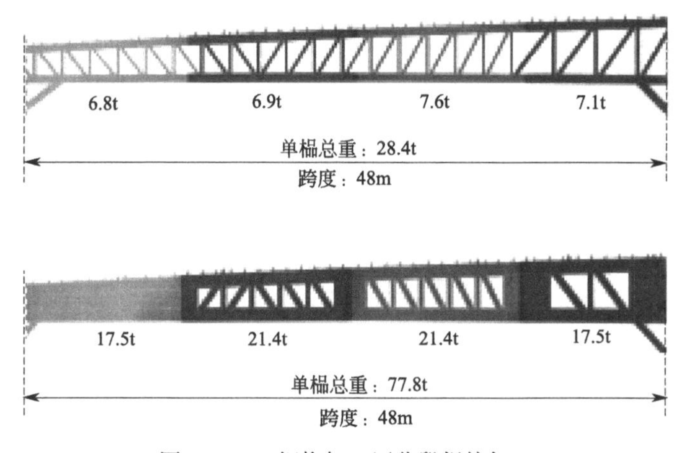

图5.3-80　钢桁架工厂分段焊接加工

5）高强度螺栓施工程序。

① 螺栓紧固程序：螺栓紧固共分两次进行，第一次为初拧，需要将其紧固到螺栓设计预拉力的60%～80%。第二次紧固为终拧，终拧时扭剪型高强度螺栓应将梅花卡头拧掉，大六角头高强度螺栓则要达到设定的扭矩值。初拧与终拧示意图如图5.3-81、图5.3-82所示。初拧与终拧一般从接头刚度大的地方向不受拘束的自由端顺序进行，或者从栓群中心向四周方向扩散进行，如图5.3-83所示。初拧完毕的螺栓，应做好标记，

防止多拧或漏拧，当天安装的高强度螺栓应在当天终拧完毕。

图 5.3-81　初拧示意图

图 5.3-82　终拧示意图

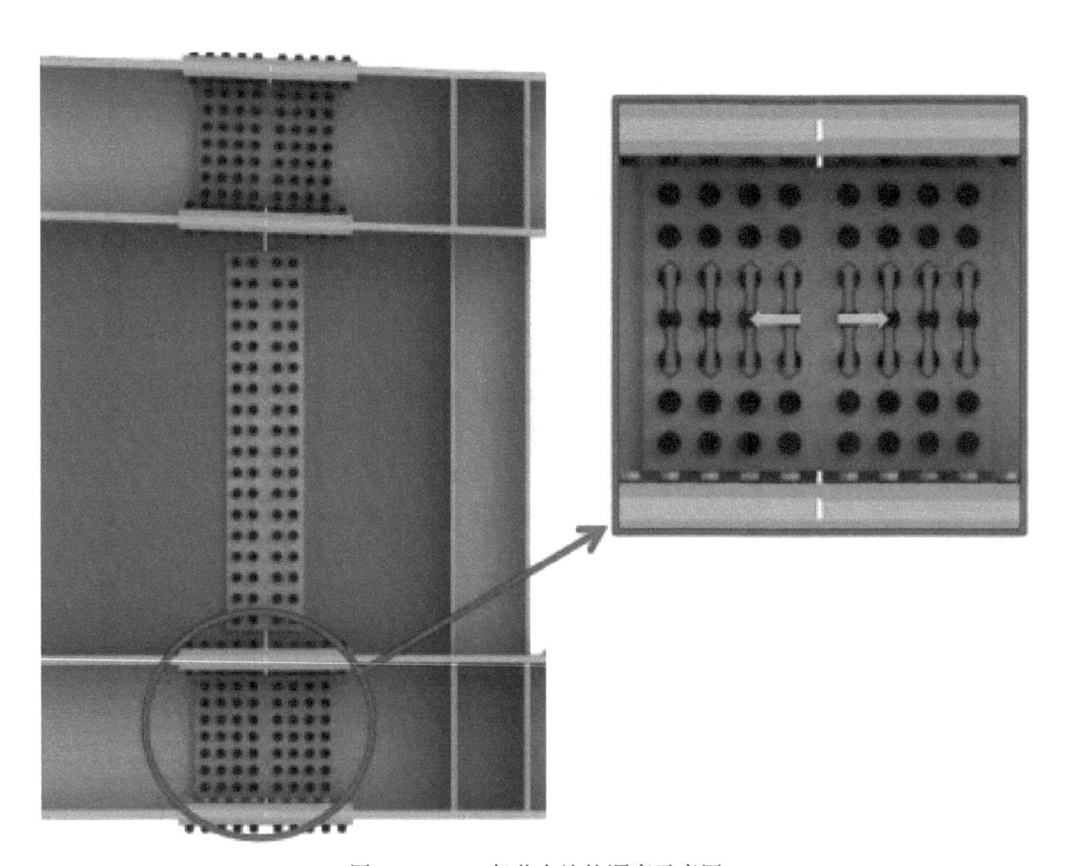

图 5.3-83　一般节点施拧顺序示意图

② 终拧扭矩值的确定。

施工用扭矩扳手使用前应进行校正，其扭矩相对误差不得大于±5%，校正用的扭矩扳手，其扭矩相对误差不得大于±3%。施拧时，应在螺母上施加扭矩。大型节点应在初拧和终拧之间增加复拧。初拧扭矩取施工终拧扭矩的 50%，复拧扭矩应等于初拧扭矩。高强度螺栓的终拧扭矩值应计算确定，具体按下式进行计算：

$$T_c = K \times P_c \times d \tag{5.3-1}$$

式中 T_c——终拧扭矩值；

P_c——施工预拉力值；

d——螺栓公称直径；

K——扭矩系数，取值在0.11～0.15之间。

6）高强度螺栓连接副检查。

连接副施工质量检查是高强度螺栓施工质量控制的最后环节。首先，应进行外观质量检查，确定螺栓紧固有无初拧、终拧标记，穿装方向是否一致。同时，高强度螺栓连接副终拧后，螺栓丝扣外露应为2～3扣，最多允许有10%的螺栓丝扣外露1扣或4扣。

高强度大六角头螺栓连接副终拧完成1h后，48h内应进行终拧扭矩检查。采用转角法或紧扣法进行终拧扭矩检测，按节点数抽查10%，且不应少于10个；每个被抽查节点按螺栓数抽查10%，且不应少于2个。如有不合规定的则扩大10%，加倍复测。如仍有不合格的，则对整个节点的螺栓全部进行检查。检查中发现的漏拧或欠拧螺栓应逐个补拧，超拧螺栓则应更换。

扭剪型高强度螺栓应将梅花卡头拧掉。按节点数抽查10%，但不应少于10个节点，被抽查节点中梅花头未拧掉的扭剪型高强度螺栓连接副全数进行终拧扭矩检查。初拧与终拧检查示意图如图5.3-84、图5.3-85所示。

图5.3-84 初拧检查示意图

图5.3-85 终拧检查示意图

7）成品保护。

成品构件应堆放整齐，防止变形和损坏，堆放时应放在稳定的枕木上，并根据构件的编号和安装顺序来分类安排构件堆放位置。构件堆放场地应做好排水，防止积水对构件的腐蚀。冬季构件安装时，应用钢丝刷刷去摩擦面的浮锈和薄冰，保证干燥，无其他影响摩擦面的因素存在。钢梁连接板位置及现场焊接、破损的母材外露表面，应在最短的时间内进行补涂装，除锈等级达到等级要求，并尽量避免在成品构件上再焊接其他辅助设施，以免对成品构件防腐造成影响。

5.3.6 超出地坪的桩基础施工关键技术

本工程采用直径700mm钻孔灌注桩基础，桩长37m，共计5604根。桩基采用旋挖钻机成孔，汽车式起重机放钢筋笼，水下导管法浇筑混凝土。因场地限制，约65%的钻孔灌注桩高出原状地坪 0.8～2.1m，为避免土方回填和桩间土二次开挖，提高施工速度和施工质量，本项目研制了一种高桩护筒，确保高桩施工质量，桩头一次成优。

1. 超出地坪的桩基础施工关键技术原理

超出地坪的桩基础施工技术是为了解决泥浆护壁混凝土灌注桩桩头设计标高超出现有地面标高时，超出地坪部分的桩头质量无法保证的问题而进行的施工工艺研究创新。其原理是在原有泥浆护壁混凝土灌注桩施工技术基础上，在地上部分支设特制的可循环护筒模板，以便于混凝土浇筑至桩顶标高，无需提前进行回填，同时确保桩头施工质量[45]。

2. 超出地坪的桩基础施工关键技术特点

超出地坪的泥浆护壁钢筋混凝土灌注桩施工技术的特点主要体现在以下方面。一是进度方面，在现场场地地坪标高无法满足施工实际需要时，减少甚至是免去场地回填，减少一道土方作业工序。其次，因场地标高不足桩头直接凸出地坪，避免了桩间土开挖，可以直接进行桩基检测和桩头破除施工，大大加快了施工进度。二是质量方面，因桩头凸出地坪，混凝土浇筑施工过程中操作人员可以直接观察到混凝土是否涌出桩面，避免因地下作业，操作人员经验不足或操作失误，导致浇筑的混凝土不足，降低柱顶设计标高。其次，因免去或者减少桩间土开挖施工，避免了机械施工过程中对桩体的扰动甚至破坏，不会造成桩身因后续施工产生质量缺陷。三是绿色施工方面，常规的桩基施工中为保证桩头混凝土质量，往往出现“超灌”现象，致使混凝土材料浪费并无形中增加桩长，对后续桩头破除施工带来不利影响。出地坪泥浆护壁混凝土灌注桩施工因施工过程中能够直观地看到混凝土涌出桩面，避免了材料浪费，可以有效地进行节材管理，提高了经济效益。

3. 超出地坪的桩基础施工工艺设计

此施工关键技术的创新点在于出地坪桩头套筒的设计，技术重点在于施工工艺的确定。

（1）可周转使用的桩头套筒设计与制作

套筒设计的原则一是方便现场施工，便于工人操作；二是要满足结构受力；三是可以重复利用，减少成本投入。为满足以上要求，采用钢材进行设计较为合理，将钢材滚压成圆筒，一分为二进行拼装，采用螺栓或者栓钉连接，外壁焊接背楞满足结构受力。其次，为了确保钢套筒安装的垂直度，需要在模板上安装万向水准泡，以满足垂直度的校正。本工程应用的套筒示意图如图 5.3-86 所示。

图 5.3-86　套筒示意图

（2）高桩施工工艺设计

出地坪泥浆护壁成孔灌注桩的施工工艺主要包括以下内容：确定桩位—埋设护筒—桩机就位—钻孔—注入泥浆—清孔—安装钢套筒—安装钢筋—骨架—导管安装—灌注混凝土—钢套筒拆除—桩头养护。

高桩施工过程中技术重点在于解决套筒上浮问题，因灌注桩混凝土施工时利用导管浇筑混凝土，混凝土由底部向顶部溢出，极易对套筒产生浮力，致使套筒偏移甚至浮起。为了解决这一问题，在安装钢筋时需要增加吊筋或者浮笼器，使用钢管或者水平向钢筋横压在套筒上，如图5.3-87所示，利用钢筋笼自重抵消混凝土浇筑时对套筒产生的浮力。

(3) 高桩桩头混凝土养护

混凝土灌注桩施工完成后，因柱头裸露在地坪以上，需要采用一定的养护措施来确保桩头质量。其原理与现浇混凝土柱原理一致，夏期施工需要对其缠绕塑料薄膜，以冷凝水进行养护；冬期施工时，需要覆盖棉毡以及防水布，避免混凝土受冻。成品桩头示意图如图5.3-88所示。

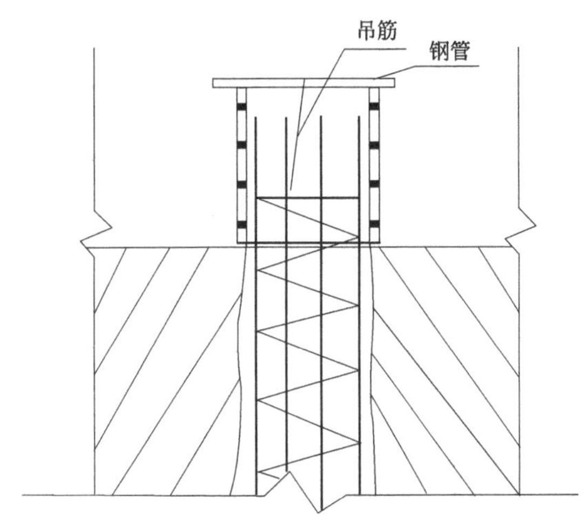

图5.3-87　钢套筒抗浮示意图

图5.3-88　成品桩头示意图

5.3.7　混凝土超平地坪免切缝关键施工技术

1. 混凝土超平地坪免切缝关键施工工艺流程设计

混凝土超平地坪免切缝关键施工工艺是利用一种可调节标高的轨道式支架，将以“点”标高控制混凝土“面”标高的传统做法变为以“线”标高控制混凝土“面”标高，有效地提高了混凝土面平整度[46]。同时，利用导轨作为地坪切缝隔板，提前预埋在混凝土里，形成混凝土地坪分隔缝。其工艺流程设计如图5.3-89所示。

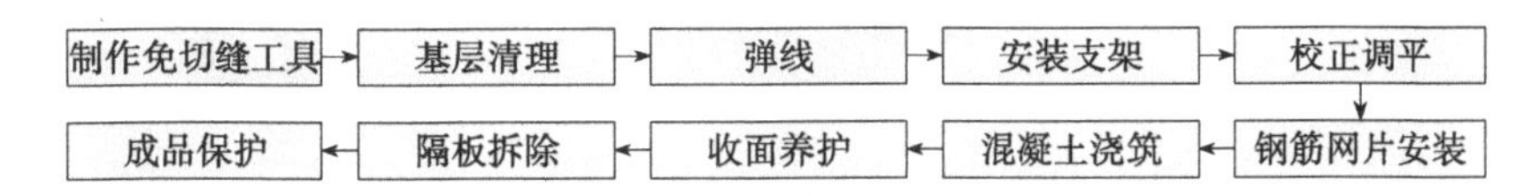

图5.3-89　混凝土超平地坪免切缝关键施工工艺流程图

2. 混凝土超平地坪免切缝关键施工工艺操作要点

(1) 制作免切缝工具

设计制作混凝土地坪免切缝工具。采用100mm×100mm×2mm钢板和1/2地坪厚度的*DN*15KBG穿线管焊接定位底座，穿线管上部侧面开直径6mm孔焊接M6螺栓，采用直径10mm圆钢和3mm钢板焊接调节撑杆，撑杆高度为1/2板厚，U形槽高度为切缝深度减1cm，宽度为切缝宽度加2mm，隔板采用同切缝尺寸钢板。构造图如图5.3-90所示。

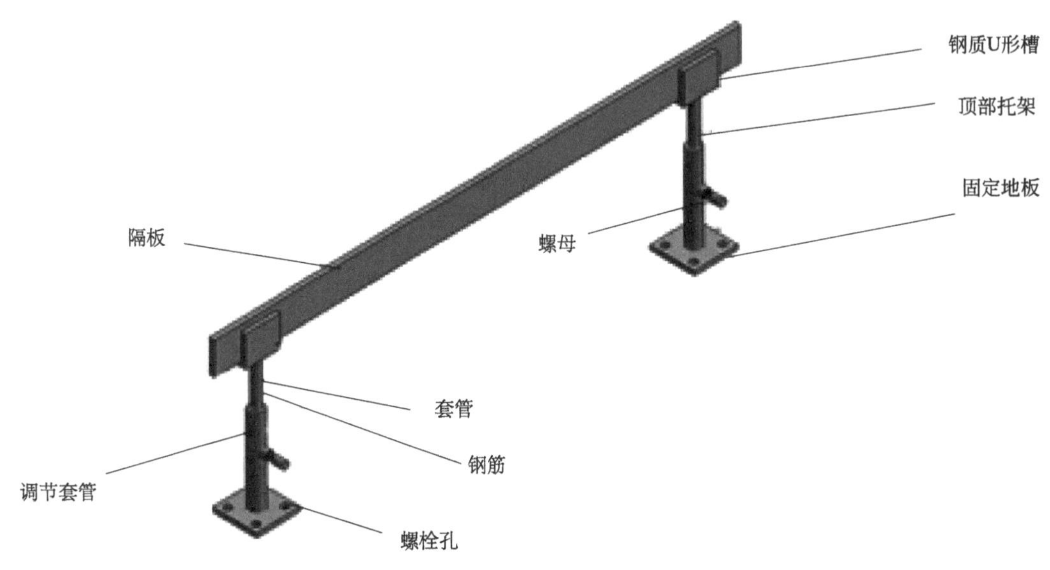

图 5.3-90 超平地坪免切缝工具

1）隔板采用固定底板进行固定，固定底板上打螺栓孔，使用膨胀螺栓固定于基层筏板上，保证支架的位置和稳定性。

2）调节采用套管伸缩调节侧壁卡死的原理，使用调节套管电焊于固定底板上，在套管的侧壁开孔焊接螺母，对顶部托架进行侧向固定，顶部托架采用钢筋与钢质 U 形槽进行焊接，保证支架的标高。

3）导轨装置采用隔板固定于顶部托架上，通过底部支架标高的调节，保证导轨的平整度，根据使用要求，不同的支架形式如图 5.3-91 所示。

4）隔板的尺寸根据切缝设计尺寸制作，保证切缝尺寸。

图 5.3-91 “一”字形支架、“T”字形支架和“L”字形支架

（2）基层清理

使用扫帚或高压水枪对基层筏板进行清理，要求筏板面无浮浆、浮灰等，并按照图纸

设计切缝位置使用墨斗在筏板表面弹线。

(3) 安装支架

严格按照筏板上的墨线安装，使用膨胀螺栓固定于筏板上，支架间距不大于1.5m，安装完成拉线绳校正，所有支架垂直。隔板采用双层PE包裹，安装在U形槽内，支架安装完成后隔板与切缝线对齐；按照《混凝土结构设计规范（2015年版）》GB 50010—2010，混凝土和钢筋的弹性模量接近，为保证钢制隔板在混凝土凝固后可以顺利取出，故在隔板上包裹柔性的PE薄膜。包裹PE薄膜示意图如图5.3-92所示。

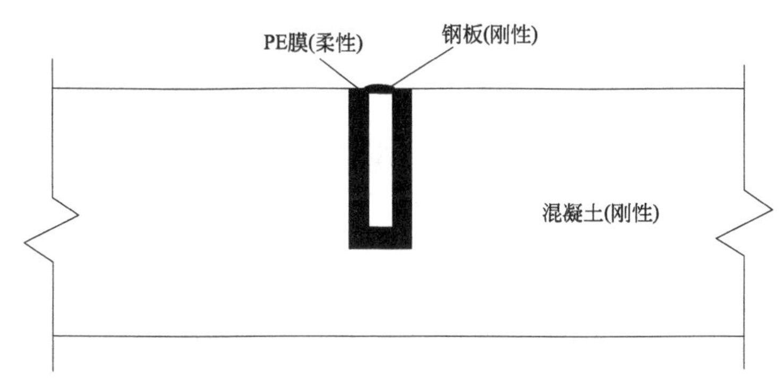

图5.3-92 隔板包裹PE薄膜示意图

(4) 校正调平

使用水准仪引测标高，对每一个支架进行调平，保证托架顶部钢板标高在2mm以内。

(5) 钢筋网片安装

按照图纸设计要求绑扎钢筋网片，按1.5m×1.5m间距设置钢筋马凳。

(6) 混凝土浇筑

控制混凝土配合比，坍落度160±20cm，浇筑时连续浇筑，不得出现冷缝。

(7) 找平收面

混凝土浇筑使用3m刮杠沿托架钢板进行收面，保证混凝土面平整，待混凝土初凝后，采用磨光机二次收面，人工配合精平压光收面。

(8) 隔板拆除

待混凝土强度大于70%以后，对隔板进行人工拆除，为保证隔板拆除顺利，在隔板设计时焊接拉环，在隔板上包裹PE膜，拆除时沿着切缝方向用力，不得使用蛮力，以免破坏切缝。免切缝超平地坪施工工艺流程及实施效果如图5.3-93、图5.3-94所示。

5.3.8 新型活动式直螺纹套筒施工技术研究应用

1. 新型活动式直螺纹套筒连接（三接头套筒）施工工艺流程研究

针对本项目施工过程中钢构柱与钢构柱之间的混凝土梁钢筋连接、预制装配式结构端部后浇预留钢筋连接等在施工过程中存在的问题，研发创新了一种新型活动式直螺纹套筒。该连接两端是固定的，套筒是活动的，即利用活动的套筒将两端固定的钢筋连接起来。本施工工艺能够有效地解决因结构端部固定或将中间部位两段定尺钢筋尺寸固定时引起的钢筋无法采用机械连接的问题。解决了因钢筋直螺纹丝口加长致使钢筋强度减弱，导

图 5.3-93　施工工艺流程

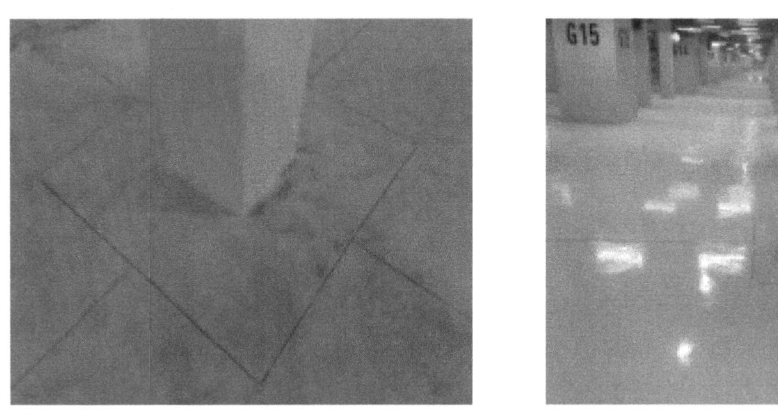

图 5.3-94　实施效果

致直螺纹套筒连接质量不合格的问题。该新型套筒连接工艺简单、便于操作、不需要专业培训，对操作人员的技术素质要求不高，整个操作程序相对传统工艺大大简化，达到普通直螺纹套筒机械连接不能取得的接头施工效果，填补了国内技术空白，其施工工艺流程如图 5.3-95 所示。

图 5.3-95　新型活动式直螺纹套筒连接施工工艺流程

2. 新型活动式直螺纹套筒连接（三接头套筒）施工应用操作要点

（1）钢筋下料

钢筋进场后，技术人员根据图纸及规范要求进行钢筋翻样下料，工人依据审核后的钢筋翻样单在现场钢筋制作车间进行钢筋下料，对下好料端头断面不齐或端头斜面的钢筋采用无齿锯进行端头切割，确保端头平齐。如图5.3-96所示。

（2）钢筋丝头加工

对切割好的待套丝钢筋，按照标准要求对钢筋丝头进行加工，并符合直螺纹丝头加工标准长度及丝扣要求。ф28钢筋套丝一端长度3.5cm，另一端套丝长度5.0cm。丝头加工长度及三接头套筒规格尺寸，见表5.3-15、表5.3-16所列。钢筋丝头加工、三接头套筒细部尺寸及实物，如图5.3-97～图5.3-99所示。

图5.3-96 钢筋下料

图5.3-97 钢筋丝头加工

三接头套筒钢筋丝头加工长度表 **表5.3-15**

规格＼类别	钢筋丝头长端长度（mm）	钢筋丝头短端长度（mm）
ф16	38	27
ф18	41	29
ф20	43	31
ф22	45	33
ф25	48	35
ф28	50	35

三接头套筒规格尺寸表 **表5.3-16**

规格＼类别	大筒			中筒			小筒		
	长度(mm)	外径(mm)	内径(mm)	长度(mm)	外径(mm)	内径(mm)	长度(mm)	外径(mm)	内径(mm)
ф16	45	36	26(18)	38	26	16	18	22	16
ф18	50	38	28(20)	41	28	19	20	25	18
ф20	54	40	30(22)	43	30	20	22	27	20
ф22	58	45	35(24)	45	35	22	24	30	22
ф25	63	50	40(27)	48	40	25	26	35	25
ф28	65	55	45(30)	50	45	28	26	37.5	28

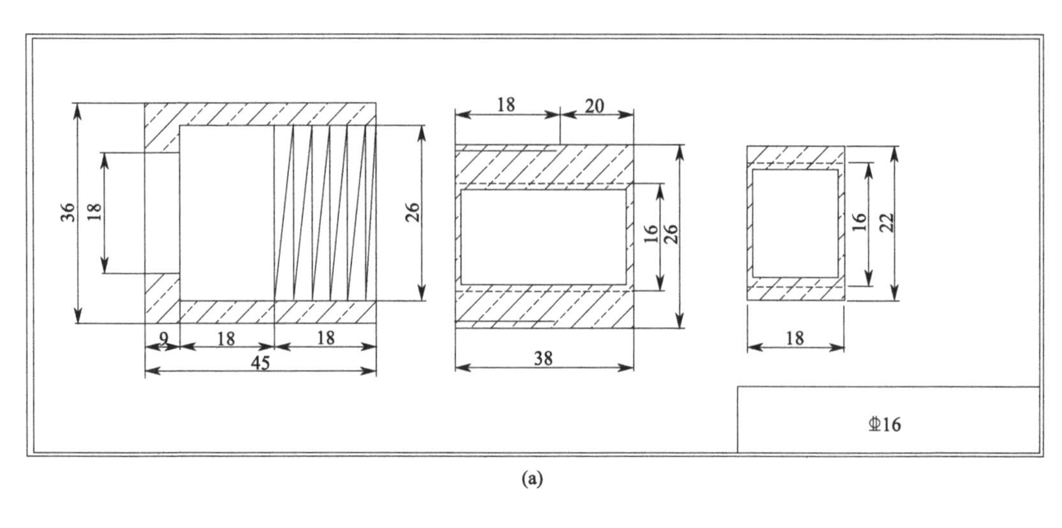

(a)

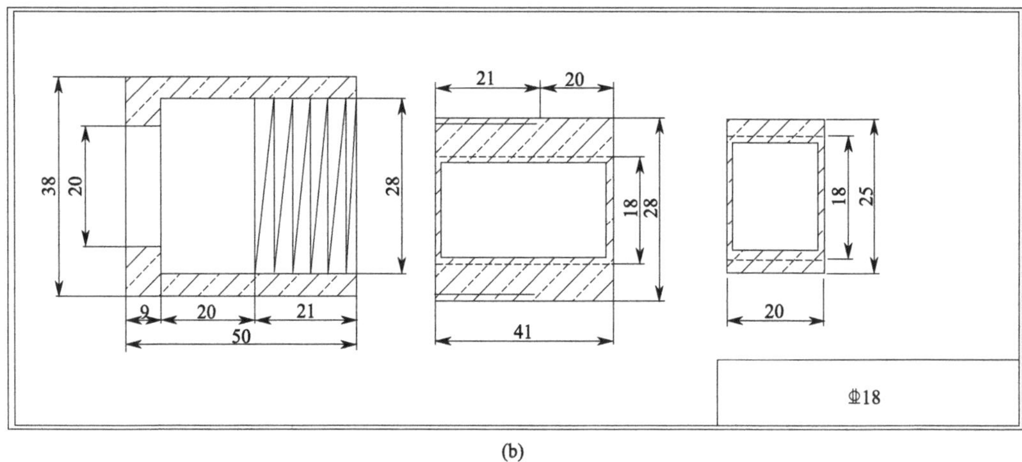

(b)

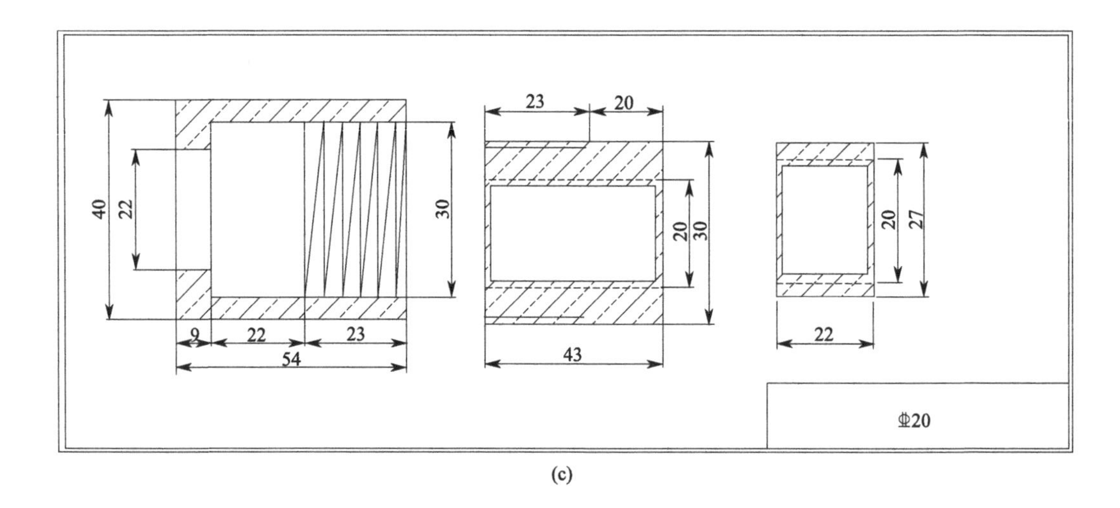

(c)

图 5.3-98　三接头套筒细部尺寸图（一）

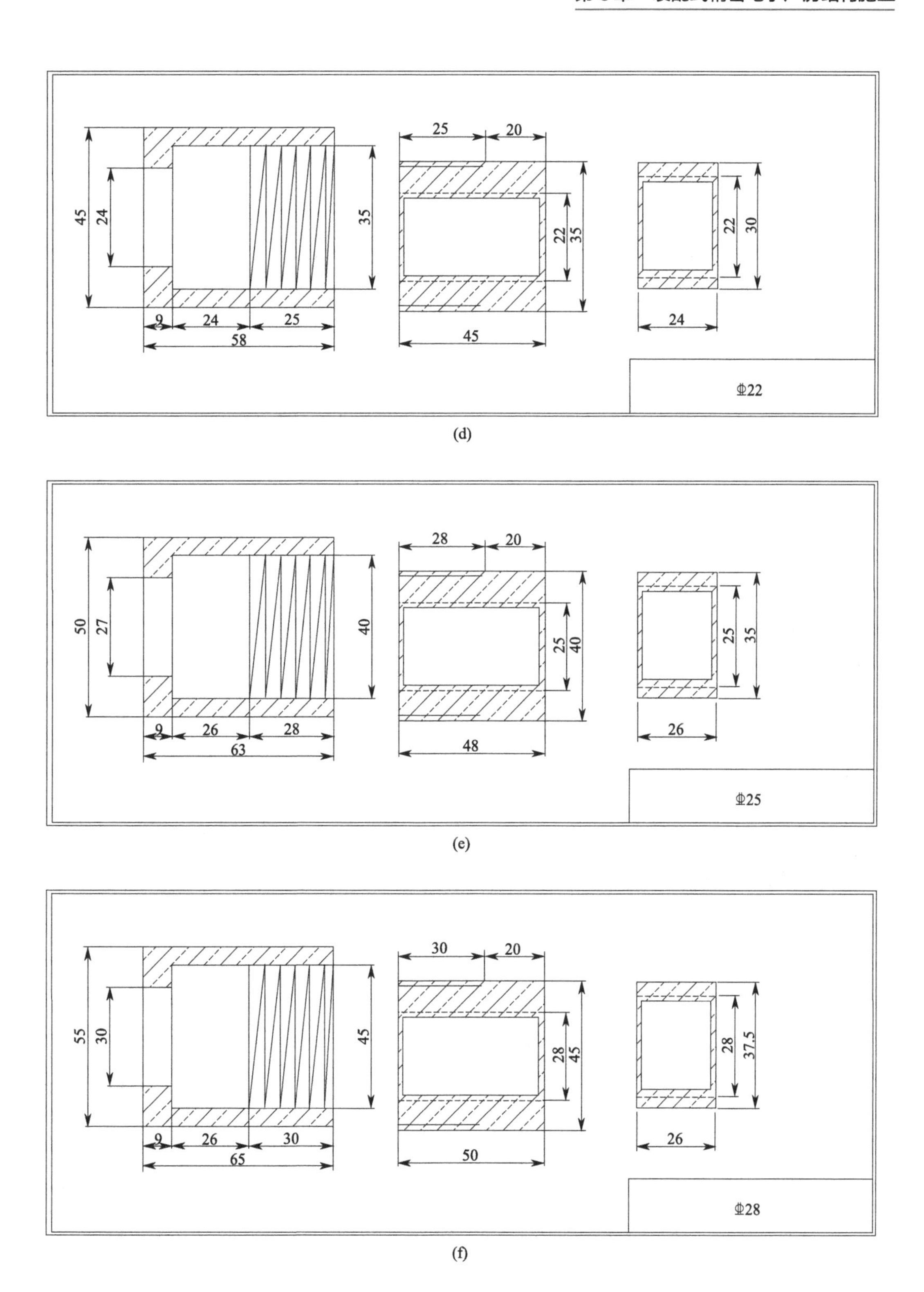

(d)

(e)

(f)

图5.3-98 三接头套筒细部尺寸图（二）

图 5.3-99　Φ16～Φ28 三接头套筒实物

(3) 钢构柱（固定端）直螺纹套筒焊接

在两侧钢构柱（固定端）焊接钢筋套筒，并与钢筋进行直螺纹连接。如图 5.3-100、图 5.3-101 所示。

图 5.3-100　钢构柱（固定端）直螺纹套筒焊接

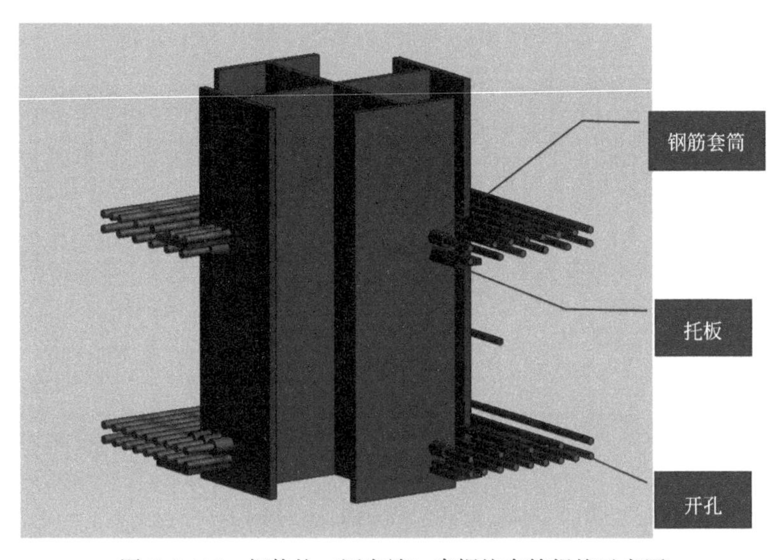

图 5.3-101　钢构柱（固定端）直螺纹套筒焊接示意图

（4）梁钢筋安装

1）传统工艺

① 在两侧钢构柱（固定端）上焊接直螺纹套筒，将梁钢筋分为两节（上下筋断开位置按规范要求留置），采用搭接焊或帮条焊焊接。

② 在一侧钢构柱（固定端）上焊接直螺纹套筒，在另一侧钢构柱腹板上打孔，将梁钢筋穿孔锚固并与腹板焊接，或者梁钢筋两端分别焊接在两侧钢构柱上。

2）新型活动式直螺纹套筒连接工艺

首先在两侧钢构柱（固定端）上焊接直螺纹套筒，然后将梁钢筋分为两节（上下筋断开位置按规范要求留置）按本工法三接头套筒钢筋丝头加工长度要求对其套丝，再将两段钢筋分别安装在钢构柱套筒上，最后在中间断点处安装新型活动式直螺纹套筒进行连接。

（5）三接头套筒接头安装

梁两段钢筋分别安装在钢构柱套筒上之后，首先将新型活动式直螺纹套筒（三接头套筒）中的大套筒安装在短丝头一端钢筋上，并将小套筒安装在该丝头上；然后将中套筒安装在长丝头一端的另一节钢筋上；最后将中小套筒对齐，并将大套筒向中套筒方向拉入且旋转大套筒安装在中套筒上。具体结构及安装流程如图 5.3-102 所示。

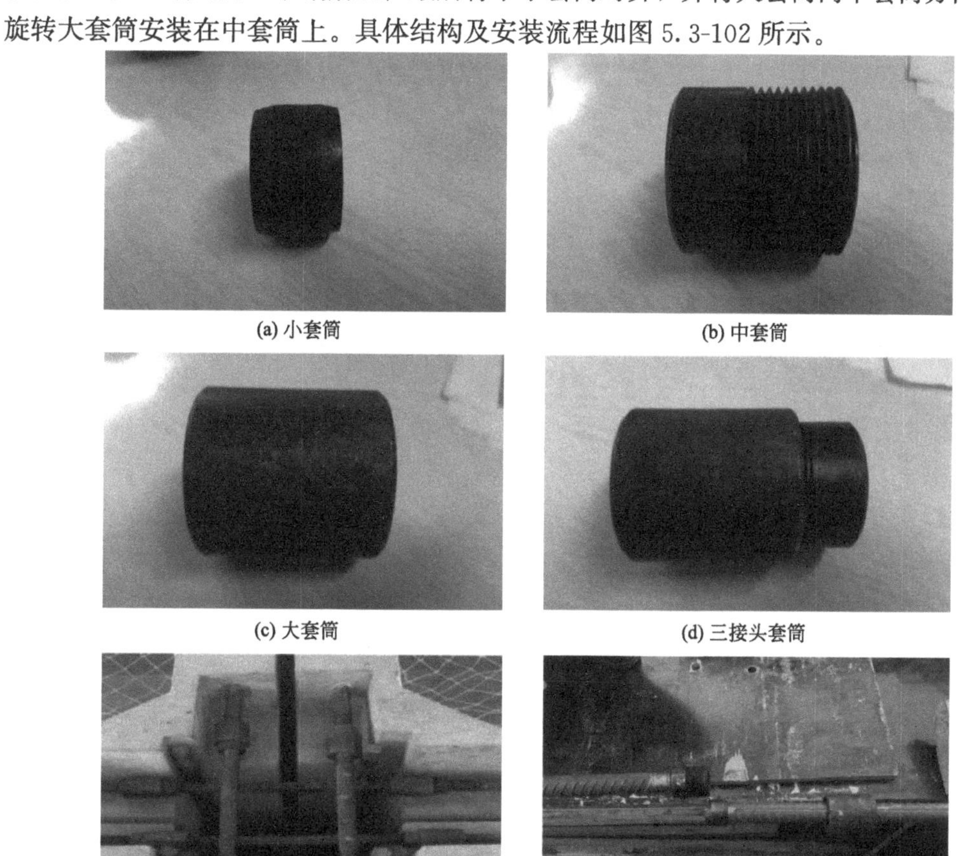

(a) 小套筒　(b) 中套筒　(c) 大套筒　(d) 三接头套筒　(e) 格构梁预留钢筋三接头套筒连接　(f) 三接头套筒安装

图 5.3-102　三接头套筒构造及安装示意图

（6）拧紧套筒

大套筒安装在中套筒上以后，采用力矩扳手（或者其他扳手）将套筒拧紧。如图 5.3-103 所示。

图 5.3-103 拧紧套筒

本技术与传统焊接、普通直螺纹套筒机械连接施工技术进行比较，能在保证结构安全和使用功能的前提下，有效解决因结构端部固定或将中间部位 2 段定尺钢筋尺寸固定时引起的钢筋无法采用机械连接的问题，节约了人工费和材料费，降低了工程成本，达到了绿色节能的效果，减少了工程施工的成本投入，是一项值得广泛使用的创新施工工艺。

5.3.9 型钢混凝土结构逆作法施工技术

1. 施工仿真模拟分析

针对本工程支持区的型钢混凝土结构所采用的逆作法施工流程，为保证其受力性能符合施工安全和质量要求，在正式施工之前对其开展了施工仿真模拟分析，根据施工图纸建立有限元模型、设定工况并进行组合，对钢骨构件的稳定和强度进行验算，分析该结构在施工过程中受力与变形的最不利情况，研究其施工可行性和关键质量控制点。

（1）验算工况及组合

1）基本假定

由逆作法可以看出结构最不利情况出现在下部钢骨混凝土柱和楼板未施工时，先施工顶层屋面板，需对此情况进行钢骨构件稳定和强度的验算。验算时，为保证结果偏于安全，进行如下假定：

① 在此情况下所有钢骨混凝土柱均不考虑混凝土的组合有利作用，即按纯钢框架进行验算。

② 屋面板施工时不考虑钢楼层板对钢梁稳定的侧向有利作用，按侧向无支撑验算钢梁稳定性。

2）荷载组合

① 恒载（DL）：结构构件自重由程序自动考虑，屋面板自重按施工时的湿混凝土密度 $28kN/m^3$ 计算，楼板厚度 250mm，因此屋面板自重为 $7kN/m^2$。

② 施工活载（LL）：考虑楼板施工时的不均匀堆载以及小型施工机具，按 $1kN/m^2$

计算。

荷载组合情况，见表5.3-17所列。

荷载组合情况　　表5.3-17

序号	名称	类型	组合方式	说明
1	sLCB1	基本组合	相加	1.35D+1.4(0.7)L
2	sLCB2	基本组合	相加	1.2D+1.4L
3	sLCB3	基本组合	相加	1.0D+1.4L
4	sLCB99	标准组合	相加	1.0D+1.0L

(2) 施工过程模拟计算结果

1) 变形分析

由变形分析可知，1.0D+1.0L组合下Z方向最大位移为−20.4mm，出现在屋面次梁跨中处。如图5.3-104所示。

挠度：$f=\frac{v}{l}=\frac{20.4}{12900}=\frac{1}{632}<\frac{1}{250}$，满足结构变形控制要求。

图5.3-104　恒+活标准值作用下竖向位移（mm）

2) 应力分析

由分析可知，组合sLCB1作用下应力分布最不利，最大值为−82.4MPa，其绝对值小于295MPa，满足强度要求。如图5.3-105所示。

3) 稳定验算

型钢结构承载力稳定验算的应力比曲线图、应力比分布图如图5.3-106、图5.3-107所示。

由以上分析可见，在此情况下钢结构构件承载力验算应力比最大值为0.821<1，满足要求。最大应力比杆件出现在屋面钢次梁，承载力为平面外稳定控制。本验算中没有考虑楼板对钢梁侧向约束的作用，因此，屋面钢梁由侧向稳定控制，当屋面板形成刚度后，

图 5.3-105　sLCB1 组合下的应力图（MPa）

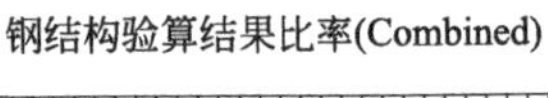

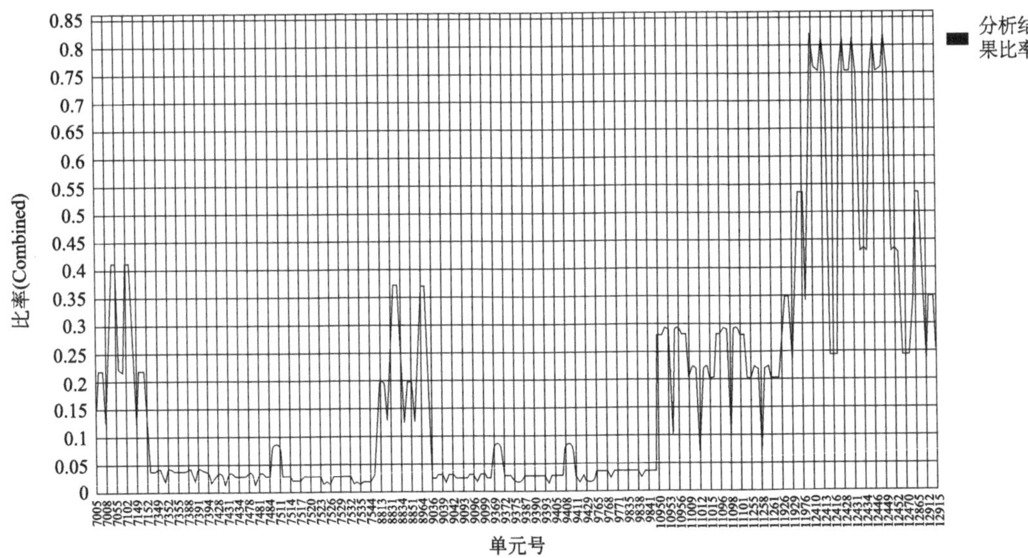

图 5.3-106　稳定验算应力比曲线图

钢梁承载力会逐渐转为强度控制，应力比会有所下降。此外，钢骨柱的应力比最大值出现在三层中部的 4 根钢骨柱，最大值为 0.536<1，满足承载力要求。

由以上分析可得，逆作法施工时，在先施工最上层屋面板的最不利受力状态下，此部分钢框架结构体系的变形、强度以及稳定承载力满足规范要求。

2. 结构连接节点优化设计

型钢混凝土结构逆作法施工中，为了保证钢结构体系梁柱节点在施工过程中能够承受混凝土板以及施工荷载，专门设计了一种钢结构梁柱节点定型护筒，以便于柱模板加固，使拼缝处不易出现错台。

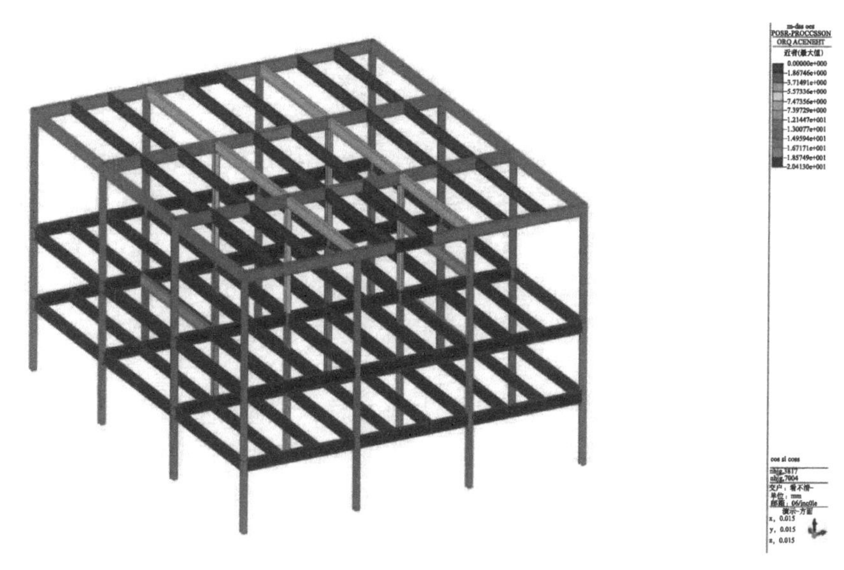

图 5.3-107 稳定验算应力比分布图

（1）结构组成

该护筒结构由四块L形钢板、L形箍筋、L形角钢和两块肋板组成。通过四块L形钢板围成的封闭结构对型钢梁柱节点的混凝土浇筑进行定型的周侧防护，从而不需要进行模板搭设，施工耗时更短，且不需要定位钢筋和对拉螺杆等其他模板固定部件，加快了施工进度。同时，通过肋板和多个连接在肋板之间的L形箍筋，将纵横方向上的两个型钢梁连接起来，提高横梁连接的稳定性，其厚度通过受力验算确定；另一方面，通过该结构增加定型护筒的刚度，在浇筑混凝土后，能承受一定的剪应力。提高钢骨柱梁柱节点的刚度。L形角钢作为楼承板支座，可以实现楼承板提前插入。L形钢板的底部低于所连接梁的底面10～12cm，便于定型护筒与下部型钢柱周侧铝合金模板紧密衔接，确保无漏浆现象。护筒外观及构造示意图如图5.3-108、图5.3-109所示。

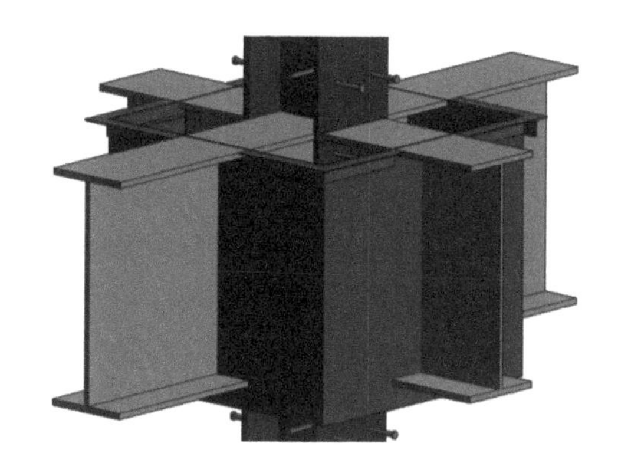

图 5.3-108 定型护筒外观

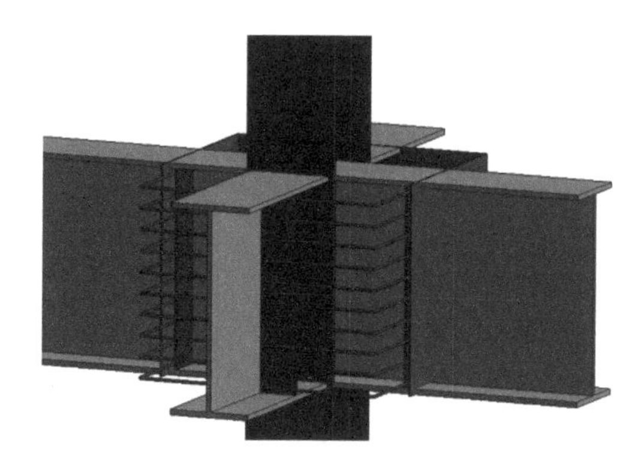

图 5.3-109 定型护筒内部箍筋构造

（2）施工方法

1）护筒制作

护筒制作中，下料前先用角钢焊接制作模具，完成后对模具进行测量，确保模具偏差在目标值之内，按照模具制作加工护筒外壁，需选用尺寸与质量合格的钢材进行加工，定期对模具尺寸进行校核，确保混凝土浇筑完成后无胀模等质量问题。

2）焊接肋板、箍筋及角钢

提前在钢梁上放设肋板的定位线，将肋板精确定位焊接在钢梁上，同时将钢梁与钢柱整体焊接，箍筋间距定位提前在肋板上画线，箍筋从上至下依次在肋板上进行焊接，并焊接临时支架，过程中需要严格控制焊接位置，确保内部受力符合验算要求。依据深化图纸中的角钢长度，将角钢焊接在护筒外部，角钢的一边与护筒上口平齐。形成楼承板安放平台，保证浇筑时不漏浆，同时能够满足楼承板与SRC柱同步施工。

3）现场整体吊装

在安装过程中，将多个十字形钢骨柱梁柱节点定型护筒与型钢梁柱框架结构整体吊装，应选用验收通过的起重机进行吊装施工，确保吊装作业的安全性。采用全站仪提前在筏板上测设轴网及柱边线，控制钢柱位置在设计位置上，在钢骨柱上画1m控制线，使用水准仪对标高进行复核，检测钢柱及护筒高度是否符合要求。

十字护筒安装完毕后，随型钢混凝土结构的钢筋绑扎、混凝土浇筑等流程进行施工，浇筑完毕后使护筒与型钢结构共同组成可靠的梁柱节点，最终不需要拆卸该护筒模具。同时，在浇筑的过程中，可以使十字形钢骨柱梁柱节点定型护筒吊装和横梁绑扎等工序穿插进行，提高施工效率。

3. 施工操作要点

通过施工仿真验算和关键节点的针对性处理，可以有效保证型钢混凝土结构逆作法的施工安全性，为进一步保证施工质量，提高施工工艺的经济性和合理性，还需要针对施工过程中的各工序进行合理规划，深入优化施工流程，本小节对施工中的操作要点进行介绍。

（1）钢结构施工

1）钢结构制作及运输

通过构件深化设计，进场前联合各单位进行构件质量验收，严格控制各类构件材料的进场质量，加工场预拼装合格后，方可运输出厂。

2）现场吊装、连接

采用汽车式起重机进行钢结构的吊装，首先吊装首节钢柱，依次吊装二层、三层主梁及次梁。随后进行上部第二段钢柱吊装，最后吊装屋面钢梁，塔吊配合吊装。钢结构吊装顺序如图5.3-110所示。$H \geqslant 900$mm的钢梁增设吊耳吊装，$H < 900$mm的钢梁钢丝绳进行捆绑吊装，吊索与梁的夹角为45°～60°。吊索与吊耳设置如图5.3-111所示。

3）测量控制与校正

采用全站仪或经纬仪直接对钢柱柱顶轴线、标高偏差进行测量校正。应确保其垂直度和定位精度符合相关设计要求。

（2）楼承板安装

1）楼承板吊装及铺设

钢筋桁架楼承板施工前，将各捆板吊运到各安装区域，明确起始点及板的扣边方向[46,47]。钢筋桁架楼承板铺设前，应按图纸所示的起始位置放设铺板时的基准线。对准基准线，安装第一块板，并依次安装其他板，采用非标准板收尾。钢筋桁架楼承板铺设时

(a) 首节钢柱吊装

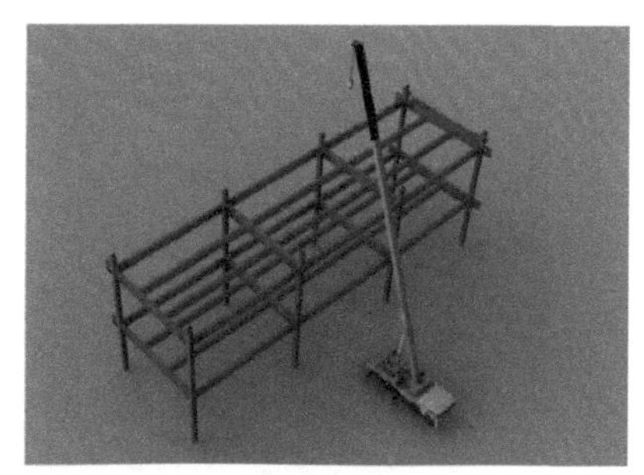

(b) 主梁及次梁吊装

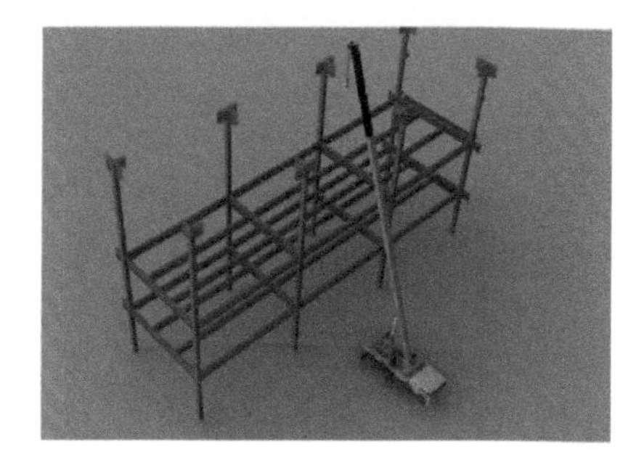

(c) 第二节钢柱吊装

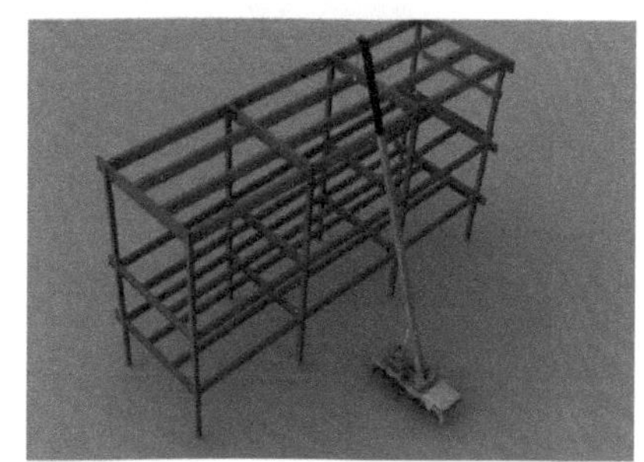

(d) 屋面梁吊装

图 5.3-110 钢结构吊装示意图

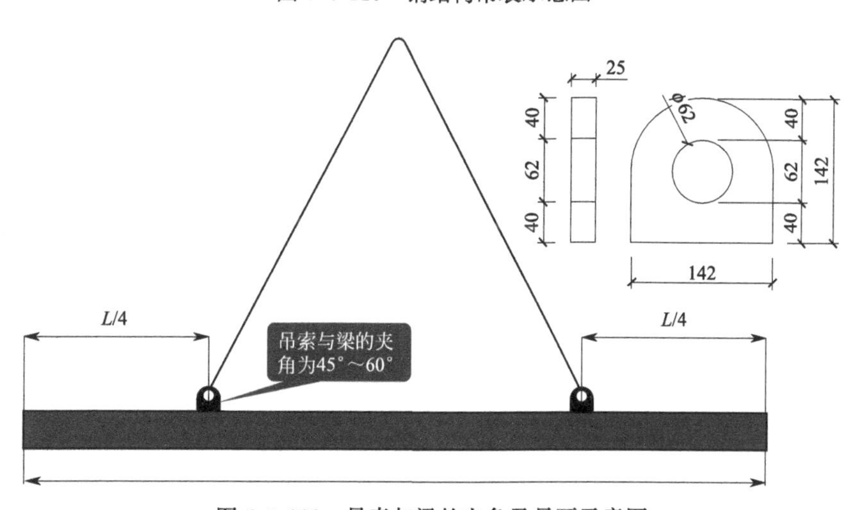

图 5.3-111 吊索与梁的夹角及吊耳示意图

应随铺设随固定，将钢筋桁架楼承板支座竖筋与钢梁或支撑角钢点焊固定（图 5.3-112）。

钢筋桁架楼承板安装时板与板之间扣合应紧密，楼承板裁剪处的缝隙可采用干硬灰或硅酮胶之类材料进行封堵，防止浇筑楼板混凝土时漏浆。

钢筋桁架楼承板在钢梁上的搭接，桁架长度方向搭接长度不宜小于 $5d$（d 为钢筋桁架下弦钢筋直径）及 50mm 中的较大值；板宽度方向底模与钢梁的搭接长度不宜小于 30mm，确保在浇筑混凝土时不漏浆。

钢筋桁架楼承板与钢梁搭接时，宽度方向需沿板边与钢梁铆钉固定，要求固定间距为 200mm，射钉间距允许误差为±50mm。

图 5.3-112　楼承板铺设

图 5.3-113　栓钉焊接

2）栓钉焊接

在钢筋桁架楼承板铺设完毕以后，根据设计图纸进行栓钉的焊接。焊接前钢梁或钢筋桁架楼承板表面如存在水、氧化皮、锈蚀、油漆、油污、水泥灰渣等杂质，应清除干净。焊接前栓钉不得带有油污、两端不得锈蚀，否则在施工前应采用化学或机械方法进行清除。焊接瓷环应保持干燥状态，如受潮则应在使用前经 120℃烘干 2h（图 5.3-113）。

焊枪、栓钉的轴线要与钢梁表面保持垂直，同时用手轻压焊枪，使焊枪、栓钉、瓷环保持静止状态。在焊枪完成引弧、下压的过程中，保持焊枪静止，待焊接完成后再轻提焊枪。

进行栓钉 30°的弯曲试验，其焊缝及热影响区不得有肉眼可见的裂缝。

（3）边模板安装

安装时，将边模板紧贴钢梁表面，边模板与钢梁表面每隔 300mm 间距点焊 25mm 长、2mm 高焊缝，焊点间距允许误差为±50mm（可用铆钉代替点焊进行固定）。

悬挑处边模板施工时，采用图纸相对应型号的边模板与悬挑处支撑角钢焊接，每隔 300mm 间距点焊 25mm 长、2mm 高焊缝（可用铆钉代替点焊进行固定），焊点间距允许误差为±50mm。

钢筋桁架楼承板在钢梁上断开处需要设置连接钢筋，将钢筋桁架的上、下弦钢筋断开处用相同级别、相同直径的钢筋进行连接（图 5.3-114）。

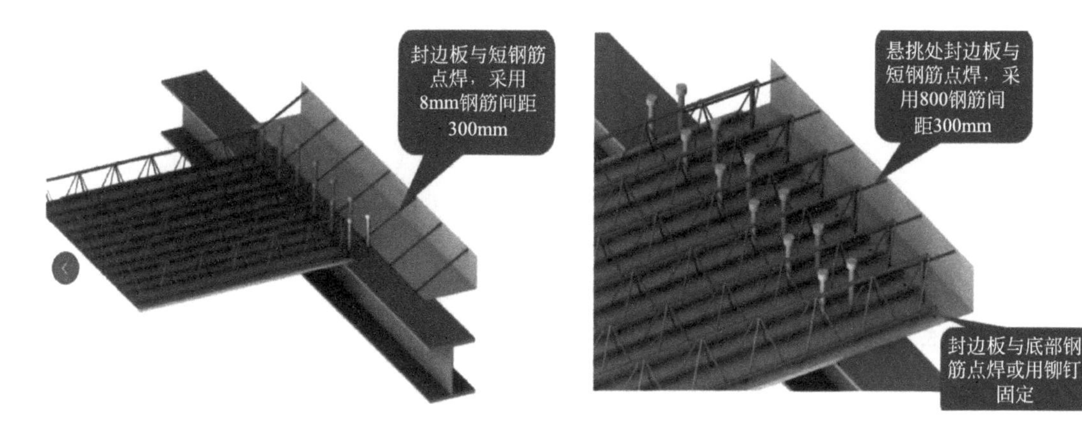

图 5.3-114　边模板安装示意图

（4）楼板施工

1）钢筋绑扎

楼承板安装验收通过后，开始进行楼板钢筋绑扎、机电预留预埋的施工（图 5.3-115）。

图 5.3-115　钢筋绑扎

2）施工缝留置，混凝土浇筑

在梁柱结合部位（即定型护筒上口）拦截施工缝，形成预留孔，以便于柱混凝土浇筑，同时保证梁柱混凝土强度。施工缝施工时，钢筋内部采用 5mm 钢丝网，上部采用方木或槽钢进行拦设（图 5.3-116～图 5.3-119）。

图 5.3-116　施工缝拦设

图 5.3-117　梁柱结合部施工缝拦设

图 5.3-118　板混凝土浇筑

图 5.3-119　板面混凝土收面

（5）型钢混凝土柱施工

1）柱钢筋操作架的搭设

根据施工现场实际需求，外围柱采用悬挑式脚手架或落地式脚手架进行钢筋绑扎，内部柱高度小于 6m 的采用移动式脚手架。操作架必须通过力学计算，满足施工使用要求后搭设（图 5.3-120、图 5.3-121）。

图 5.3-120　移动式操作架搭设

图 5.3-121　落地式操作架搭设

2）柱钢筋绑扎，预埋件安装

柱钢筋根据设计高度及筏板施工预留钢筋长度，进行精准下料加工，采用直螺纹套筒进行连接。预埋件要求安装准确，避免与模板冲突。

3）模板支设以及加固，混凝土浇筑

根据楼面模板控制线对柱模板进行安装，采用方圆扣进行加固，以便达到清水混凝土效果。外围柱混凝土采用悬臂车载泵进行浇筑，内部柱混凝土采用地泵进行浇筑，竖向泵管搭设泵管架，横向泵管沿已完成浇筑楼板进行铺设。当楼层较高时，可在柱中预埋串筒，严格振捣，保证浇筑柱混凝土密实（图5.3-122～图5.3-125）。

图5.3-122　柱钢筋绑扎

图5.3-123　柱模板支设加固

图5.3-124　施工完成效果

图5.3-125　梁柱节点部位施工效果

5.4 本章小结

对于大型精密电子厂房项目，由于其生产的电子产品更新换代较快，因此对厂房施工的精确性和时效性提出较高要求，进而导致整体工程具有工程量大、工期紧、施工质量要求高、结构形式复杂等特点。而由于本工程施工中涉及多种结构构件类型，出现了许多传统工业厂房施工中未曾遇到的困难，为了在现有工程经验不足的前提下，保证本项目的施工质量、工期、成本，工程技术人员在施工过程中对厂房的施工顺序以及施工过程中的关键技术展开了深入研究，并总结出一套合理可行的施工方案，提炼出许多宝贵的工程经验，并总结成章进行详细介绍。

本章首先对工程施工现场的布置情况进行了介绍，之后对厂房核心区和支持区的两种组合结构的创新施工顺序进行了介绍，并与传统施工工序进行比较，分析本工程逆作法的特点及优势所在，为后续类似工程进行施工工序优化提供实践参考；最后重点对本工程在应用大型精密电子工业厂房逆作法施工工艺的过程中所提出的各项施工关键技术进行了介绍，为本工程逆作法施工工艺的推广应用提供实践依据。同时，本工程中提出了许多新型结构构件，如新型装配式女儿墙、桩头护筒结构、梁柱节点定型护筒结构等，具有较高的实用性价值。此外，在施工关键技术中也对项目许多重点结构工程的施工工艺进行了详细介绍，如现浇半装配式大截面柱的施工工艺、PC 构件全螺栓安装技术、钢结构吊装合龙技术等，都可以作为类似工程施工应用的重要参考，对装配式建筑结构体系的施工技术进一步发展具有较强的理论创新意义。

第6章 效益分析

6.1 社会效益

随着我国综合国力的不断提升，对工业建设也提出了更高的要求，装配式精密电子厂房的建设能力作为体现电子工业水平的重要基础，对其关键技术以及建设流程展开研究具有重大社会意义。本项目于2018年11月成功召开的陕西省第二十二次文明工地现场观摩会中，得到了西安高新区规划建设局、陕西省建设工程质量安全监督总站及政府相关部门的高度评价。在工程建设期间，共接待各方参观人员约12000人次，得到了建设单位、监理单位一致好评，体现出了良好的社会效益。具体效益体现在以下方面：

（1）通过对本工程的建设经验进行总结分析，可以及时为类似领域的大型工业厂房建设提供参考，尤其是高新电子工业建设领域中施工工期短、质量要求高的大型精密工业厂房的建设。利用本工程所提炼的施工经验和关键技术，可以帮助后续工程继续深入研究优化，为我国大型精密电子厂房施工技术的进步助力。

（2）作为采用装配化快速施工的标准工业厂房，对装配式建筑具有良好示范作用，符合我国供给侧改革的基本理念，为我国现代工业的转型升级、提质增效作出贡献，可以有力地促进厂房所在区域走向产业集群化和规模化，从而形成完整的、集约化的高新电子工业基地，形成高质量的工业发展集群。

（3）基于本工程的施工工艺与关键技术在工期与质量等方面的良好应用效果，能够为投资方及早期投入生产经营提供巨大助力，符合投资者低成本、快回报的投资理念。因此，能够吸引更多的外来投资，有效提高招商引资的成功率，对本土经济发展具有重要意义，可以进一步催生大项目，造福一方百姓。

（4）精密电子工业厂房建成后，必将吸引更多的相关产业下游中小型企业入驻，这些企业多为劳动密集型企业，可吸纳巨大劳动务工人员，增加就业机会，缓解当前社会就业压力，同时也促进地方物品需求和消费水平提高，带动交通运输、邮电通信行业的快速建设，进一步拉动区域经济发展。

6.2 经济效益

建筑行业作为国民经济的支柱性产业，为我国的经济社会发展带来了显而易见的贡献。其中，装配式建筑的建造成本与传统建筑的经济效益相比较，其所具备的经济效益是显而易见的。本工程作为高度运用装配化施工技术的实践先锋，通过一系列施工关键技术的应用，取得了工期、资源以及人力的重大节约，体现了良好的经济效益。具体分析如下：

（1）通过研究和运用大截面独立柱钢筋笼工厂化预制绑扎技术，在本工程中，288根RC柱可以更为快速地进行吊装、浇筑，并保持平行施工。最终，与传统施工工艺相比，现场钢筋施工工期提前140d。同时，通过新的施工工艺，大大减少了对现场模板、支架、吊车等资源以及钢筋绑扎人员等人力的需求，最终在材料租金与人员投入上共节约费用117.94万元。

（2）以本工程288根现浇混凝土柱截面1400mm×1400mm×11050mm为基础，对所应用的现浇混凝土独立一体化柱钢筋模板进行计算分析，对传统木模板支设施工工艺及钢模板与钢筋笼整体吊装施工工艺进行经济计算分析：依据现场施工流水情况及模板板材性质，选用木模板周转4次，共需配备72套模板；选用钢模板可周转8次，共配备36套。统计对比各项费用可知，采用钢模板与钢筋笼整体吊装工艺比采用传统木模板支设所需总成本费节约162.8万元。

（3）在PC构件安装过程中，通过研究应用新型活动式直螺纹套筒连接（三接头套筒）进行钢筋机械连接，与普通直螺纹、钢筋焊接、搭接、锚固入钢柱等施工方法相比较，节省了大量的人工费与材料费，避免了材料浪费，效益明显。经过成本核算可知，与传统连接方式相比，该工艺的综合经济效益可以提升44.47万元。

（4）采用新型女儿墙施工技术与传统木模技术进行对比分析，可以发现在人工、材料、机械等方面有明显的成本节约，综合计算可知，传统支模施工的成本比装配式女儿墙施工约超出181.8万元。

（5）利用本工程研发设计的可调式支架进行免切缝超平地坪施工，可以大大优化混凝土地坪施工的成本。根据对市场调研，采用混凝土超平地坪免切缝施工工艺与传统混凝土地坪施工工艺对比：本工程核心区地坪面积约50000m^2，切缝长度35800m，对比传统工艺可节省约25.9万元。

（6）采用型钢混凝土结构逆作法与传统工艺进行对比分析，本工程各施工工序可以取得较大的工期节约，具体对比如图6.2-1、图6.2-2所示。

区段内容		
施工层数	3层	
层高	1层6.3m、2层6.3m、3层10m	
单层工程量	柱：12根	面积：1300m^2
工人数量	120人	
施工分项		施工持续时间
1层柱施工		6d
2层楼板施工		1d
2层柱施工		7d
3层楼板施工		1d
3层柱施工		12d
层面楼板施工		1d
总工期		28d

图6.2-1　区段简介表

原方案进度计划横道图																												
d / 施工部位	1	2	3	4	5	6	7	8	9	10	11	12	13	14	15	16	17	18	19	20	21	22	23	24	25	26	27	28
1层柱	J	G	G	M	M	H																						
2层板					G	G	H																					
2层柱									J	G	G	M	M	H														
3层板													G	G	H													
3层柱																	J	J	G	G	G	G	M	M	M	M	H	
屋面板																										G	G	H
备注	架体		J	钢筋		G	模板		M	混凝土浇筑			H	重要节点														

(a) 原方案进度计划横道图

逆作法方案实际进度横道图																												
d / 施工部位	1	2	3	4	5	6	7	8	9	10	11	12	13	14	15	16	17	18	19	20	21	22	23	24	25	26	27	28
1层柱		J	G	G	M	M	H																					
2层板	G	G	H																									
2层柱							J	G	G	M	M	H																
3层板						G	G	H																				
3层柱											J	J	G	G	G	G	M	M	M	M	H							
屋面板											G	G	H															
备注	架体		J	钢筋		G	模板		M	混凝土浇筑			H	重要节点														

(b) 逆作法方案进度计划横道图

图 6.2-2 不同方案进度横道图对比

与传统施工方案相比，区段工期提前 7d，整体进度提前 24d。通过对工期的节约，可以使材料、人员投入总费用大大节约，同时避免了屋面冬期施工，共可以节约施工成本约 490.89 万元。

6.3 环保效益

建筑领域一直是世界能源消耗和温室气体排放的主要源头之一。根据调查资料可知，建筑工程碳排放元素主要源自建筑原料、施工机械与人为因素。其中，建筑原料在加工和安装期间，材料本身便含有较高的碳原子，若与施工技术和环境产生反应，便极易产生二氧化碳和污染性物质，使土地资源遭受污染。其次，部分施工机械在运作期间，因为需要消耗较高的电能和热能，所以在电能供应平台中便需要消耗更多的资源，以便使工程施工流程稳定且不受干扰，但也正因为如此，会导致城市碳排放量陡然增加。最后，工人生活的碳排放是不可避免的，在面临此种问题时需要提供完善的管理制度与施工技术优化，才能使施工过程的碳排放量保持在合理范围。目前，我国的绿色施工、低碳施工理念已经逐渐成为重要的施工质量评价指标[48]。因此，本项目也在施工过程中针对环保效益进行了分析研究。

本项目的装配式精密电子工业厂房施工工艺响应了国家“十二五”规划“树立绿色、低碳发展理念，以节能减排为重点，健全激励与约束机制，加快构建资源节约、环境友好的生产方式和消费模式，增强可持续发展能力，提高生态文明水平”的要求，有效地减少了传统施工方式造成的巨大环境污染，避免了建材生产的浪费和污染问题，实现了施工过程的节能减排。具体体现在以下几个方面：

（1）通过对标准化设计、工厂化加工、装配化施工以及建造过程集约化发展等建设理念的深入研究，在厂房的设计规划过程中贯彻落实了低碳环保的绿色建筑建造思路。最终经过实践应用，本工程与传统厂房的施工成本相比，共节约水资源60%，节约能源50%，节约材料80%，节约用地20%，减少污染物排放56%，有效实现了节能减排与资源节约。

（2）低碳建筑材料的特征是低能耗、低排放与低污染，最好可以做到回收利用。目前，由于在建筑施工过程中材料的选择上缺少有关的规范标准，造成建筑施工材料严重浪费。预制装配式精密电子厂房施工过程中，通过选择可重复利用的铝合金模板、可拆卸胎架等建筑用材，较之前传统施工方法节约了人工30%，节约常规周转材料约8%。同时，通过半装配化施工工艺，大大减少了现场湿作业，减少建筑垃圾约20%，对工程施工材料的能耗做到了合理控制。

（3）预制装配式精密电子厂房施工过程中通过高效的现场管理措施，大大减少了噪声污染，通过使管理人员明确基本的绿色建筑施工技术常识，转变传统的建筑管理思路，确定低碳环保材料的施工要点与难点，并深入研究相关设备与技术，保证了后续工程管理方案拟订的严谨性，并提供了更富有纪律性、组织性与引导性的工程管理模式，进而使本项目的施工过程持续保持低碳化。

（4）本工程对预制装配式精密电子厂房施工关键技术进行研究，有利于新材料、新工艺、新技术在建筑行业的发展，新型的节能材料与施工技术也是未来工程建设施工的必然选择。例如，本工程所研究的新型女儿墙及其施工工艺在安装过程中低噪声，少扬尘，对周围环境的影响小，更有利于城市的环境保护和未来施工需要。

管理篇

第7章　装配式精密电子厂房项目组织形式与基本管理制度

7.1　组织机构

7.1.1　项目管理组织机构设置原则

项目管理组织是指为了系统达到它的特定目标，使全体参加者经分工与协作及设置不同层次的权利和责任制度而构成的一种人的组合体。项目管理组织机构的设置关系到了项目的稳定性与时效性[49,50]，因此，在进行项目管理组织机构设置时需要根据项目特点遵循一定的设置原则：

（1）公司应派遣具有组织大型工程项目施工管理经验的资深管理人员担任项目总指挥，对工程施工进度、质量、安全、文明施工、成本等全面负责；

（2）选派具有较强组织能力和协调能力的项目经理、技术负责人协助总指挥，具体负责项目生产、调度、协调工作，主管施工进度计划的落实与调整，对劳动力和施工机械进行合理调动，负责协调各专业分包单位的施工配合，对工程实施动态管理；

（3）选派多次参加优质工程管理工作的生产、技术管理人员担任本工程的工长，选派优秀的生产、技术骨干人员组成项目职能组，使项目管理人员齐备。

7.1.2　项目管理组织机构形式图

组织形式即组织结构的类型，是体现一个项目的管理层次、跨度、部门设置和上下级关系的结构组成。一个施工项目的组织管理，与企业的组织形式是不可分割的。合理高效的企业组织形式能够有效地保证施工项目管理效率，更好地适应现有的流水节拍。结合项目组织设计理论[51-53]，本项目管理组织体系主要由企业保障层、项目管理层与项目实施层组成。通过专业人员与管理人员的合理设置，大大提高管理效率，减少问题处理流程，加强了项目管理人员、企业、施工作业人员之间的联系。如图 7.1-1 所示。

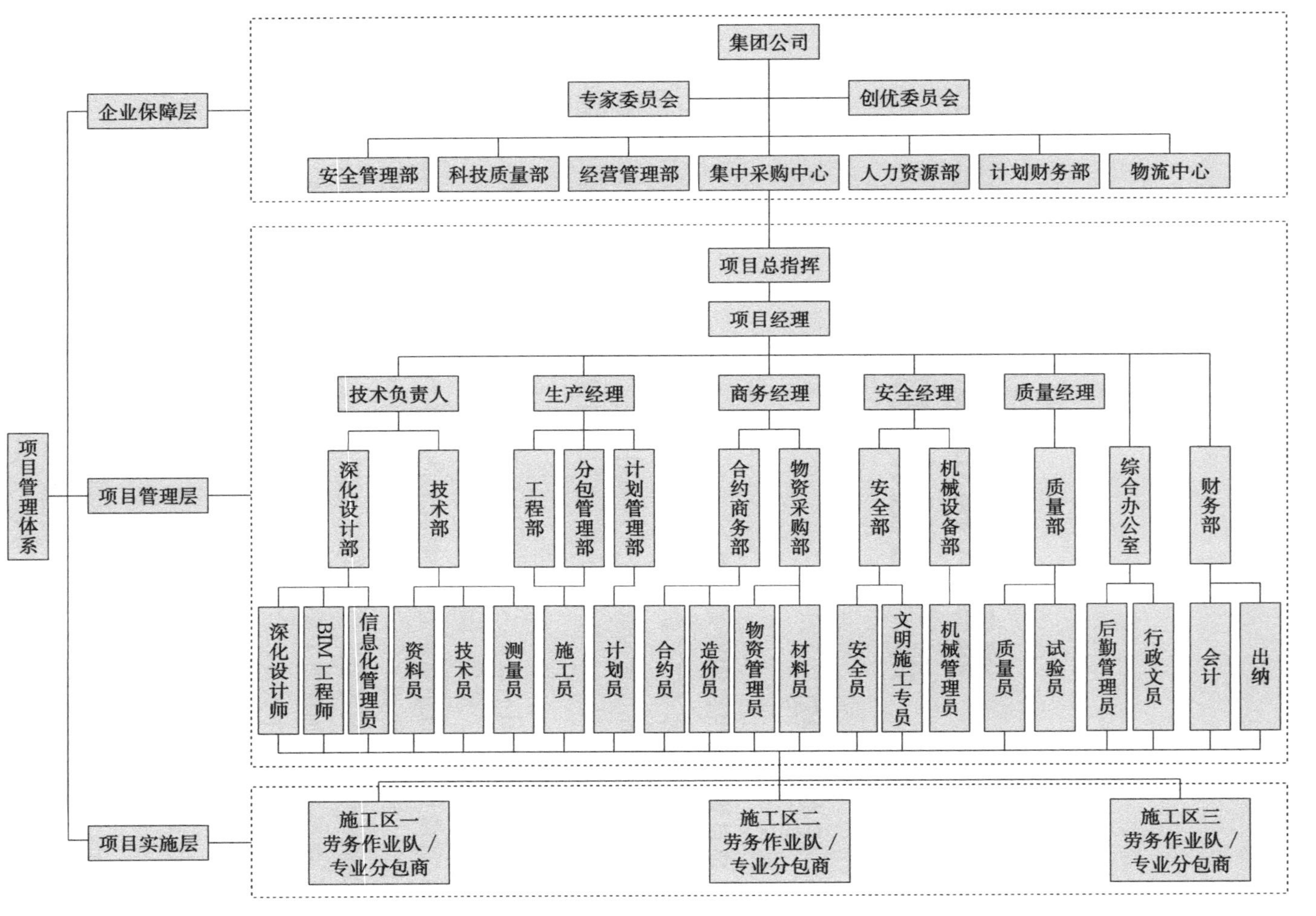

图 7.1-1 生产管理组织机构图

7.2 资源统筹

本项目具有资源投入量大、时段集中、专业化程度高等特点，项目高峰时段配备30多家劳务施工队伍，50多家NSC分包单位，5200多名施工人员，作业人员流动性大，塔式起重机28台，重型设备投入量达200台（包括吊车、升降车、曲臂车）等，资源投入及管理方面动态性强，需要经验丰富的劳务单位和大型设备筹备与管理人员。

项目部科学筹划总体部署，结合本项目特点合理划分施工区段，确定施工流向，制定详细的资源投入计划。动用公司庞大的资源储备，重点落实钢结构、钢筋、模板、架体、混凝土等大宗资源，签订合作意向书，充分落实启动整个工程的所有物资，保证进场后即能顺利按照计划投入建设。

7.3 管理制度

建立科学完整的制度体系，是实施日常项目生产管理的重要手段，可以规范、协调与控制不同单位、不同部门、不同岗位管理行为，从而整体提高项目生产管理执行力。本项目管理制度具体设置见表7.3-1所列。

制度体系表　　表7.3-1

序号	内容	制度体系
1	会议制度	制定会议制度，对会议进行分级管理，规定周生产例会、周质量例会、安全例会、分包协调会议、月各种综合会议等各级会议参加人员以及会议流程、会议记录、会议精神的传达等相关规定
2	奖罚制度	依据合同工期、质量及安全文明施工要求，制定一系列工期、质量及安全文明施工奖罚制度，对各个参与单位进行奖优罚劣管理，确保各项目标实现
3	检查制度	依据各分项分部工程进度、质量及安全文明施工目标要求，制定对各个参与单位工程实施过程进行全程跟踪、监督检查管理制度
4	总体协调制度	通过制定一系列对施工机械、材料设备堆场、工作面交接、公共资源使用、临水临电的管理制度，对各个参建方进行总体协调，确保工程有序施工
5	收发文制度	根据文件类型、收发对象及文件级别，制定项目文件收发管理制度，及时传递会议决议、设计变更、合约签订与变更以及各级管理规章制度通知等文件
6	安全文明施工制度	制定一系列安全文明施工管理制度，规范总承包和各分包人在安全教育培训、安全交底、安全活动、安全文明施工及设施维护中的行为
7	综合管理制度	制定对施工现场保卫、消防、门禁、VI形象、劳动工资及对外联系等管理制度

第 8 章　装配式精密电子厂房项目标准化管理要点

8.1　质量管理

质量管理是满足项目整体使用功能的保证，它不是一蹴而就的一次性工作，从项目决策立项到竣工完成，从初始到终结，整个过程都需要渗透融入项目质量管理[54]。质量管理的目的就是通过制定项目质量管理目标，在达到质量管理标准的基础上，实施项目质量管理计划，确保项目质量管理方针目标的实现[55]。大型电子生产厂房在质量方面的要求非常高，在项目整体施工过程中，加强施工过程质量管理是整个施工过程质量得以控制的保证。

8.1.1　质量管理策划

1. 质量目标

本工程作为高科技电子工业厂房的创新建设工程，对工程质量要求较高，具体提出了以下建设目标。

(1) 工程质量目标：合格，过程一次验收合格率不低于 90%；

(2) 质量创优目标：陕西省优质工程“长安杯”，国家“优质工程”。

2. 质量目标的分解

质量目标分解，见表 8.1-1 所列。

质量管理目标分解表　　**表 8.1-1**

序号	分部工程	子分部	分项工程	检验批质量目标		质量控制资料
				主控项目	一般项目	
1	地基与基础工程	混凝土基础	模板	质量验收合格率 100%	质量验收合格率 100%	完整
			钢筋			
			混凝土			
		防水施工	防水			
2	主体结构	混凝土结构	模板	质量验收合格率 100%	质量验收合格率 100%	
			钢筋、型钢			
			混凝土			
		砌体结构	填充砖砌体			
		钢结构	钢梁			
		PC 结构	PC 柱			
			PC 梁			
3	装饰装修	抹灰	一般抹灰	质量验收合格率 100%	质量验收合格率 95%	
		涂料	涂料			
4	屋面工程	金属屋面	金属屋面	质量验收合格率 100%	质量验收合格率 100%	

8.1.2　质量管理体系

工程质量管理体系是相互关联和作用的组合体，质量管理体系的建立应结合项目特点、质量目标及实际需要[56]。本项目结合装配式精密电子厂房的特点，建立以总工程师统一领导，科技质量部统筹监管，基层单位主任工程师监督实施，项目技术负责人执行落实的技术质量管理体系。如图 8.1-1 所示。

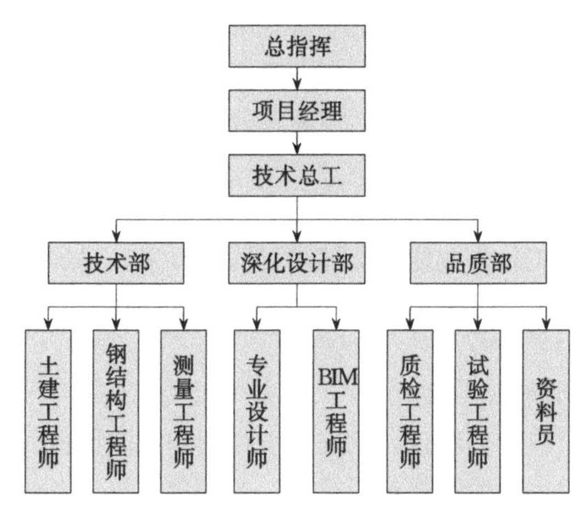

图 8.1-1　精密电子厂房技术质量管理体系图

8.1.3　质量管理措施

1. PDCA 循环控制

利用 PDCA 循环来控制现场施工质量，PDCA 包括：策划（Plan）、实施（Do）、检查（Check）、处理（Act），整个循环可划分为四个阶段八个步骤，每一次的滚动循环都使质量朝着“零缺陷”的方向发展[57,58]。

（1）制定质量方针、管理目标、活动计划和项目质量管理的具体措施；

（2）实施措施和计划。按照第一阶段制定的措施和计划，组织各方面的力量分头去认真贯彻执行；

（3）将实施效果与预期目标对比，检查执行的情况，看是否达到了预期效果，再进一步找出问题；

（4）总结经验、纳入标准，把遗留问题转入到下一轮 PDCA 循环解决，为下一期计划提供数据资料和依据。

2. 全过程质量控制

过程管理是质量管理体系的重要组成部分[59-61]，将整个施工过程分为事前、事中、事后三个阶段，对各阶段内的分部分项工程施工采取切实有效的质量控制措施。

（1）事前质量控制

事前控制是在正式施工开始前进行的质量预控，主要管控措施如下：

1）供货厂家监管

以商混站检查为例，采用定期全检和不定期抽查相结合的方式，对混凝土粗细骨料、外加剂、水泥、拌合水、计量器具、出厂坍落度实操、厂家试块制作等内容进行详细检查，并形成检查报告留档。

2）原材料认质与验收

用于实体的主材、辅材、半成品必须进行认质，对各类建筑材料进行核实，确保其中的相关项目符合规定的要求。进场时应进行三方联合验收，根据材料进场计划，预约验收时间，携带相关图纸和认质资料，与监理方、项目管理执行单位共同验收。材料质量管理需满足以下几个方面：①材料的质量不影响建筑设备安全和使用功能，降低成本；②组织各相关方监督并参与组织监理方、供货方对进场的主要材料进行检查、验收，并留下相关资料、照片，项目部存档，对发现的“三无”及不合格产品一律拒收和退货；③认真熟悉合同相应条款中的质量要求和技术参数，以便在施工中检查其厚度、用量、是否偷工减料而影响质量。

3）技能工认证

为保证关键工序特殊工种作业能力能够满足质量要求，对焊工、套丝工、防水工、打胶工、螺栓紧固工等工种进行全数实操考试认证，考核通过后发放合格证，方可在现场作业。

4）测量仪器检定与复检

现场测量使用的全站仪、经纬仪、水准仪提供周期检定报告，仪器投入使用前需进行检查，检查仪器是否校验、检验报告是否过期，合格后发放准入证，方可投入现场使用。

(2) 事中质量控制

事中控制是指在施工过程中进行的质量控制，是质量控制的关键，主要管控措施如下：

1）分级验收和分级管控

根据分部分项工程的划分，对各分项工程进行细部识别，细分各单位内部质量管理责任区域，实行分包单位、部门、监理的三级质量验收体系，根据控制重点的不同，分级进行验收和管控。

① 隐蔽工程验收管理

隐蔽工程完工，在被下道工序掩盖前主管技术人员应先自检。隐蔽工程自检合格后，由主办技术人员填写自检记录及隐蔽工程验收记录表，通知项目部的专职质检人员进行检验。

专职质检人员专检合格后，按监理大纲的要求，报请监理单位进行验收。监理单位对隐蔽工程验收合格并签认后，即可进行下道工序的施工；当监理单位未能在预定的时间内派技术人员验收或同意施工单位专职质量员验收意见的，视同验收合格，可进行下道工序的施工，但应及时向监理单位办理隐蔽工程验收的确认手续。

隐蔽工程验收内容应符合设计要求和国家现行标准的有关规定。验收项目的质量情况应描述清楚。有关试验检测的内容应注明检测报告编号，验收意见栏中应注明是否允许进行下一工序施工的结论性意见，验收记录表中应有参加验收的监理或建设单位、施工单位等有关负责人的签字。

对于钢筋、预应力等专项隐蔽工程可按照通用记录表格的要求，制定专项隐蔽验收记录；对于检查数据较多的隐蔽验收项目，也可用施工综合记录表或分项工程质量检验表作为验收记录表的附件。

②分项工程验收管理

按照规范及施工工艺流程进行现场巡查，参与工程验收，整理工程技术档案。

对进入现场的原材料进行抽验、监控，严把材料质量关。

对关键部位应对承包单位的技术交底进行审批并加以要求。

按施工进度每周对现场发现的质量问题进行处理及信息反馈，做好质量记录资料控制。

施工现场工程质量管理必须严格按施工规范及设计要求执行，保证每道工序符合施工质量验收规范标准。坚持做到每分项、分部工程施工自检自查，严把质量关，上道工序验收合格后才能进行下道工序施工，质量不合格的必须停工整改。

参加质量事故处理，并分析原因，填写报告备案。

③分部工程验收管理

分部工程的验收在其所含各分项工程验收的基础上进行。分部工程验收合格的条件是：分部工程所含的各分项工程已验收合格且相应的质量控制资料文件必须完整，这是验收的基本条件。此外，由于各分项工程的性质不尽相同，因此分部工程不能简单地将各分项工程组合进行验收，尚需增加以下两类项目：

涉及安全和使用功能的地基基础、主体结构及有关安全及重要使用功能的安装分部工程应进行有关见证取样送样试验或抽样检测。

观感质量验收。这类检查往往难以定量，只能以观察、触摸或简单量测的方式进行，并由个人主观印象判断，检查结果并不简单给出“合格”或“不合格”的结论，而是综合给出质量评价。

2）自检预验收

为强化自检工作，减少监理验收指正的问题，加工厂生产的半成品构件实行自检预验收贴签，对自检通过的半成品，悬挂或粘贴自检合格贴，并由验收人员签字确认。

3）验收数据采集管理

通过钉钉表单功能采集验收数据和教育培训记录，满足检验批数据采集要求，通过WPS协同功能实现质量、试验、资料管理数据分别同步录入，可供项目管理人员随时进行资料查阅。

4）不合理事项跟踪管理

使用相关软件流程审批和推送功能，实现不合理事项推送和后台汇总，上线BIM5D，使用质量管理模块进行不合理事项跟踪管理，提高现场不合理事项整改效率。

5）三维激光扫描技术

实测机器人是新一代的数字化实测实量解决方案，通过该技术可将测量数据贯穿于项目整体的验收、整改、移交，数据可溯源、可共享、可重复利用，杜绝人为干扰，有效地增强工程的透明度，实现自动化测量，且减少了人员的投入。

（3）事后控制

事后控制是指对施工过的产品进行质量控制。根据质量验收标准和办法，对完成的单位工程、单项工程进行检查验收，整理所有的技术资料，并编目、建档。依托于项目管理执行单位、项目指挥部、专业分包单位，开展入场质量教育、TBM早会教育、质量周例会、不合理事项例会、现场BP/LL案例教育、技能工专项教育的“三级多层次”质量教育体系，以提升项目整体质量管理意识。主要控制措施如下：

1）不合理事项专题质量教育

针对现场每周存在的不合理事项，质量部召集现场相关质量管理人员进行专题质量教育。

2）TBM 早会质量教育

每周至少两次由各单位质量主管对作业班组进行 TBM 早会质量教育，教育内容为近期作业中应遵循的质量管理要求。

3）现场案例、特殊作业质量教育

每周一次由质量部门组织，对现场质量存在的典型案例以及特殊作业分项进行专项质量教育，以加强现场作业人员的质量意识。

4）竣工质量验收

①工程质量应严格按照《建筑工程施工质量验收统一标准》和各专业工程施工质量验收规范进行验收；

②创新杯工程必须符合相应申报条件，如创“雁塔杯”工程必须申报“市级结构示范工程”，创“长安杯”工程必须进行“省级优质结构工程”备案和复查，并应按照《建筑工程施工质量评价标准》进行质量评价，总得分达到 85 分以上；

③项目经理部在申请企业对地基验槽、地基与基础、主体结构工程验收及单位工程竣工验收前 3 日，提交相应工程施工技术资料、自评报告、《质量验收申请表》，科技质量部检查合格后，组织相关人员对所报工程进行验收。

8.2 进度管理

项目进度管理，是指采用科学的方法和管理手段确定进度目标、编制进度计划，在与质量、费用、安全目标协调的基础上，实现工期目标，同时运用相关知识、利用有限资源最大程度获取某种收益[62-66]。

8.2.1 进度计划编制

1. 进度计划编制原则

建立完善的计划体系是掌握施工管理主动权、控制施工生产局面、保证工程进度的关键。项目的计划保证体系由总进度控制计划和分阶段进度控制计划组成，根据合同工期编制总进度控制计划，分阶段进度控制计划按照总进度控制计划编制，不能超出总进度控制计划限定的完成日期，同时各级进度计划编制中需保留 5%～10%的工期提前量。在安排施工生产时，按照分阶段目标制定日、周、月计划等。在计划落实中，根据项目总体部署及策划要求，对项目进度管理除正常实施部门外，可独立设置计划管理工程师（管理部），以项目经理室为管理层级，向生产部门下达总进度和里程碑任务，同时联动技术、商务、材料、安全等部门对各类施工准备、材料机械设备、现场投入资源进行综合把控，为项目提供真实、及时的反馈，以确保施工流水关键线路的有效实施为主线，保证项目按照合同工期完美履约。

2. 进度计划编制流程

本工程的进度计划编制主要按照图 8.2-1 所示流程展开。

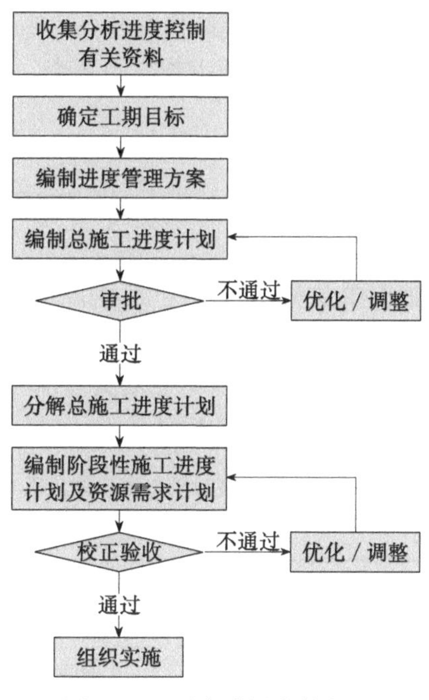

图 8.2-1　进度计划编制流程

3. 进度计划的编制

(1) 编制总进度计划

1) 总进度计划要依据合同、根据施工组织设计及主时程表组织编排；

2) 总进度计划除用 project/斑马编排外，还需编制网络计划图，重点厘清各分部分项工程及各专业工程进场时间、施工时间及穿插的逻辑关系；

3) 总进度计划要在进场后 7d（或者合约规定的时间）内完成编制，15d 内完成报审、交底等工作。

(2) 各专业工程的主进度计划

1) 各专业（主结构、钢结构、机电设备安装、洁净施工、纯废水、电梯、幕墙、精装修）工程的主进度计划要以合同、总进度计划、现场实际约束条件等为依据编排；

2) 各单位编排的各专业工程主进度计划，需体现主时程表、关键线路、关键工序、关键工作面需求时间，并按照规定时间提交工程部，工程部将其整合进总进度计划，组织评审，评审通过后方可执行；

3) 各专业工程的主进度计划在各分包商进场后 7d 内完成编制，10d 内完成报审、交底等工作。

(3) 季度/月度进度计划

1) 季度/月度进度计划要以总进度计划为依据，同时还需满足季度/月度进度计划节点时间要求；

2) 季度/月度进度计划由进度计划工程师进行初审汇总，于每月 22 日前上报项目经理室，项目经理室于 25 日前完成初审汇总工作。

(4) 编制各业务口保障计划

1）保障计划要根据总进度计划、现场实际情况及合约要求进行编制。

2）保障计划编制、跟踪、考核由相应的主管部门负责，计划工程师负责初审及汇总工作。

(5) 签发周施工任务单

周施工任务单由计划工程师根据月进度计划及关键时间节点要求进行分解，并向生产管理部门进行派发。

4. 各业务口保障计划交底时限及责任划分

本项目针对各业务口提出了保障计划交底时限要求，从而保证各类工作能够按照施工要求有条不紊地进行，同时明确划分各类保障计划的责任部门，从而便于对不同工作业务进行高效对接管理。具体设置情况见表8.2-1所列。

派生保障计划交底时限与责任划分表 **表8.2-1**

计划类型		责任部门	审批完成时间
进度计划	总进度计划	工程部	10d以内
	各专业系统的主进度计划	各专业分包	10d以内
	季进度计划	工程部	7d以内
	月进度计划	工程部	5d以内
	周进度计划	工程部	3d以内
图纸计划	图纸需求计划	设计/技术品质部	5d以内
	图纸深化计划	设计/技术品质部	5d以内
	图纸报审计划	设计/技术品质部	5d以内
派生计划	方案报审计划	技术品质部	5d以内
	材料/设备报审计划	工程部	5d以内
	分包商招采计划	商务部	5d以内
	物资采购计划	商务部	5d以内
	材料/设备进场计划	保障部	5d以内
	分包商进场计划	工程部	5d以内
	管理人员进场计划	工程部	5d以内
	劳务人员进场计划	工程部	5d以内
	工作面移交计划	工程部	5d以内
	验收计划	技术品质部	10d以内

8.2.2 进度计划审批管理

进度计划审批内容如下：

(1) 总、季/月进度计划由计划管理工程师或者工程部组织项目各职能部门及各施工区段进行编制，项目副经理审核，项目经理审批通过后方可报送业主、监理，获批后下发执行。

(2) 各专业（主结构、钢结构、机电设备安装、洁净施工、纯废水、电梯、幕墙、精装修）工程的主进度计划，经各分包商项目经理签字后报送计划管理工程师或工程部进行初步审核，计划管理工程师或工程部整合后组织项目各职能部门及各施工区段进行联合审核，报项目副经理审核，最后项目经理审批通过后方可报送业主、监理，获批后下发执行。

(3) 周进度计划由计划管理工程师或工程部根据月进度计划以周施工任务单形式报项目副经理审批完成后下发各施工区段和分包单位执行。

(4) 各项进度计划的审批时间周期见表8.2-2所列。

各项进度计划的审批周期表 表8.2-2

序号	计划类型	审批时间周期
1	总进度计划	进场后10d内
2	各专业系统进度计划	进场后10d内
3	季/月进度计划	每月25日前
4	派生计划	总进度计划发布后5～10d内
5	周进度计划	每周五前

8.2.3 进度计划实施

1. 进度计划实施内容

进度计划的交底见表8.2-3所列。

进度计划交底表 表8.2-3

计划类型	责任部门/单位	交底主要内容	交底形式	交底对象
总进度计划	工程部	1. 明确总体施工部署 2. 明确项目总进度目标 3. 明确合约中里程碑节点 4. 明确重点工序、重点节点目标	总进度交底会	1. 项目经理部领导班子 2. 各职能部门部长 3. 各参建单位、各分包单位项目经理及主要管理人员
各专业系统进度计划	专业分包	1. 明确项目各专业系统进度目标 2. 明确合约中里程碑节点 3. 明确重点工作面需求时间、重点节点目标	施工协调会	1. 项目经理部领导班子 2. 各职能部门部长 3. 各参建单位、各分包单位项目经理及主要管理人员
季/月进度计划	参建单位 专业分包	1. 对比总进度计划总结上季/月进度计划完成情况，明确本季/月施工部署 2. 明确本季/月进度目标 3. 明确本季/月重点工作安排	施工协调会	1. 项目副经理(生产) 2. 各职能部门部长 3. 各参建单位、各分包单位项目经理及主要管理人员
派生计划	参建单位 专业分包	1. 明确各派生保障计划的部署 2. 明确各派生保障计划的目标 3. 明确保障措施	施工协调会	1. 项目副经理(生产、商务、安全) 2. 各职能部门部长 3. 各参建单位、各分包单位项目经理及主要管理人员
周进度计划	工程部	对比季/月进度计划，以施工任务单形式派发周施工任务	工程函件	1. 各职能部门部长 2. 各参建单位、各分包单位项目经理及主要管理人员

2. 进度计划的实施

(1) 各参建单位和分包单位按照批准后的进度计划实施，工程部对进度偏差情况进行检查及纠正、通报，协调解决各单位存在的矛盾等。

（2）工程部负责施工过程中公共资源的使用安排，以满足进度计划要求。

（3）各参建单位及分包单位根据季、月、周进度计划执行情况，负责检查落实派生的各保障计划的进度，以满足施工进度的要求，指挥部各职能部门负责相关计划的检查、纠正及通报。

3. 作业面使用管理

（1）作业开始前工程部确定工作面交接程序、汇总各单位工作面需求时间，重点需求工作面重点把控。

（2）工程部召开工作面移交管理专题会议，讨论确定各单位之间接收、移交及管理界面和管理内容，并形成文件下发各单位。

4. 进度计划实施流程

进度计划实施流程，如图 8.2-2 所示。

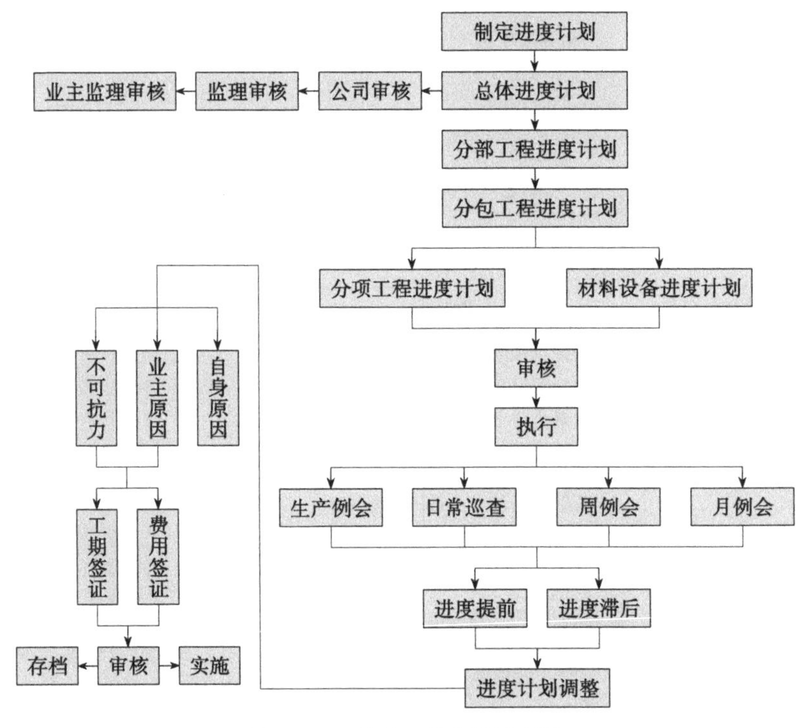

图 8.2-2　进度计划实施流程图

8.2.4　进度计划检查

施工进度的检查与进度计划的执行是融合在一起的。计划检查是计划执行的主要信息来源，是施工进度调整和分析的依据，是进度计划控制的关键步骤。进度计划的检查方法主要是对比法，即实际进度与计划进度进行对比，从而发现偏差，以便调整或修改计划。

1. 进度计划检查要求

（1）各参建单位及各分包单位对其承建工程的实际进度及资源供应情况每周（月）进行自查，参照总进度计划列明未完成任务、原因分析表、赶工措施等形成周（月）报上报工程部。

(2) 要求各参建单位、分包单位每周(日)上报劳动力人数与机械使用情况，每周(日)呈交施工日志。

(3) 工程部工程师对所负责的参建单位、分包单位每周(月)进行现场实际进度检查，检查范围不少于周计划任务项的80%，对重要节点和关键部位、资源投入情况进行全面检查，结合参建单位、分包单位提供的周(月)报形成工程师周(月)报。

(4) 工程部对工程总进度计划进行监控，每周(月)公布监控情况，对延误情况及时发出预警，各责任实施单位应按照工程部发出的预警信号，及时采取应对措施，确保工期目标的实现。

(5) 制定严格的进度考核制度，严格工期计划管理，建立健全“问责制”，做到有章可循。

2. 进度计划检查方法

需运用图元表示法、进度曲线表示法等方式监测、分析、反馈进度实施过程的信息。图元管理是利用形象直观、色彩适宜的各种视觉感受和信息(资料)来组织现场生产活动，以提高生产率为目的的一种管理方式。

(1) 图元表示法的优点：

1) 形象直观、简单方便、管理效率高。

2) 透明度高，便于配合、监督和促进，发挥激励和协调作用。

3) 能够科学地改善生产条件和环境，产生良好的生理和心理效应。

(2) 图元表示法具体的内容和形式：

1) 生产任务和完成情况要公开化、图表化、数据化。按工期下达的计划指标要定期层层分解，按责任单位落实，并列表张贴在公告栏上。实际完成情况相应按期公布，并用直方图或曲线图表示，使大家看出各项指标完成中存在的问题和发展趋势。

2) 施工作业控制手段要形象直观、使用方便。用简便适用的信息传导信号，使各参建单位了解当天生产计划能否完成及各部分的质量要求。

3) 跟踪检查施工实际进度，专业计划工程师监督检查工程进展。根据对比实际进度与计划进度，采用图表比较法、进度曲线表示法，得出实际与计划进度相一致、超前或滞后的情况。

8.2.5 进度计划调整管理

1. 建立预警机制

(1) 一般延误由项目计划责任实施单位采取纠偏措施进行调整；

(2) 较大延误由项目计划责任实施单位组织项目副经理(生产)、工程部讨论，采取纠偏措施进行调整；

(3) 重大及特大级延误由项目计划责任实施单位组织所有相关单位、项目经理部领导班子成员讨论研究，采取纠偏措施进行调整。

进度计划延误预警分级，见表8.2-4所列。

进度计划延误预警分级表　　表 8.2-4

计划类型	延误时间(d)				
	正常	一般延误	较大延误	重大延误	特大延误
总进度计划	0	1～7	8～14	15～21	22 以上
季/阶段性进度计划	0	1～5	6～10	11～15	16 以上
月进度计划	0	1～3	4～6	7～9	9 以上
重点节点计划	0	2	4	6	8 以上
周进度计划	0	1	2	3	4 以上
相应预警信号	绿色	黄色	蓝色	橙色	红色

2. 进度计划的纠偏措施

（1）当关键线路的实际进度比计划进度提前时，若不拟缩短工期，选择资源占用量大或直接费用高的后续关键工作，适当延长其持续时间以降低资源强度或费用；若要提前完成计划，则将计划的未完成部分作为一个新计划，重新调整，按新计划实施。

（2）当关键线路的实际进度比计划进度落后时，在未完成线路中选择资源强度小或费用率低的关键工作，缩短其持续时间，并把计划的未完部分作为一个新计划，按工期优化方法进行调整。

（3）非关键工作时差的调整，在时差长度范围内进行。途径有三：一是延长工作持续时间以降低资源强度；二是缩短工作持续时间以填充资源低谷；三是移动工作的始末时间以使资源均衡。

（4）当资源供应发生异常时，采用资源优化方法对原计划进行调整或采取应急措施，使其对工期影响最小。

（5）当产生潜在延误的突发事件发生时，工程部将及时作出延误预期评估，发出延误通知，知会业主、监理。同时与业主、监理工程师联络是否要更改施工计划，以便抢回损失的工期。

8.3 成本管理

成本管理即在项目实施过程中各项费用支出的统筹、管理和控制[67,68]，是一个全方位、全员的管理工作，贯穿项目的整个实施过程。良好的成本管理能够帮助项目最大程度地节约成本，保持工程进度，促进项目效益得到显著提升，同时能够避免浪费，对整个社会经济的和谐发展都是极为有利的[69-71]。

8.3.1 目标成本

1. 基本要求

（1）目标成本是项目成本管理的目标基础，目标成本应充分体现“合理性”——一次经营成果的合理体现，“时效性”——目标成本及时上报及下达。

（2）目标成本确定文件作为项目管理目标责任书签订的依据，未确定目标成本的项目不得签订项目管理目标责任书。

(3) 确定的目标成本为计划成本编制的上限。

2. 职责划分

职责划分见表 8.3-1 所列。

成本管理职责划分表　　表 8.3-1

序号	责任单位	管理职责
1	事业部/指挥部	(1)指挥部划分参建单位施工范围; (2)事业部初审各参建单位《目标成本》; (3)组织协调各参建单位目标成本上报集团公司
2	参建单位	(1)根据项目情况、施工范围,上报目标成本降低率,填写《目标成本审批表》至项目指挥部; (2)执行经审核的目标成本及目标成本降低率

3. 管理流程

管理流程如图 8.3-1 所示。

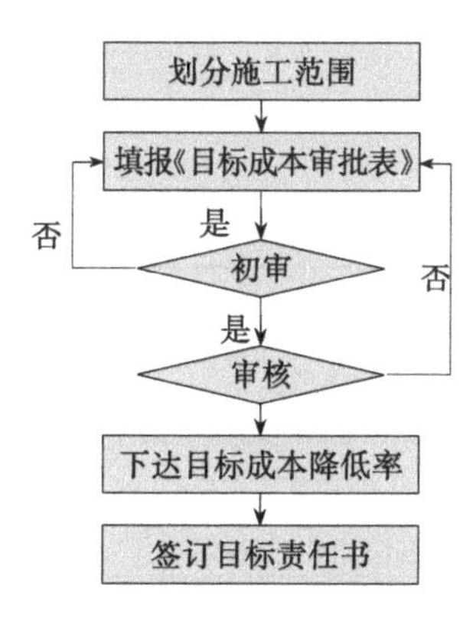

图 8.3-1　目标成本管理流程

4. 管理措施

(1) 项目指挥部、各参建单位以目标成本实现为前提，合理编制目标成本，为项目成本管控设置红线。

(2) 事业部承接到项目后，该项目指挥部向参与建设的参建单位下发划分施工范围的文件。

(3) 有中标预算、施工图的项目，各参建单位收到施工图纸或施工范围文件 15 日内，上报目标成本降低率，并填写《目标成本审批表》至项目指挥部。事业部 5 日内完成初审，以项目为单位，上报至集团公司成本中心审批。

(4) 没有中标预算、施工图的项目，“三边工程”，可根据设计图纸、施工实际情况，按照经过优化的施工方案按实测算计取或参照类似历史工程成本指标数据计取，分阶段编制目标成本，阶段性目标成本必须满足项目成本目标要求。各参建单位收到分阶段施工图纸或施工范围文件 15 日内，上报目标成本降低率，并填写《目标成本审批表》。

(5) 集团公司下达的目标成本及目标成本降低率，用于各参建单位签订项目管理目标责任书。

8.3.2 计划成本

1. 基本要求

(1) 计划成本（预计总成本）是项目成本管理的抓手，经审核后的计划成本作为项目施工过程中控制项目成本的预警线，是集团公司、事业部对项目进行成本管理、考核的依据。

(2) 计划成本（预计总成本）应充分体现及时编制原则（符合集团公司管理要求）、全员参与原则（项目经理组织、商务主管协调、项目主要成员分工编制）、量价控制原则（复核后图纸工程量、市场价）、动态调整原则（变更、签证、认价、市场价格变动等因素）。

(3) 各参建单位要针对计划成本中分析的主要盈亏点制定切实可行的开源节流措施，将降低成本的责任分解到岗、落实到人，确保全面完成项目管理目标。

(4) 计划成本为集中采购计划编制及实施、分项合同评审及结算、分阶段成本总结分析等工作提供依据，有利于实时掌控过程实际成本偏差，进行项目管理改进。

2. 职责划分

职责划分见表 8.3-2 所列。

计划成本管理职责划分表　　表 8.3-2

序号	责任单位	管理职责
1	事业部/指挥部	(1)初审《计划成本表》； (2)考核各参建单位计划成本执行情况，组织各参建单位计划成本编制讨论会
2	参建单位	(1)根据项目情况、施工范围，编制《计划成本表》； (2)执行经审核的计划成本

3. 管理流程

管理流程如图 8.3-2 所示。

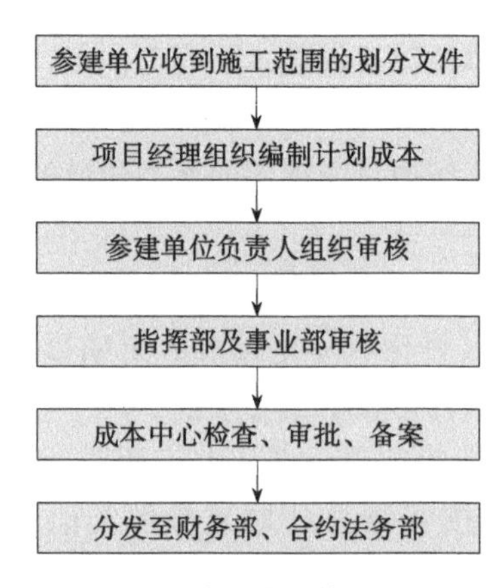

图 8.3-2　计划成本管理流程图

4. 管理措施

(1) 计划成本按集团公司统一格式编制。

(2) 计划成本编制使用的工程量必须为结合施工合同、施工图纸、施工方案并考虑损耗后经复核的图纸工程量。单价依照项目所在地市场询价、集团公司限价并参照集团公司集采信息平台、电商平台中的价格数据进行价税分离后编制。

(3) 有中标预算、施工图的项目，按照正常编制计划成本的方法、流程进行编制。

(4) 没有中标预算、施工图的项目，“三边工程”，可根据设计图纸、施工实际情况，结合工程实际，按照经过优化的施工方案按实测算计取或参照类似历史工程成本指标数据计取，分阶段编制计划成本，阶段性计划成本必须满足项目成本目标要求。

(5) 经集团公司审核后的计划成本，原则上不得修改，工程项目发生变更、签证、索赔及市场变动等情况时，需按照建造合同要求填写动态调整表（附动态调整表），并经审核批准后予以调整。

(6) 各参建单位在计划成本编制时，上缴集团公司管理费按确认的不含税收入确定。

(7) 其他时间要求、方法、流程，参照集团公司《陕建五建集团目标成本确定及计划成本编制办法》执行。

8.3.3 成本统计与分析

1. 基本要求

(1) 各指挥部、各参建单位日常做好成本归集台账整理。

(2) 各指挥部、各参建单位对项目月度发生的分供结算、材料耗表、日常报销、管理支出等成本费用进行常态化统计。

(3) 每月和项目主管会计对当月实际成本费用核对确认，并将费用划分至对应成本科目。

(4) 按照成本科目、主要核算对象进行月度成本三算对比，分析月度成本盈亏结果、原因。

(5) 按照主体封顶、项目完工、竣工结算定案三阶段进行成本总结、分析，分析阶段性成本盈亏结果、原因。

(6) 建造合同预计收入、预计成本、实际成本要和实际情况匹配。

2. 职责划分

职责划分见表8.3-3所列。

成本统计与分析职责划分表 **表8.3-3**

序号	责任单位	管理职责
1	事业部/指挥部	(1)汇总各参建单位实际成本情况，及时掌握项目整体成本实际情况； (2)做好项目整体成本分析，形成分析报告，指导各参建单位成本纠偏工作
2	参建单位	(1)做好日常成本统计工作； (2)按集团公司、事业部要求做好成本统计上报工作； (3)做好“三算”对比分析，定期召开成本分析例会； (4)形成分析报告，总结成本节超原因，及时调整偏差，防止成本失控

3. 管理流程

管理流程见表8.3-4所列。

成本统计与分析管理流程表　　表 8.3-4

序号	关键活动	管理要求	时间要求	负责人	相关人员	工作文件
1	工程盘点	确定形象进度部位，对材料库存、材料半成品等进行盘点	每月末 25 日前	项目经理	造价员 施工员 材料员 机械管理员	工程形象进度描述表
2	成本基础数据核算	项目部根据工程盘点归口计算成本基础数据，形成成本分析数据	每月 25 日前	项目商务经理、项目会计	项目经理 生产经理 造价员 总工长 分项工长 材料员 机械管理员	1. 收入预算台账 2. 劳务分包成本账 3. 消耗材料成本账 4. 租赁周转材料成本账 5. 租赁机械成本账 6. 专业分包成本账 7. 临时设施成本账 8. 安全文明施工成本账 9. 费用成本账
3	成本核算	组织在实际产值、形象进度、实际成本“三同步”的条件下汇总成本基础数据，进行成本核算	次月 5 日前	项目商务经理、项目会计	项目经理 生产经理 造价员 总工长 分项工长 材料员 机械管理员	项目成本分析表

4. 管理措施

（1）成本统计

1）各指挥部、各参建单位做好日常成本统计工作，按月度、季度、年度上报成本统计台账至项目指挥部；项目指挥部依据上报资料做好整体项目成本统计工作。

2）每月 10 日前，各参建单位上报上月成本统计台账；每季度当月 10 日前，各参建单位上报上季度成本统计台账；每年 12 月 25 日前，各参建单位上报当年成本统计台账。

3）阶段成本统计（如±0.00 以下、主体阶段），根据项目施工情况，各参建单位按要求予以上报。

4）成本统计台账、月度分包结算月度汇总表，需按要求上报签字版复印件及电子版资料。

5）如表格样式、形式等需按照建造合同要求调整时，统一予以调整。

（2）成本分析

1）建立工程项目责任成本管理体系及定期召开成本分析例会制度，各项目指挥部、各参建单位每月 25 日前完成计量及成本分析资料的准备工作，次月 5 日前项目经理组织相关人员召开成本分析会，要求对当期项目整体经营状况进行总结分析，从经营成果、计量差异、材料节超、项目施工方案优化执行情况、资金状况、工程款回收、计划成本的执行、对上期整改措施的落实等情况进行精细分析，形成分析报告，总结成本节超原因，及时调整偏差，防止成本失控，确保责任成本目标落实。

2）成本分析应按照“量价分离”的原则，对实际工程量与预算工程量、实际消耗量与预算消耗量、实际价格与预算价格、各种费用实际发生额与计划发生额等进行对比分析。

3）坚持实际产值与实际成本“同步”原则，划清已完工程与未完工程成本界限，通过成本分析找出管理薄弱环节，制定整改措施。

4）各项目指挥部、各参建单位截至每月上报成本统计台账前，项目经理负责督促项目各业务人员根据累计完成的实际形象进度，将实际发生的成本费用，按各自业务的时间要求结算完毕，并报本单位财务部门进行成本归集。并于次月10日前，将成本分析资料上报至指挥部。

5）项目完工后，及时完成项目成本闭口，及时完成项目造价、成本数据库、指标库，建立项目成本管理指标常态化管理。

8.3.4　成本考核与检查

1. 基本要求

(1) 成本考核与检查是项目成本管理的重要手段，是阶段管理成果的重要检验方式。

(2) 各项目指挥部、各参建单位定期召开成本分析会，形成月度、季度成本分析记录。

(3) 事业部、各指挥部对各参建单位的成本管理工作进行定期检查打分，每季度一次。日常管理过程中，事业部、各指挥部将适时对各参建单位进行抽查。

2. 管理流程

管理流程如图8.3-3所示。

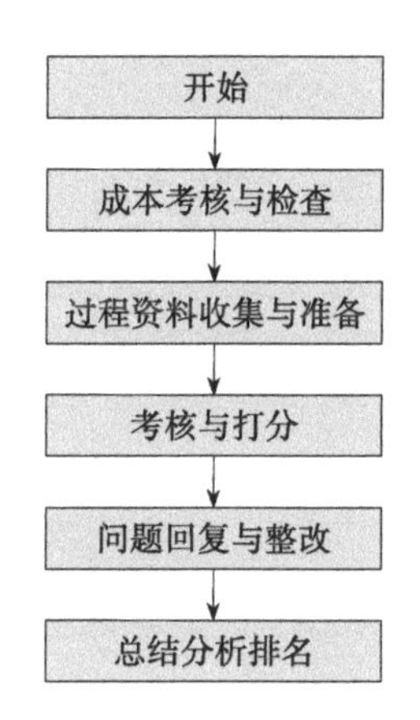

图8.3-3　成本考核与检查流程图

3. 管理措施

(1) 各参建单位应按成本统计要求统计实际成本，形成台账；按成本分析要求进行阶段性成本统计分析，并形成资料。

(2) 事业部、各指挥部将针对过程成本控制较差、计划与实际成本偏差较大，存在较大亏损风险的参建单位进行提前介入、重点检查，指导并协助核查问题、认真分析、制定措施、及时纠偏。

(3) 事业部、各指挥部将依据成本管理考核检查打分情况，对各参建单位考核、评优、进度款支付等进行差异化评比。

8.4 安全管理

安全管理是项目管理活动的一项重要内容，是对生产、建设和经营过程中一切人、物、环境的一种动态管理与监督，是为实现安全管理目标而进行的决策、计划、组织和控制等方面的一系列活动[72-74]，安全管理的目的就是通过这一系列活动降低甚至消除施工过程中潜藏的诸多不稳定因素，保障作业人员的安全，使项目得以顺利进行[75-78]。

8.4.1 安全管理目标和原则

坚持“安全第一，预防为主，综合治理”的国家安全生产方针以及“谁管生产，谁管安全”的原则，坚决实行“安全一票否决制”。正确处理安全与进度、经济效益、产品质量的关系，实现现场施工安全、文明，确保职工生命财产健康安全。

施工过程中做到无重大伤亡、无火灾、无中毒、无坍塌、无物体坠落和无重大机械安全事故。

8.4.2 安全管理组织体系

本项目针对电子工业厂房的建造特点，结合安全管理的基本架构，形成了以下安全管理组织结构体系（图 8.4-1）。

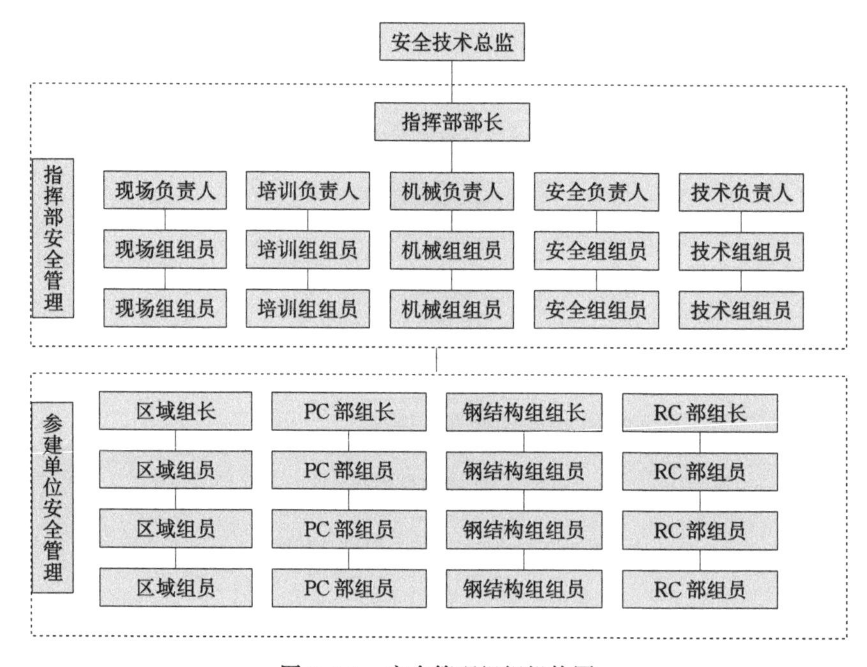

图 8.4-1 安全管理组织机构图

8.4.3 安全管理程序

（1）公司由安技处、生产部负责制定、实施、修改、完善本程序，并检查、监督项目部对本程序的实施效果。

（2）指挥部负责落实安全生产措施，安全员做好记录，并上报发现的安全隐患。

（3）指挥部对上报的安全隐患迅速制定整改措施，审批并监督执行。

(4) 指挥部负责对工地的文明生产进行总体策划，制定措施。

(5) 施工员、安全员负责对安全文明措施落实实施，并进行跟踪检查。

(6) 相关班组负责实施安全文明生产措施。

(7) 指挥部对安全、文明生产每周进行一次全面检查并记录。

8.4.4 安全管理措施

1. 安全检查

项目实行点检、专检、不定期检查及联合巡检相结合，过程监管跟踪到位。所有设备设施在现场使用过程中，每日由专人（设备设施的责任管理人员及使用人员）进行点检，点检表图文结合，条目清晰，便于对照。电梯、塔吊每月进行专项全面检查，形成专项检查报告；叉车、吊车等装备的检查以每日点检为重点，不定期开展专项检查；电箱、配电线路、生命线、防坠器、气瓶、危险品库房进行不定期专项检查，每周至少检查一次。检查过程中存在问题的设备设施，禁止使用，整改合格并经过验收后方能重新启用；每周由生产经理带队组织周检查，每月由项目经理带队开展月检查，季度、节前由项目经理组织开展专项安全检查；每日由甲方项目经理带队进行联合巡检，同时形成隐患整改记录表，确保现场管理有记录、有追踪、有闭合、有分析、有改进。如图 8.4-2 所示。

(a) 领导带队检查

(b) 周检查

(c) 联合巡检

(d) 设备探伤检查

图 8.4-2　安全检查

2. 安全验收

本项目安全防护用品严格按照要求进行检查验收；设备设施管理工作中，标准明确，程序清晰，对于入场环节的把控尤为严格，只有经过验收，符合安全管理标准的设备设施，方可准许进入现场使用；使用中的设备设施，每日按照要求进行点检，依照类别进行定期专项检察，每月至少进行一次。如图 8.4-3 所示。

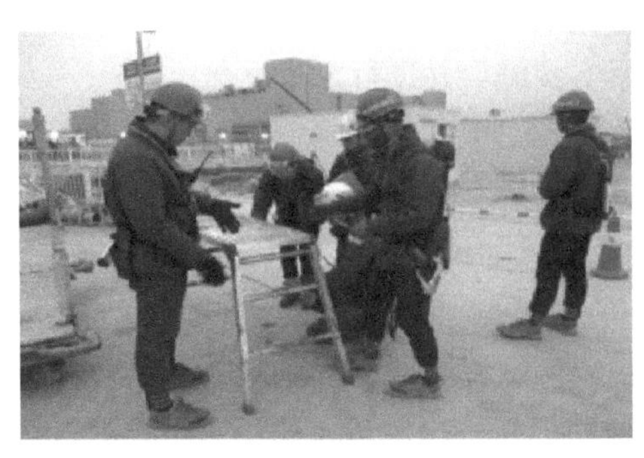

(a) 马凳验收

(b) 防护栏杆验收

图 8.4-3　安全验收

3. 安全标准化

将安全生产标准化考评工作、集团公司安全检查要求、劳动竞赛相结合，制定项目安全检查与考评标准，通过周查月评，消除隐患，保证各项管理工作的落实。在项目经理的组织下，成立项目劳动竞赛考核小组与安全生产标准化考评小组，每周对安全管理工作的开展情况进行总结，对管理的突出问题进行分析，对先进单位进行表彰，对开展不力的单位进行通报批评。同时，建立隐患排查与治理制度，通过日复一日的执行实践来保证制度的落实。

4. 安全教育

在项目安全管理实践中，从消除人的不安全行为的角度出发，重视加强人员教育，监督从业人员防护用品的配备使用，切实做到生命至上。

严格遵守并实施人员入场程序。针对项目人员管理要求，制定人员入场流程，所有人员在进入现场之前，先由项目组织进行三级教育，对于现场的安全管理有初步的了解与认识；之后，劳保用品配备齐全，参加入场新人教育与考核，测量血压，符合要求后方能办理实名制卡片，成为现场一员。

提升人员安全意识，传达现场安全管理标准。每月定期组织全员开展一次集中教育，强化人员安全意识；同时，对于各分部分项工作，坚持并跟踪安全技术交底工作的贯彻落实情况，坚持每月至少一次安全技术交底；每月对现场的特殊作业人员进行针对性加强教育；现场人员发生违章行为时，坚持进行不合理事项防止再发生教育，将强化教育与违章纠正并行治理。如图 8.4-4 所示。

(a) 入场教育

(b) 血压测量

图 8.4-4　安全教育（一）

(c) 违章教育

(d) 定期教育

图 8.4-4　安全教育（二）

5. 安全活动

项目按照安全策划完成安全生产月活动、警示日活动，组织开展应急演练、安全培训等活动，同时开展安全奖评活动，提高作业人员的安全意识。如图 8.4-5 所示。

(a) 安全月活动

(b) 警示日活动

(c) 应急演练

(d) 安全知识培训

图 8.4-5　安全活动现场图

6. 现场管理

隐患的治理与消除离不开强有力的执行力。安全管理人员每日对现场进行巡视，监督指出并跟踪现场不合理事项的治理。现场发现的一般隐患，立即进行整改；危险性高的隐患，停止作业进行整改，整改合格后恢复施工。现场发生管理不善的安全意外事件后，项目内部进行深入调查，分析形成原因，制定改善措施，针对性进行治理，杜绝再次发生。另外，现场动火作业每日公示，电焊机集中管制，危险作业采取签发作业单、专人监护、区域隔离等措施，保证现场安全。

7. 分包管理

项目部编制《专业分包安全管理办法》，同时项目部对分包单位企业资质、特种作业人员证件等进行审核，并签订各项安全管理协议；项目实施责任区划分管理，根据现场作业情况进行责任区域划分，该区域的安全文明施工由责任单位进行监督管理，项目部根据责任划分加以监督、督促，有效加强了现场作业、区域的安全管控。

8. 危险性较大分部分项工程管理

安全第一，预防为主。本项目在隐患的防治工作上，预重于防，在安全部的带领下，编制各类安全管理作业计划书，评价并识别重大危险源，遵守并实行程序化管理。

对各分项作业识别危险源，制定针对性安全管理计划书。各专项施工内容展开前，必须对相应施工内容的危险因素进行识别与分析，制定相应的管控措施，形成针对性安全管理计划书。项目先后编制桩基施工安全管理计划书、主体施工安全管理计划书、钢结构施工安全管理计划书、装配化施工安全管理计划书等。

践行 SOP 管理，遵守安全管理程序。现场各项具体作业施工之前，需编制相应的作业计划书、危险性评价表等资料，专人负责审批核查，形成符合要求的全套 SOP 版资料，对照进行监督管理。对于施工过程中的 A 类重大危险源，作业之前必须进行确认，管理人员跟班作业；现场塔吊、电梯的安拆装过程，作业前开展专项会议对相应人员进行交底，作业过程中管理人员全程跟班作业，录制并留存全部作业影像。

具体措施如图 8.4-6 所示。

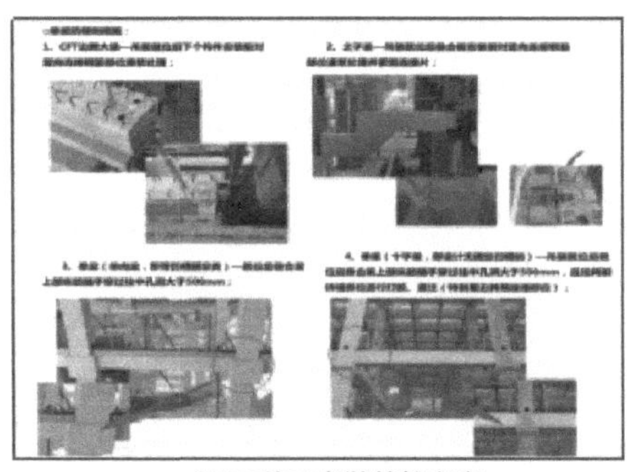

(a) PC施工危险管控交底

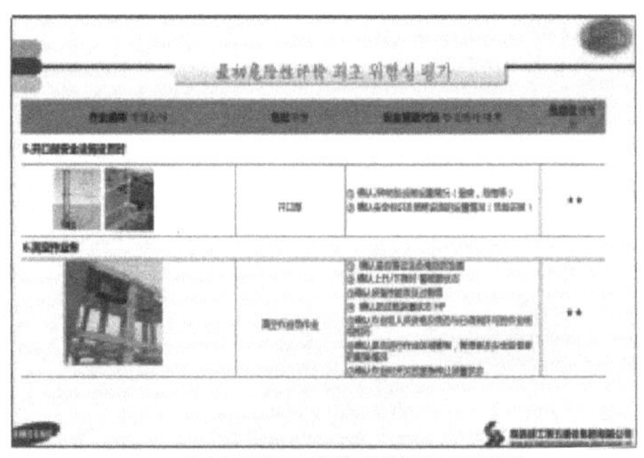

(b) PC施工危险因素分析识别

(c) SOP资料展示

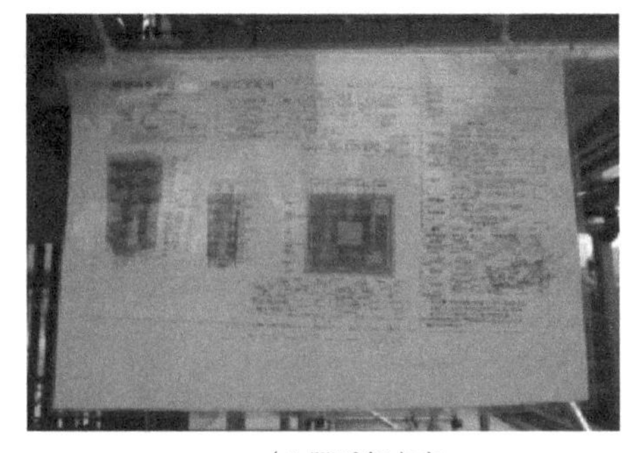

(d) 脚手架方案

图 8.4-6　危险性较大分部分项工程安全管理措施

8.5　资源管理

建设项目具有资源密集性[79]，基于投资规模大、技术复杂、参与方众多等特点，项目建设过程中需要人力、物力、财力、信息等多方资源的整合。而目前，许多项目在建设过程中出现资源浪费严重、分配不合理、组织混乱、质量差等现象[80,81]，导致建设项目工期与成本增加、质量差等问题的产生[82]，因此，有效地进行资源管理对建设项目来说尤为重要，它是管理者在考虑成本、进度和质量的前提下，通过组织、计划、指挥、协调等一系列活动使项目资源得到最优分配，从而确保项目顺利进行[83-85]。

8.5.1　劳务管理

规范劳务队管理及劳务用工管理，能够有效控制工程质量、安全、进度，项目部应编制劳务需求计划、劳务配置计划和劳务人员培训计划。

1. 劳务管理的部门职责及分工

项目部应确保劳务队的选择、劳务分包合同的签订、施工过程控制、劳务结算、劳务分包退场管理满足工程项目的劳务管理需求。劳务管理职责分工，见表 8.5-1 所列。

劳务管理职责分工表　　表 8.5-1

序号	部门	职责分包
1	分包单位	1. 根据生产任务的实际需求，负责提出劳务队需求计划及劳务人员配置计划； 2. 对劳务队的设备、施工能力等综合实力进行考察评价； 3. 为劳务队进行现场交底，提供作业指导书及技术资料； 4. 负责对劳务队施工机械的评价、物资消耗的监督管理； 5. 负责劳务队的资质审查，会同其他部门定期对其资质、信誉、人员素质、业绩、施工能力等综合能力进行考核评定； 6. 负责劳务队管理实施细则的制定； 7. 对劳务管理工作进行指导和监督； 8. 负责劳务队《劳务用工合同》的拟订； 9. 负责劳务队人员身份的检查工作，实名制登记、建档等工作； 10. 负责统计上报劳务队、劳务人员情况的有关数据、报表； 11. 负责对劳务队的验工结算、清算等工作； 12. 负责劳务队劳务管理的组织协调工作
2	工程部	1. 负责监督检查参建单位/分包单位对劳务管理各项内容完成情况； 2. 负责监督检查劳务公司与参建单位的劳务人员签订《劳动合同》，并对劳动合同签订情况进行检查
3	安全部	1. 负责劳务队生产作业全过程安全监督检查，发现问题及时提出整改意见并监督实施； 2. 负责劳务队在生产作业全过程中的安全指导、检查与监督，参与进场所有劳务人员的岗前教育培训； 3. 监督各个参建单位/分包单位与劳务队伍签订安全管理协议； 4. 负责对劳务人员岗前培训、持证上岗等情况进行落实、检查与监督； 5. 监督检查劳务队所用危险品的管理
4	质量部	1. 负责劳务队生产作业全过程质量监督检查，发现问题及时提出整改意见并监督实施； 2. 负责劳务队在生产作业全过程中的技术指导、检查与监督，参与进场所有劳务人员的岗前教育培训； 3. 负责对劳务人员岗前培训、持证上岗等情况进行落实、检查与监督

续表

序号	部门	职责分包
5	保障部	1. 按照“谁雇佣，谁管理”的原则，实行治安责任承包制，纳入施工现场治安管理，维护治安秩序的稳定； 2. 负责对从事危险品作业的劳务队的监督、检查，防止丢失、被盗等； 3. 对劳务人员定期进行清查，对可疑人员进行调查了解，防止流窜犯、在逃犯等犯罪嫌疑人混入劳务作业人员中，预防和减少犯罪
6	商务部	1. 参与《劳务用工合同》《机械租赁合同》的制定以及监督与检查参建单位/分包单位对劳务工资的验工计价、劳务费用结算情况； 2. 根据参建单位/分包单位提供的劳务人员工资发放表，监督进场施工劳务作业人员工资的及时、足额发放

2. 建立劳务考核机制

组织对分包单位的劳务计划、过程控制、相关制度、安全教育、安全交底、施工技术工艺的执行情况、劳务人员投入数量与进度计划匹配情况、工资支付情况、劳务人员综合素质等方面进行考核与评价。

8.5.2 材料管理

建筑材料、设备在整个建设工程造价中的比重比较大，加强项目材料、设备管理，对于提高工程质量、降低工程成本意义重大。应制定材料、设备管理制度，规定材料的使用、限额领料，使用监督、回收过程，并建立材料、设备使用台账。

1. 材料管理计划

项目经理部应编制材料的需求计划和使用计划，材料管理计划的具体内容见表 8.5-2 所列。

材料计划内容　　表 8.5-2

序号	计划类型	计划内容
1	材料需求计划	1. 工程部组织参建单位根据各分部分项工程量，计算各分部分项工程所需的材料需求量，并编制主要材料、大宗材料的需求计划，最后报主管领导审核，项目经理审批； 2. 材料需求计划根据施工组织设计、图纸，于开工前提交； 3. 保障部根据材料需求计划组织询价、采购； 4. 材料供应应满足项目进度要求
2	材料设备使用计划	1. 根据材料需求计划，参照项目总进度计划编制材料使用计划，明确各类材料进场时间、进场数量，报主管领导审核，项目经理审批； 2. 保障部根据材料使用计划，落实组织货源、签订供应合同、确定运输方式、组织进场
3	各施工阶段材料设备计划	根据电子厂房项目规模大、资源投入量大的特点，应实行分段编制计划的方法，对不同阶段、不同时期提出相应的分阶段材料需求、使用计划，保障项目顺利实施

2. 材料管理内容

加强物资计划管理，提高计划的准确性，不得粗估冒算，防止因计划不周造成积压、浪费现象发生；坚持计划的严肃性和灵活性，计划一经订立和批准，不得随意改变，应严格执行。材料管理内容，见表 8.5-3 所列。

材料管理内容 表8.5-3

序号	类型	内容
1	材料供应商的选择	为保证供应材料的合格性,保证工程质量,要对供应商进行资格审查。如:营业执照、生产许可证、产品质量等级、产品鉴定证书等
2	采购供应合同	采购合同应包括各方的责任、权利和义务,以及材料设备的规格、性能指标、数量、单件、总价、附件等
3	材料进场验收	验收准备: 1. 在材料进场前,根据平面布置图进行料场的准备,应平整、夯实、硬化、排水,按照需要搭建库房。 2. 根据材料使用计划、产品合格证、检测报告等,对进场的材料进行质量和数量验收
		质量验收: 1. 根据合同、图纸等对进场材料规格、型号、尺寸、色彩、完整性等外观进行检测。 2. 送专业检测机构进行力学性能、工艺性能、化学成分的检测。 3 对不符合要求和质量不合格的材料应拒绝接收,不满足设计要求和无质量证明的材料一律不得进场。 4. 材料进场应做好验收记录
		数量验收: 1. 大堆材料,如砂石按计量换算验收;袋装材料按袋点数;散装材料按磅抽查。抽检率不得低于10%;三大构件实行点件、点根、点数和验尺等方法。 2. 应配备必要的计量工具,对进场、入库、出库材料严格计量把关。 3. 做好相应材料验收和发放台账
		储存: 1. 按照材料品种分区堆放,并编号、标识。易燃易爆的材料专门存放、专人看管,并有严格的防火防爆措施。 2. 有防潮的材料,做好防潮措施,并做好标识。 3. 定期检查有保质期的材料,防止过期,并做好标识。 4. 对易破易碎材料,做好保护措施,并做警示标识
		使用: 1. 凡有定额的材料,应限额领发,做好领发料台账,记录领发状况及节约、超耗状态。 2. 每月对现场的材料、半成品、成品进行盘点。 3. 材料使用的监督检查,检查应做到情况有记录,原因有分析、责任明确,处理有结果。 4. 余料应回收,并及时办理退料手续,建立台账,处理好经济关系。 5. 已进场的材料发现有质量问题或者技术资料不齐,材料员应及时上报,以便及时处理,暂不发料、不使用,妥善保管

3. 材料管理考核

组织应对材料计划、使用、回收及相关制度进行考核评价。及时发现材料供应、库存、使用中存在的问题,找出原因、跟踪检查、总量控制、节奖超罚。应围绕材料设备供应情况分析、材料设备消耗情况分析两项指标进行考核。

8.5.3 施工机具及设备管理

正确选择使用机具和设备，保证施工机具和设备使用中处于良好状态，减少施工机具和设备闲置、损坏，提高施工机械化水平，提高利用率和效率，节约成本。

1. 施工机具和设备管理计划

项目经理部应编制施工机具和设备需求计划、使用计划和保养计划。见表 8.5-4 所列。

施工机具和设备计划内容　　表 8.5-4

序号	计划类型	计划内容
1	施工机具和设备需求计划	1. 工程部组织参建单位依据现场条件、工程特点、工程量、工期、施工工艺，计算出主要施工机械的需求量。 2. 根据施工进度计划编排各施工阶段施工机械的需求计划，报分管领导审核，项目经理审批
2	施工机具和设备使用计划	1. 根据施工组织设计编制施工机具和设备的使用计划，报分管领导审核，项目经理审批； 2. 中、小型机械一般由项目经理部主管领导审批，大型设备经项目经理审批后，方可实施运行； 3. 租赁大型起重设备要综合考虑其合理性、安全性，是否符合资质要求； 4. 机械设备进场前机械管理员应对其进行检查验收，合格后方可进场使用
3	施工机具和设备保养计划	机械管理员应定期对现场机械设备进行检查，制定机械设备预检修计划，确保机械使用效率

2. 施工机具和设备管理内容

根据施工实际工程进度，进行施工机具和设备的配置、使用、进退场管理。见表 8.5-5 所列。

施工机具和设备管理内容　　表 8.5-5

序号	类型	内容
1	使用机具和设备的管控任务	依据施工工艺正确选择机械，保证在使用过程中处于良好状态，减少闲置、损坏，提高使用效率，及时维护与保养
2	使用机具和设备使用管理	1. 建立健全机械使用责任制，实行定人定岗制度； 2. 实行操作证制度：必须持证上岗，对操作人员进行培训； 3. 根据需要和实际可能，合理组织机械施工，经济合理地配置机械设备； 4. 安排机械使用计划，充分考虑机械设备维修时间，合理组织实施、调配； 5. 组织流水施工和综合利用，提高单机效率； 6. 创造良好的使用条件，施工平面布置要适合机械操作要求； 7. 加强机械设备安全作业，作业前向操作人员进行安全交底，严禁违章操作及带病操作
3	强化核算	以定额为基础，确定机械设备生产率、消耗和保养费用，加强班组核算

3. 施工机具和设备管理考核

组织对施工机具和设备的配置、使用、维修、安全措施、使用效率和使用成本进行考核评价。要准确、及时和全面地做好施工机具和设备管理的统计工作，为加强机械设备管理考核、及时发现问题、研究改进措施提供依据。

8.6　本章小结

本章从质量、进度、成本、安全及资源五个方面总结归纳了装配式精密电子厂房项目的标准化管理策略，通过实施标准化管理策略，不仅有利于加快项目生产活动的开展、提高管理效率、加快资金周转速率，而且明确了施工工艺和质量标准，减少了生产中作业人员的操作失误及质量问题的发生，提高了生产的安全性。

第9章 装配式精密电子厂房绿色施工理念与制度体系

建筑行业作为推动中国经济发展的重要动力[86]，在追求科学发展的同时，资源浪费、废气废水排放、噪声与光污染等问题日益显著，为了适应新时代的发展要求，以资源节约和环保为出发点的绿色施工模式应运而生，为工程建设中的可持续发展提供了新思路[87]。

2007年9月，建设部颁布了《绿色施工导则》[88]，2010年，国家颁布了《建筑工程绿色施工评价标准》GB/T 50640—2010[89]；2019年，国家颁布了《绿色建筑评价标准》GB/T 50378—2019[90]。这些文件的发布，规范了国内的建筑施工行为，同时突出了绿色施工的重要性和必须性。本项目在工程施工阶段严格按照建设工程规划、设计要求，通过建立管理体系和管理制度，采取有效的技术措施，全面贯彻落实国家关于资源节约和环境保护的政策与标准[91-93]，最大限度地节约资源，减少能源消耗，降低施工活动对环境造成的不利影响，提高施工人员的职业健康安全水平，保护施工人员的安全与健康。

9.1 项目绿色施工保证体系

本项目针对绿色施工理念的应用提出了以下指标要求：

(1) 四节一环保：节材、节水、节能、节地，环境保护。

(2) 可再利用材料：在不改变所回收物质形态的前提下进行材料的直接再利用或经过再组合、再修复后再利用的材料。

(3) 固体废弃物：施工现场施工、管理和其他活动中产生的污染环境的固态、半固态废弃物质。如现场施工、管理活动中产生的建材废料、建筑垃圾、办公废弃物、生活垃圾等。本定义中不包含《国家危险废物名录》中明文规定的危险废物。

同时，本项目根据绿色施工管理需要，对施工现场的组织安排进行了专门设计，所形成的绿色施工保证体系架构如图9.1-1所示。

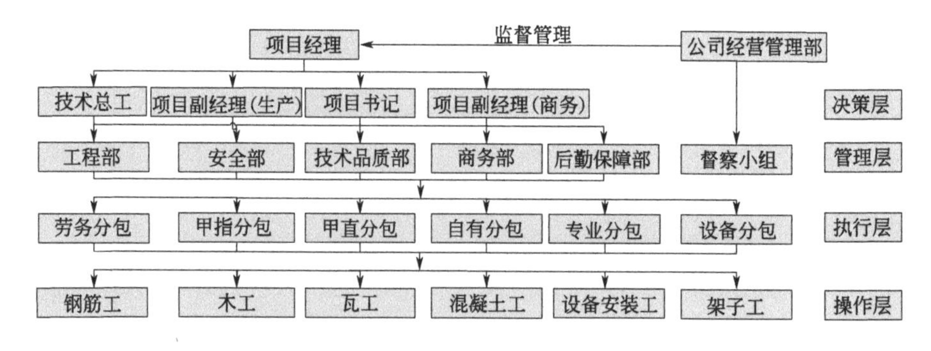

图9.1-1 绿色施工保证体系架构图

9.2 绿色施工控制措施

9.2.1 扬尘控制

（1）现场形成环形道路，路面宽不小于4m。

（2）场区车辆限速25km/h。

（3）安排专人负责现场临时道路的清扫和维护（表9.2-1）。

（4）场区大门处设置冲洗槽。

（5）每周对场区大气总悬浮颗粒物浓度进行测量。

（6）土石方运输车辆采用带液压升降板可自行封闭的重型卡车，配备3m×6m帆布作为车厢体的第二道封闭措施。

（7）随主体结构施工进度，在建筑物四周采用密目安全网全封闭。

（8）建筑垃圾采用袋装密封，防止运输过程中扬尘。

（9）袋装水泥、腻子粉、石膏粉等袋装粉质原材料，设密闭库房，下车、入库时轻拿轻放，避免扬尘。

（10）零星使用的砂、石等原材堆场采用废旧密目安全网或混凝土养护棉等加以覆盖，避免起风扬尘。

（11）现场筛砂场地采用密目安全网半封闭，尽可能避免起风扬尘。

（12）石材、釉面砖、广场砖等现场切割加工采用湿作业。

道路分类表 **表9.2-1**

序号	道路用途	硬化处理方法
1	重载车辆道路	100mm厚C20混凝土
2	一般走道	100mm厚C15素混凝土
3	停车场	植草砖
4	其他	铺设可重复利用的广场砖
5	利用施工剩余混凝土浇筑地面	可先预留场地

9.2.2 噪声控制

（1）合理选用推土机、挖土机、自卸汽车等内燃机械，保证机械既不超负荷运转又不空转加油，平稳高效运行。

（2）场区禁止车辆鸣笛。

（3）每天10：00、16：00、20：00三个时间点对场区噪声进行测量。

（4）现场木工房采用双层木板封闭。

（5）混凝土浇筑时，禁止振动棒空振、卡钢筋振动或贴板外侧振动。

（6）混凝土后浇带、施工缝、结构胀模等剔凿尽量使用人工，减少风镐的使用。

噪声限值表见表9.2-2所列。

噪声限值表　　表 9.2-2

施工阶段	主要噪声源	噪声限值(dB)	
		昼间	夜间
施工全过程	挖掘机、装载机、混凝土输送泵、振动棒、电锯、砂浆搅拌机、施工电梯等	70	55

9.2.3 光污染控制

（1）夜间照明灯具设置遮光罩；透光方向均集中在施工范围内；并在作业层周围的外架上设密目网屏障遮挡光线照射场外。

（2）现场焊接施工四周设置专用遮光布，下部设置接火斗，金属切割产生的弧光采用遮光棚与周围环境进行隔离，防止弧光漫天散射；对于产生电磁波的各种设备和设施，做好防护和屏蔽工作，最大限度地减少或降低辐射强度。

（3）办公区、生活区夜间室外照明全部采用节能灯具。

（4）现场闪光对焊机除人工操作一侧外，其余四个侧面采用废旧模板封闭。

（5）塔吊灯配装防光罩，并调整好照射方向，将照射光线集中在施工场地内，不得直接照射到场外。

9.2.4 水污染控制

（1）场区设置化粪池、隔油池，化粪池每月由区环保部门清掏一次，隔油池每半月由区环保部门清掏一次。

（2）每月请区环保部门对现场排放水水质做一次检测。

（3）现场亚硝酸盐防冻剂、设备润滑油均放置在库房专用货架上，避免洒漏污染。

（4）基坑采用粉喷桩和挂网喷浆隔水性能好的方式进行边坡支护。

9.2.5 土壤保护

Ⅰ类民用建筑工程地点土壤中氡浓度高于周围非地质构造断裂区域 5 倍及以上时，应进行工程地点土壤中的镭-226、钍-232、钾-40 的比活度测定，当内照射指数（IRa）大于 1.0 或外照射指数（Iy）大于 1.3 时，工程地点的土壤不得作为回填土使用。

9.2.6 建筑垃圾控制

（1）现场设置建筑垃圾分类处理场，除将有毒有害的垃圾密闭存放外，还将对混凝土碎渣、砌块边角料等固体垃圾回收分类处理后再次利用。

（2）加强模板工程的质量控制，避免拼缝过大漏浆、加固不牢、胀模产生混凝土固体建筑垃圾。

（3）提前做好精装修深化设计工作，避免墙体偏位拆除，尽量减少墙、地砖以及吊顶板材非整块的使用。

（4）在现场建筑垃圾回收站旁，建简易的固体垃圾处理车间，对固体垃圾进行清除有机质、破碎处理，然后归堆放置，以备使用。

9.3　本章小结

绿色施工是可持续发展思想在施工中的体现和应用，是实现绿色建筑的主要手段，是在保证质量、安全等基本条件下，通过科学管理和技术进步，最大限度地节约资源，减少对环境的负面影响，实现“四节一环保”的建筑工程施工活动。本章介绍了装配式精密电子厂房项目在绿色施工保障体系下，对扬尘、噪声、光污染、水污染、土壤保护及建筑垃圾控制等多方位的绿色施工控制，通过将行之有效的绿色施工措施落实到施工现场，降低了建筑材料损耗度，提高了电子厂房质量水平，奠定了工业化厂房节能环保的基础，突出体现了工业化厂房所具有的“效率高、成本低、质量可控、节能、环保、绿色、低碳”等特点。

第10章　装配式精密电子厂房项目信息化管理

本项目采用先进的信息化管理系统，以保证信息管理规范化、现代化，确保信息的准确性、及时性、可追溯性。利用现代化信息管理方式改变传统管理理念，提高工作效率、管理水平和协同能力。

10.1　基于BIM的项目管理系统应用与优化

工程项目建设具有明显的动态变化特征，对项目管理过程中的安全、质量、进度和成本要求较高[94,95]。传统的施工管理大多通过二维图纸进行，但是二维图纸的可视化程度及图纸更新速率都难以与三维可视化模型相媲美，给施工管理带来了一定的难度。基于三维数字化模型的BIM技术可以涵盖工程构件的所有信息，依托该技术可以进行多维度的可视化管理，由此避免传统管理模式下“信息孤岛”等问题的产生[96-99]，对提高管理效率具有重要意义。

10.1.1　信息化管理云平台架构

基于BIM的信息化管理系统，将本地电脑的桌面操作系统集中于后端服务器上运行，通过互联网及共同设定的虚拟交付协议将远端BIM业务应用桌面快速推送给“客户机”，项目实施人员可使用各类设备（PC、智能终端、手机等），在任意时间、任意地点访问平台桌面并对模型及信息进行浏览或操控，实现可视化模型及信息的共享。

10.1.2　BIM应用内容

（1）模型搭建

项目BIM技术专业组织各分包单位分层次、有计划地创建各专业信息模型，为后期提交竣工模型打下基础。如图10.1-1所示。

(a) PC模型

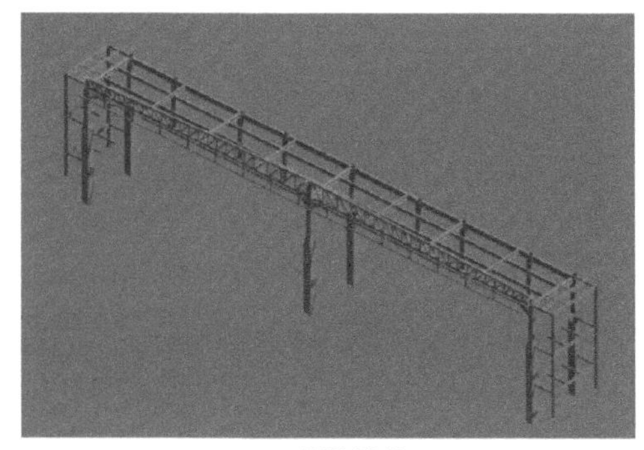

(b) 钢构模型

图10.1-1　BIM模型（一）

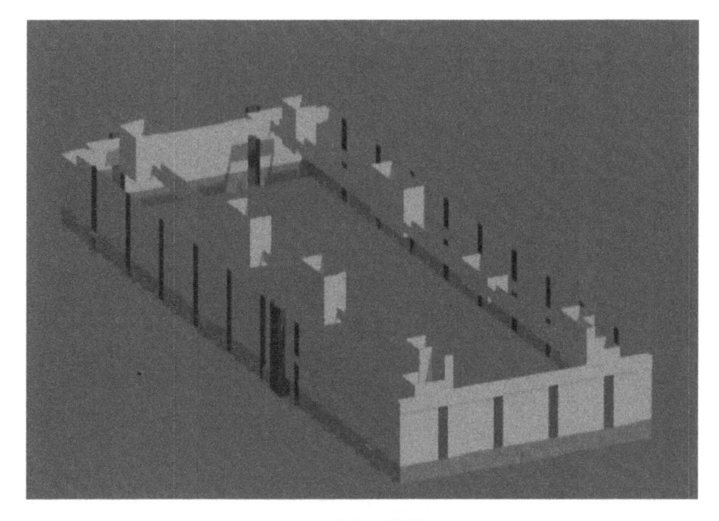

(c) 外立面模型

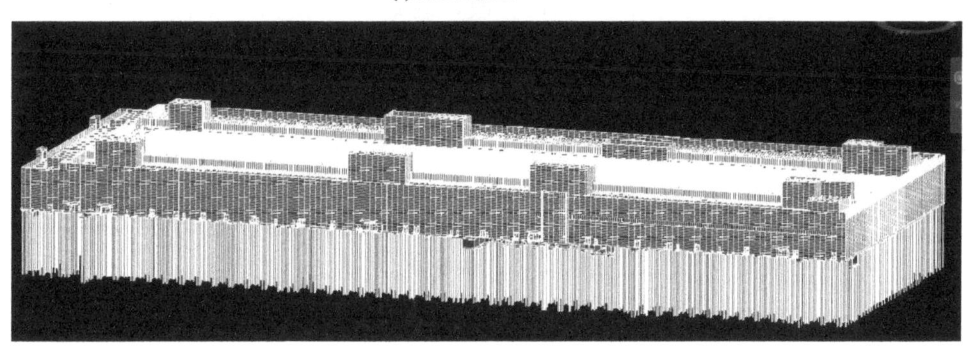

(d) 整体模型

图 10.1-1　BIM 模型（二）

（2）图纸查错

利用 REVIT 软件，对各专业模型加以整合，进行分层次的碰撞检查，导出碰撞报告、记录图纸问题交由设计部审核，审核无误交由设计院进行图纸答疑。如图 10.1-2 所示。

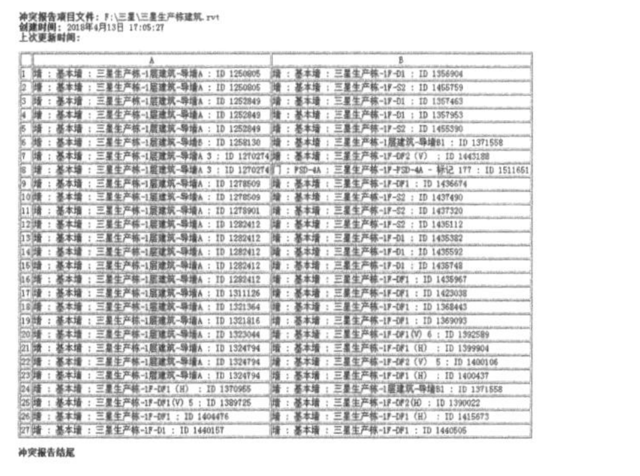

冲突报告项目文件：F:\三星\三星生产栋建筑.rvt
创建时间：2018年4月13日 17:05:27
上次更新时间：

	A	B
1	墙：基本墙：三星生产栋-1层建筑-导墙A：ID 1250805	墙：基本墙：三星生产栋-1F-D1：ID 1356904
2	墙：基本墙：三星生产栋-1层建筑-导墙A：ID 1250805	墙：基本墙：三星生产栋-1F-S2：ID 1455759
3	墙：基本墙：三星生产栋-1层建筑-导墙A：ID 1252849	墙：基本墙：三星生产栋-1F-D1：ID 1357463
4	墙：基本墙：三星生产栋-1层建筑-导墙A：ID 1252849	墙：基本墙：三星生产栋-1F-D1：ID 1357953
5	墙：基本墙：三星生产栋-1层建筑-导墙A：ID 1252849	墙：基本墙：三星生产栋-1F-S2：ID 1455390
6	墙：基本墙：三星生产栋-1层建筑-导墙B：ID 1258130	墙：基本墙：三星生产栋-1层建筑-导墙B1：ID 1371558
7	墙：基本墙：三星生产栋-1层建筑-导墙A 3：ID 1270274	墙：基本墙：三星生产栋-1F-DF2（V）：ID 1443188
8	墙：基本墙：三星生产栋-1层建筑-导墙A 3：ID 1270274	门：FSD-4A：三星生产栋-1F-FSD-4A - 标记 177：ID 1511651
9	墙：基本墙：三星生产栋-1层建筑-导墙A：ID 1278509	墙：基本墙：三星生产栋-1F-DF1：ID 1436674
10	墙：基本墙：三星生产栋-1层建筑-导墙A：ID 1278509	墙：基本墙：三星生产栋-1F-S2：ID 1437490
11	墙：基本墙：三星生产栋-1层建筑-导墙A：ID 1278901	墙：基本墙：三星生产栋-1F-S2：ID 1437320
12	墙：基本墙：三星生产栋-1层建筑-导墙A：ID 1282412	墙：基本墙：三星生产栋-1F-S2：ID 1435112
13	墙：基本墙：三星生产栋-1层建筑-导墙A：ID 1282412	墙：基本墙：三星生产栋-1F-D1：ID 1435382
14	墙：基本墙：三星生产栋-1层建筑-导墙A：ID 1282412	墙：基本墙：三星生产栋-1F-D1：ID 1435592
15	墙：基本墙：三星生产栋-1层建筑-导墙A：ID 1282412	墙：基本墙：三星生产栋-1F-D1：ID 1435748
16	墙：基本墙：三星生产栋-1层建筑-导墙A：ID 1282412	墙：基本墙：三星生产栋-1F-DF1：ID 1435967
17	墙：基本墙：三星生产栋-1层建筑-导墙A：ID 1311126	墙：基本墙：三星生产栋-1F-DF1：ID 1423038
18	墙：基本墙：三星生产栋-1层建筑-导墙A：ID 1321364	墙：基本墙：三星生产栋-1F-DF1：ID 1368443
19	墙：基本墙：三星生产栋-1层建筑-导墙A：ID 1321816	墙：基本墙：三星生产栋-1F-DF1：ID 1369093
20	墙：基本墙：三星生产栋-1层建筑-导墙A：ID 1323044	墙：基本墙：三星生产栋-1F-DF1(V) 6：ID 1392589
21	墙：基本墙：三星生产栋-1层建筑-导墙A：ID 1324794	墙：基本墙：三星生产栋-1F-DF1（H）：ID 1399904
22	墙：基本墙：三星生产栋-1层建筑-导墙A：ID 1324794	墙：基本墙：三星生产栋-1F-DF2（V） 5：ID 1400106
23	墙：基本墙：三星生产栋-1层建筑-导墙A：ID 1324794	墙：基本墙：三星生产栋-1F-DF1（H）：ID 1400437
24	墙：基本墙：三星生产栋-1F-DF1（H）：ID 1370965	墙：基本墙：三星生产栋-1层建筑-导墙B1：ID 1371558
25	墙：基本墙：三星生产栋-1F-DF1(V) 5：ID 1389725	墙：基本墙：三星生产栋-1F-DF2(H)：ID 1390022
26	墙：基本墙：三星生产栋-1F-DF1：ID 1404476	墙：基本墙：三星生产栋-1F-DF1（H）：ID 1415673
27	墙：基本墙：三星生产栋-1F-D1：ID 1440157	墙：基本墙：三星生产栋-1F-DF1：ID 1440505

冲突报告结尾

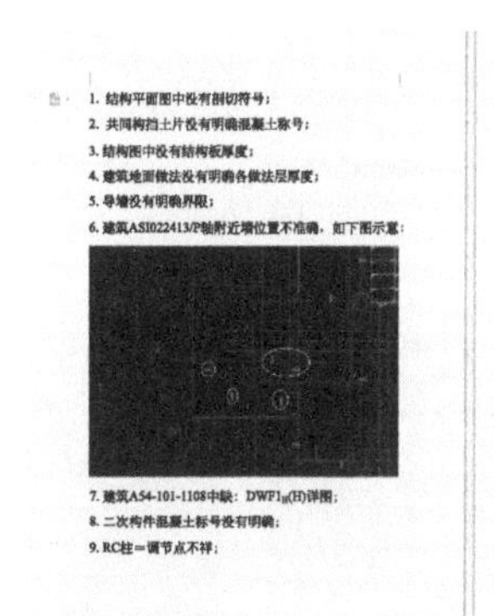

1. 结构平面图中没有剖切符号；
2. 共同构挡土片没有明确混凝土称号；
3. 结构图中没有结构板厚度；
4. 建筑地面做法没有明确各做法层厚度；
5. 导墙没有明确界限；
6. 建筑ASI022413/P轴附近墙位置不准确，如下图示意：
7. 建筑A54-101-1108中缺：DWF1$_{H}$(H)详图；
8. 二次构件混凝土标号没有明确；
9. RC柱＝调节点不祥；

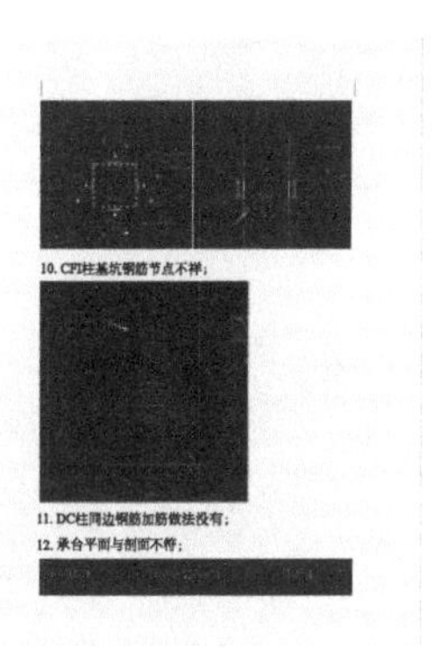

10. CFI柱基坑钢筋节点不祥；
11. DC柱周边钢筋加筋做法没有；
12. 承台平面与剖面不符；

图 10.1-2　图纸差错记录

（3）场地策划

针对各个施工阶段策划现场施工用地，合理利用场地空间，科学规划大型机械进、出场路线。如图 10.1-3 所示。

图 10.1-3　施工场地布置

（4）深化设计

原设计 CFT 首节柱筏板钢筋套筒位置与 RC 柱立筋及 PC 化学锚栓位置均有碰撞现象，经过 BIM 建模提前发现此问题，及时更改，避免了现场返工。如图 10.1-4 所示。

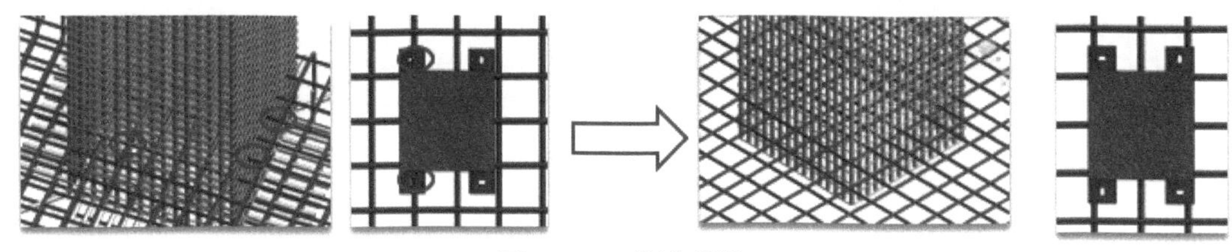

图 10.1-4　深化设计

（5）施工样板策划

应用 BIM 软件将所有样板区构件进行 1∶1 建模，模型精细度足以指导加工，为提高项目一次成优率，特策划样板引路，应用 BIM 技术精细策划样板区每一个施工步骤。如图 10.1-5、图 10.1-6 所示。

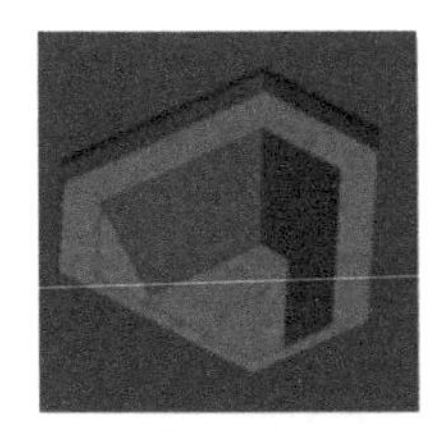

1. CFT柱土方开挖

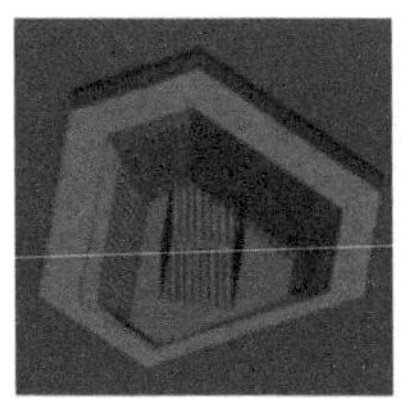

2. 浇筑下面80cm混凝土

3. 预埋首节柱

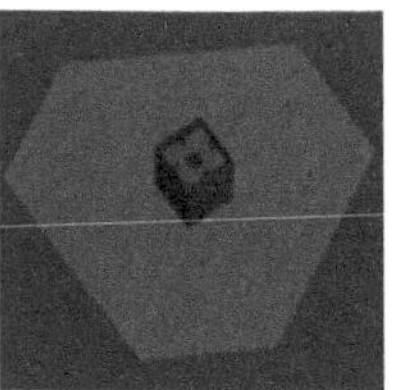

4. 筏板与承台一起浇筑混凝土

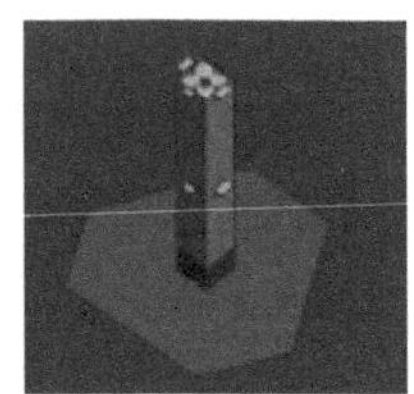

5. 二节柱施工

图 10.1-5　CFT 柱施工步骤

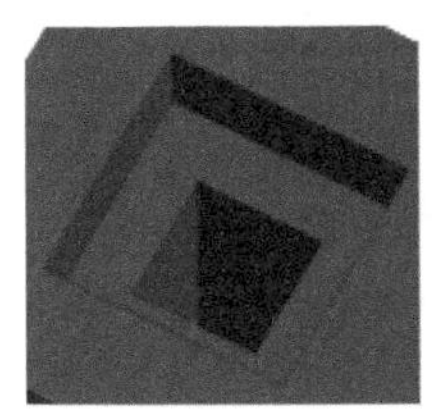

1. RC柱土方开挖

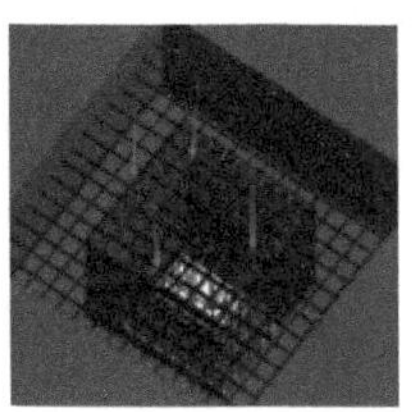

2. 钢筋绑扎

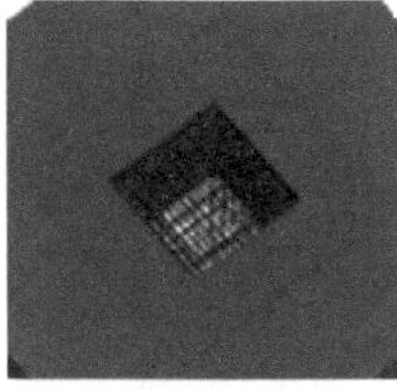

3. 浇筑筏板混凝土 预留2m×2m×1.5m坑

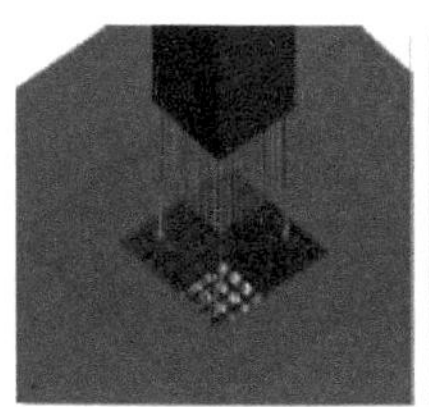

4. 下放柱钢筋

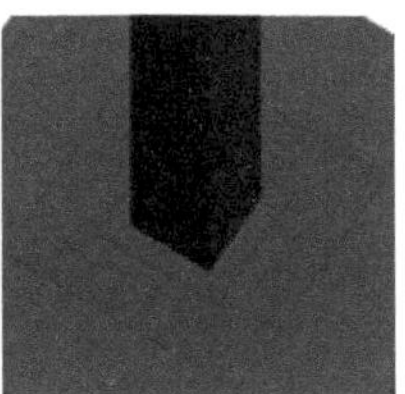

5. 混凝土浇筑成型

图 10.1-6　RC 柱施工步骤

（6）方案交底

项目所有方案均采用 BIM 交底，充分利用 BIM 技术可视化和可模拟的特点增强方案的科学性，更便于管理人员的理解。如图 10.1-7 所示。

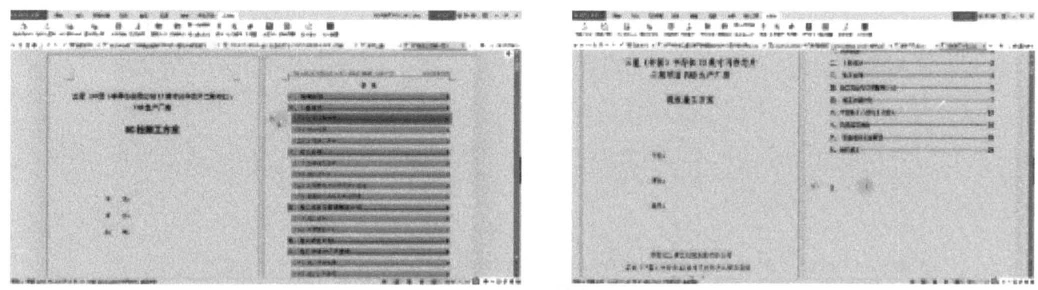

图 10.1-7　RC 柱及筏板施工方案

（7）力学分析

项目应用 Midas 软件对 RC 柱钢模板进行受力验算，保证钢模板力学特性满足要求。如图 10.1-8 所示。

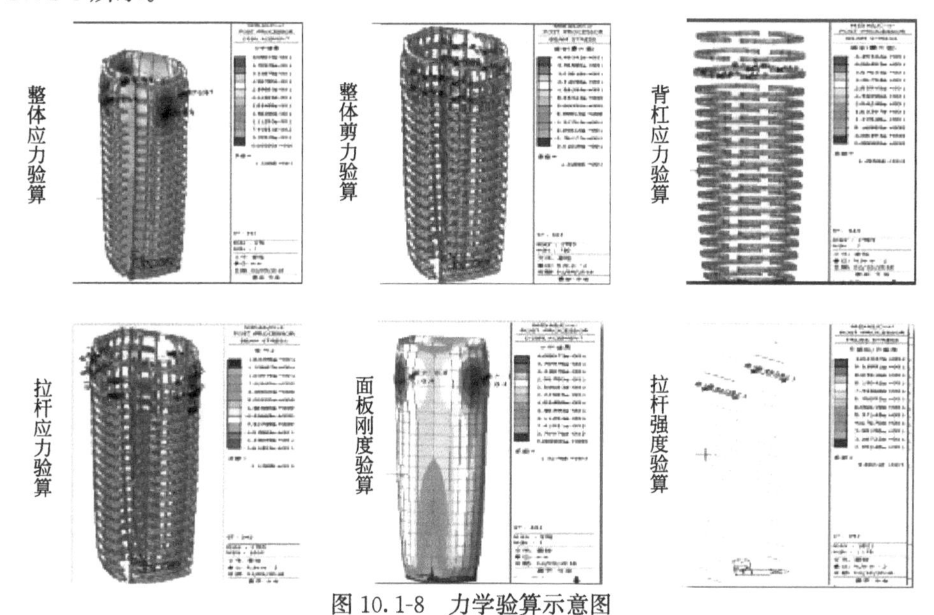

图 10.1-8　力学验算示意图

10.1.3　信息化管理应用

（1）进度管理

项目提前策划好平台进度管理实施流程，每日在现场采集具体施工部位的形象进度、人工、材料、机械消耗信息，随时随地直观快速地将施工计划与实际进度进行对比，通过分析找出影响施工进度的关键因素，提早制定对策。如图 10.1-9、图 10.1-10 所示。

（2）质量、安全管理

现场质量、安全专员通过手机端上传现场质量、安全问题并落实责任人，责任人手机端接收到消息后第一时间查找并落实问题，问题整改后上传平台，由发起人检查整改状况并消除状态。如图 10.1-11 所示。

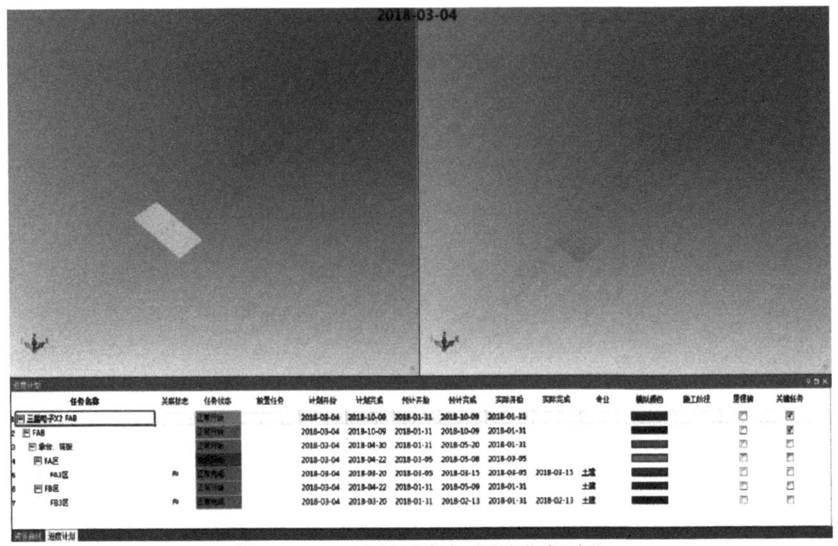

图 10.1-9　计划进度与实际进度对比

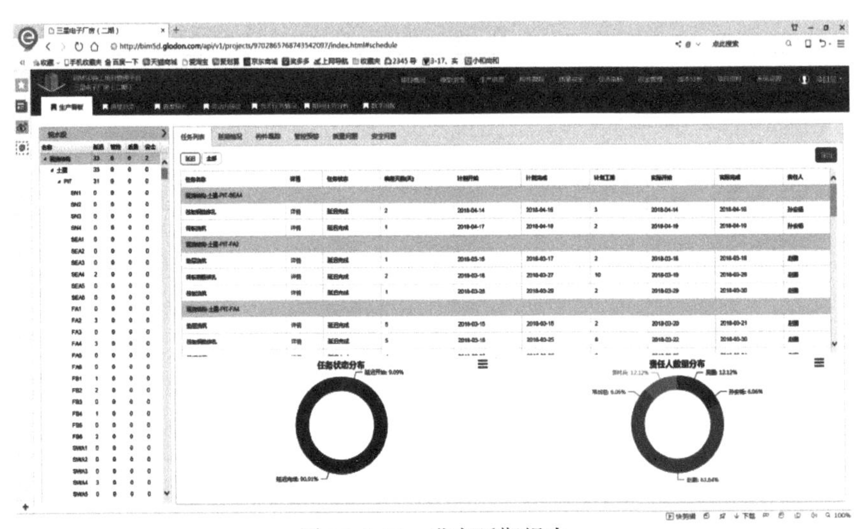

图 10.1-10　进度延期报表

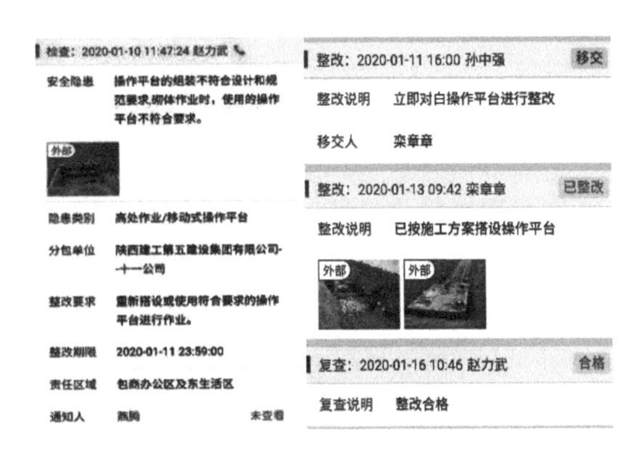

(a) 手机拍照上传问题、问题闭合

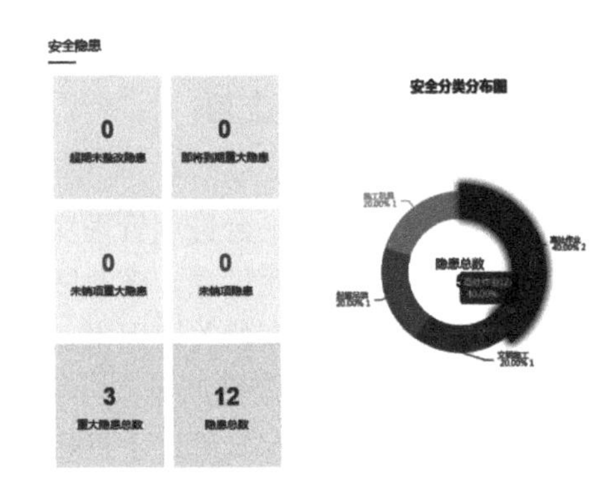

(b) 网页端查看问题统计

图 10.1-11　质量、安全信息化管理

（3）成本管理

项目部将项目清单与施工模型及时间进度相匹配，实现项目 5D 成本管理体系。基于 BIM 技术快速生成阶段性数据统计表，辅助成本核算、清单量统计和工程预决算。如图 10.1-12 所示。

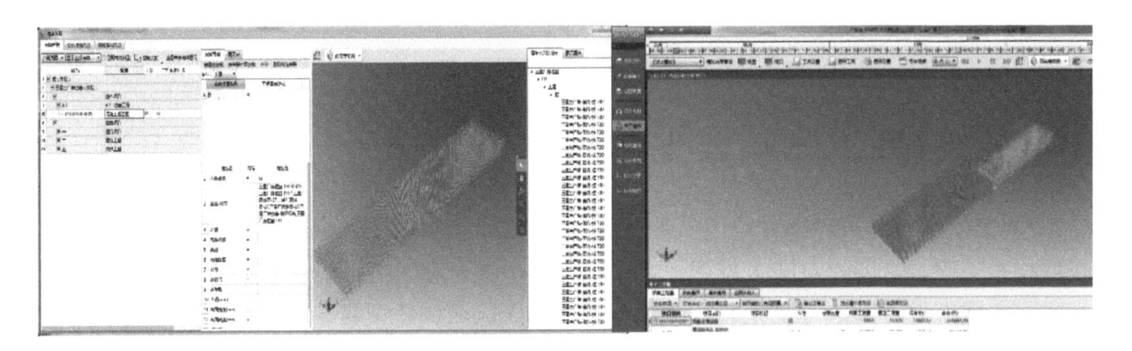

(a) 清单关联模型　　(b) 可按日、月查看清单工程量

图 10.1-12　成本管理信息化应用

（4）数据积累

项目应用软件的“三端一云”软件体系，通过移动端、PC 端、WEB 端分别上传数据保存至广联达云端，项目部管理人员可通过三端任何一端浏览查看项目信息，本项目的数据经过积累可完整保留，供其他项目借鉴使用。如图 10.1-13 所示。

图 10.1-13　信息化技术辅助数据积累

10.1.4　BIM 技术应用效益分析

（1）进度：项目应用 BIM 技术参与项目进度管理，施工节点无滞后。

（2）协同管理：应用 BIM＋云平台＋大数据＋物联网的云平台，实现各单位、各部门、各岗位间的协同工作，有效地提高了项目各方管理协调能力。

(3) 技术：项目组织各参建单位应用 BIM 技术提前介入深化设计，发现图纸问题，尽可能地减少图纸变更对项目施工的影响。施工方案全过程应用 BIM 技术，提高各施工方案的合理性和科学性。

(4) 社会效益：甲方业主对于本项目的 BIM 应用情况高度认可，多次组织学习会议，互相学习、探讨。

10.2 智慧工地管理平台应用

“智慧建造”是一种综合应用 BIM 和云大物移等数字化技术驱动建筑工地管理升级的新型技术手段，它通过对施工现场“人、机、料、法、环”等关键要素的全面监控和实时互联，实现工地管理的可视化、自动化和智能化，从而构建项目、企业和政府三级联动的数字化管理体系，实现管理系统上的集成性、功能上的智慧性、使用上的便利性和环境上的可持续性[100,101]。智慧工地是智慧管理理论得以实践的基础，为现场管理与 BIM 技术的结合提供了物质纽带，在改变传统管理模式的同时提高了施工质量[102]。

10.2.1 智慧工地管理平台

陕建五建智慧建造管理平台通过“云平台＋物联网”的智能化信息管理技术，搭建起集团项目化管理平台，对在建项目提供一体化、全方位监测管理，实现质量、安全、进度、人员、设备、环境、经营等关键指标的实时监控，并提供各个项目的对比分析，使项目综合管理、组织协调、施工组织设计方案优化更加高效便捷，促进项目降本、提质、增效。

10.2.2 智慧工地管理平台的应用

(1) 人员分析，劳务管理

1) 劳务实名制管理系统

劳务实名制系统支持 IC 卡、人脸、指纹、身份证等多种考勤方式，能够实现信息采集、数据统计、智能管理、统一操控，收集相关劳务人员信息资料，使建筑施工总承包方能够清晰把控人员进出考勤、安全教育考试、各分包单位现场作业等全部流程，实现建筑工地人员的安全、有序、高效管理。

2) 高速人脸识别智能闸机系统

该系统采用双目活体识别技术，对人脸进行信息采集和建立数据库，在出入口、门禁处等实现无需特定角度和停留的人脸识别、抓拍和跟踪，并通过对进场人员身份识别、劳务人员工时考勤、在场工种人数统计等手段进行风险防御。系统将自动实时上传人员数据，同步 PC 端和手机端，从而节省劳务成本，提高工作效能。

(2) 人员定位

1) 定时上报 GPS 位置，具备电量、状态指示功能。

2) 配合软件平台实现区域报警、轨迹回放、运动和静止时间统计、人员分类时间统计等功能。

3) 加装防脱监测模块，对现场人员是否佩戴安全帽进行监测，系统自动报警并记录。

4）加装高压检测模块，当现场人员接近高压设备时，安全帽蜂鸣报警并上传到系统平台。

如图 10.2-1、图 10.2-2 所示。

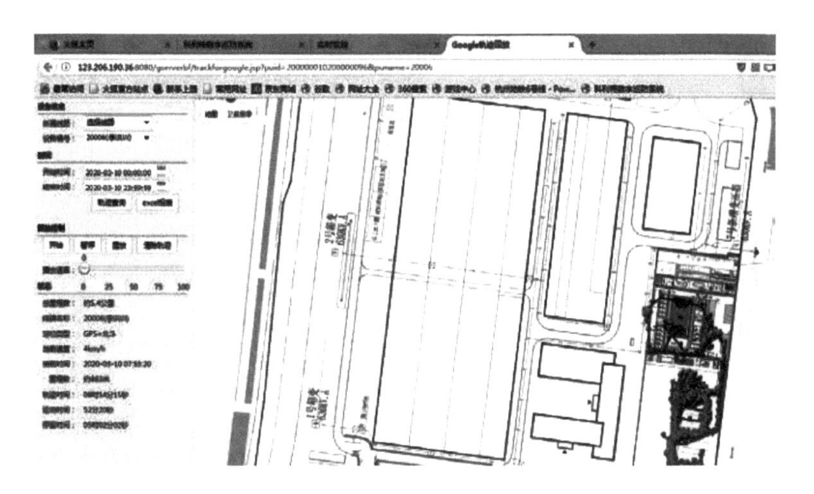

图 10.2-1　人员实时定位分布

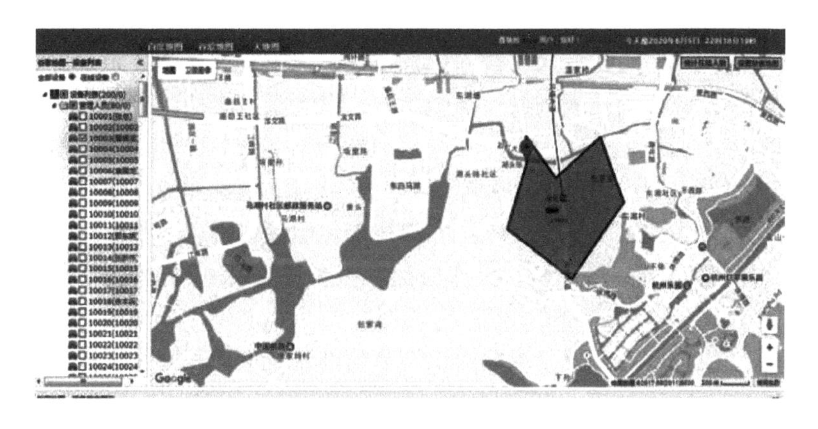

图 10.2-2　超区域报警

(3) 环境监测，绿色施工

智慧工地环境管理系统由扬尘噪声监控系统和喷淋控制系统两部分组成，是基于物联网技术实现对施工现场环境及能耗工况的实时监测，并将监测数据审计分析传入系统，与环境治理系统联动，实现智能监测与治理，改善作业环境，实现节能减排。如图 10.2-3 所示。

1）扬尘噪声监测系统

利用无线传感器技术和激光粉尘测试设备，对 PM2.5、PM10、噪声、风速、风向、气温、湿度等环境监测数据进行实时采集传输，并依据客户需求将数据实时展示在现场 LED 屏、平台 PC 端及移动端，系统全天候全自动 24 小时持续不间断工作，便于远程实时监管现场环境数据并及时作出决策。

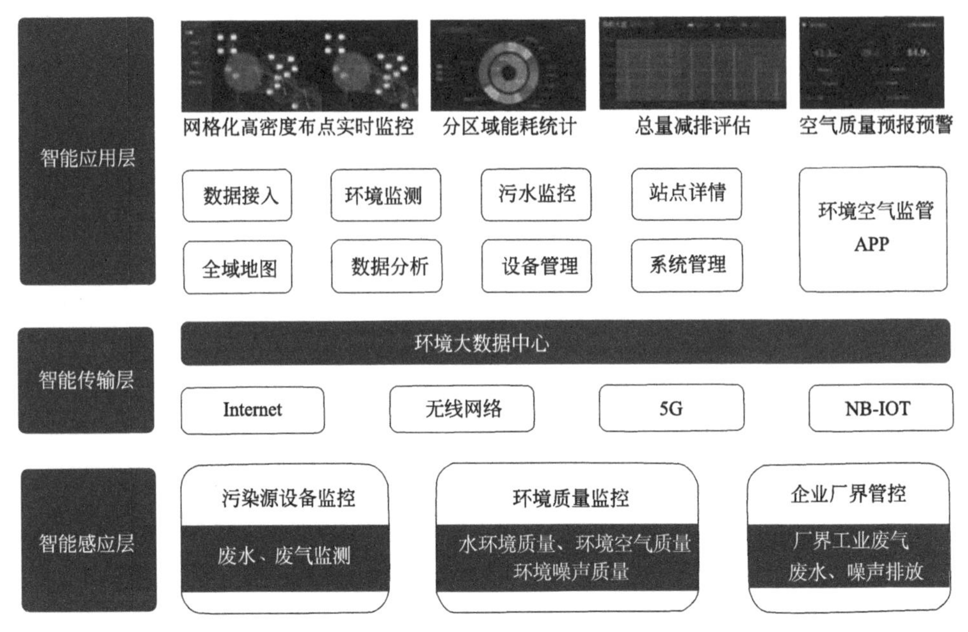

图 10.2-3　智慧建造环境管理系统

2）喷淋控制系统

喷淋控制系统利用嵌入式技术、数据融合处理与远程数据通信技术，实时全天候在线扬尘监测，高效率地实现工地现场扬尘降尘功能，最大限度降低扬尘颗粒对空气环境的影响。其主要功能为：

①采用分时喷淋、分段喷淋等多种喷淋方式，节省水电等能耗，减少降尘成本；

②可根据现场扬尘和施工用水要求，实现智能化恒流喷淋以及恒压供水的功能；

③系统由智能控制器自动控制，操作便捷，多种故障保护，安全智能降尘，节省人工，提高工效；

④配合降温功能，为消防安全事故提供调节喷淋系统大面积降水灭火功能。

（4）视频监控，图像分析

智慧建造视频监控系统是基于计算机网络和通信、视频压缩等技术，将远程监控获取的各种数据信息进行处理和分析，实现远程视频自动识别和监控报警。同时，可通过 PC 端或 APP 端实现移动监督，有效避免对工地安全状况掌控的随机性和不确定性，保障监督、及时消除安全隐患。

（5）设备管理，安全监测

设备管理系统由塔机安全监控系统、升降机安全监控系统、卸料平台监控系统组成，全流程监测操作过程中设备、人员、环境等实时状态，提供分析、报警、异常终止等功能，从而聚焦设备安全、操作安全、人员安全，防止事故发生。如图 10.2-4 所示。

1）塔机安全监控系统

①塔群防碰撞：塔群施工监控，防止塔群间碰撞。

②承重力矩监测预警：实时监控塔吊运行中的高度、幅度、力矩等参数。

③区域保护：塔吊超区域回转预警。

④吊钩可视化：以高清图像向塔吊司机展现周围实时状况，使司机能快速准确地作出正确的操作和判断，有效避免事故的发生。

⑤防超载、防倾覆：实时风速、倾角、转角、吊重监测。

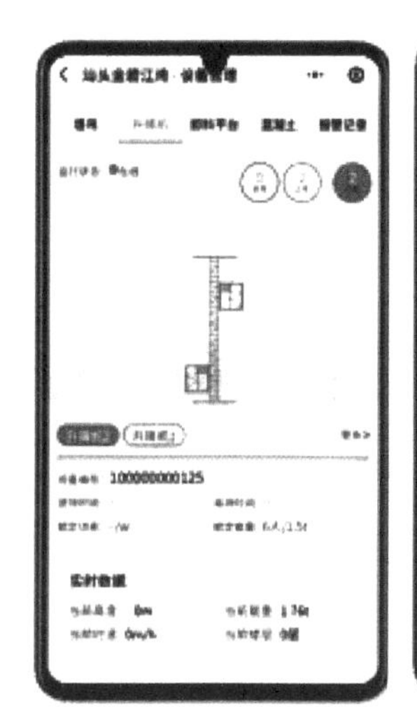

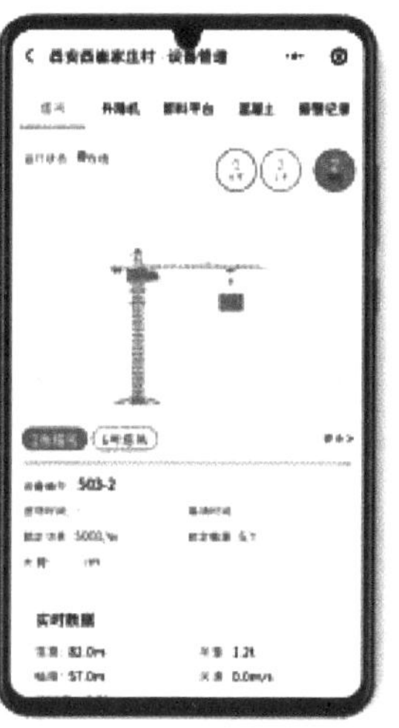

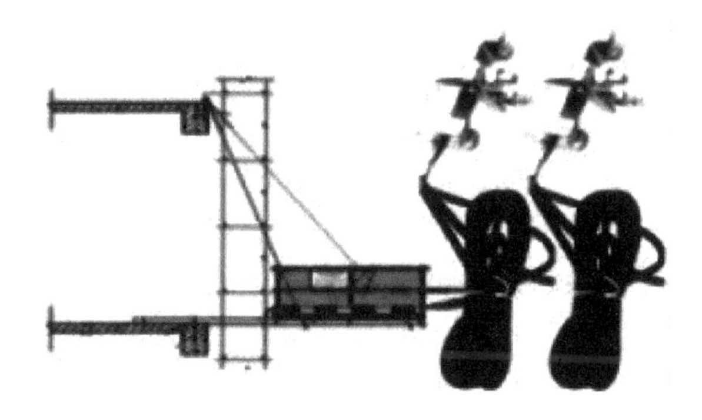

图 10.2-4　智慧建造设备管理系统

2）升降机安全监控系统

升降机安全监控系统主要通过重量传感器、高度传感器以及加速传感器采集重量信号，将数据实时展示在现场 LED 屏，根据实际重量和额定重量的对比进行计算，起到预警保护作用，防止事故发生。其主要功能有：驾驶员身份识别、抓拍摄像头、高度监测、倾角监测、载重监测、前后门关闭检测及制动控制器。

3）卸料平台监控系统

卸料平台监控系统是基于物联网、嵌入式、数据采集、数据融合处理与远程数据通信等技术，实时监测载重数据并上传云平台。其主要功能有：

①现场重量校准。

②超载声光报警。

③载重数据上传、存储、查询。

④提示不规范、不安全操作，避免操作风险。

⑤重量传感器实时监控，避免可能发生的倾覆和坠落等事故。

(6) 车辆监控，物料追踪

智慧建造车辆管理系统主要由车辆进出监控管理和物料追踪系统两部分组成，是基于物联网和AI智能监控等技术，进行车辆自动识别、引导、记录、冲洗、放行、抓拍留证等智能化管理。

1) 车辆进出监控管理系统

车辆进出监控管理系统是在工地大门等车辆进出区域安装车辆识别监控，对车辆进行抓拍和统计，实现施工企业和监管部门对工地车辆的实时监控。其主要功能有：车辆进出时间查询、蓝牌黄牌车识别、车辆冲洗环保管理、车辆道闸控制、线路规划功能。

2) 物料追踪系统

物料追踪系统基于人工智能和云计算技术，自动识别皮重毛重，直接采集称重数据、车辆数据等信息，有效监控计量整体流程，杜绝作弊行为的发生，提升应用和管理效率。其主要功能有：

①控成本，减少误差计算损失，减少不正当操作损失，降低人工结算成本；

②防风险，防止管理漏洞风险、故意作弊风险、管控滞后风险；

③提效能，自动称重计算，料单自主生成，数据同步上传。

(7) 能源管控，能耗节约

智慧建造能源管控中心系统，通过在施工区、生活区、办公区增加监控设施、计量表具等，对电、水、温度、环境等多种能源量进行全方位采集监测和审计分析，对设备能源消耗、人员能源消耗进行能源管理，实现能源消耗可视化，提出能源管理计划和优化节能方案等。其主要功能有：

①为项目方提供7d×24h在线能源数据，实时监测，同步上传；

②智能能源管控，进行用电分析和用电控制，节约能耗；

③进行漏电、高温、短路、过流、过载、过压预警报警等安全监管；

④通过系统节能诊断，找出能耗漏洞，制定节能计划，改善能源损耗问题。

(8) 工地广播

1) 日常广播：晨会班前教育早报，定期宣读施工作业的安全注意事项。

2) 违章作业提示：配合AI系统，对人员违规进入危险区域，违规违章操作，未佩戴安全帽、安全带以及现场发现火源等进行广播警告。

3) 安全警示提醒：对工作人员违规进入施工危险区域进行安全警示提醒，以及对防火、防电、雨天施工进行广播安全提醒。

4) 应急预警、疏散通知：当施工现场出现突发性安全事故或自然灾害（台风、暴风雪、地震、滑坡等）时，利用广播系统发出应急预警并指导工人紧急疏散。

10.3 本章小结

本章介绍了BIM5D项目管理系统及智慧工地管理平台在装配式精密电子厂房项目中的应用，利用先进的信息化管理系统，保证了信息管理的规范化、现代化，确保了信息的准确性、及时性及可追溯性，改变了传统的管理模式，提高了工作效率、管理水平及协同能力。

参考文献

[1] 焦安亮，张鹏，李永辉，等．我国住宅工业化发展综述 [J]．施工技术，2013，42 (10)：69-72.

[2] 梁栋，宋彪，沈重．装配式钢结构建筑研究及应用 [J]．建设科技，2016 (19)：79-81.

[3] 郭莹洁，曲可鑫，张兰英，等．我国装配式木结构建筑产业发展概述 [J]．城市住宅，2020，27 (1)：30-35.

[4] 卢求．德国装配式建筑发展研究 [J]．住宅产业，2016 (6)．

[5] 李瑜．近代最早的装配式建筑——英国水晶宫 [J]．砖瓦，2018 (9)：8.

[6] 郭志东，刘乃斌．浅析装配式建筑技术在美国的应用和发展 [J]．四川建筑，2018，38 (5)：187-189.

[7] 顾泰昌．国内外装配式建筑发展及标准化现状 [C]//2015 年全国铝门窗幕墙行业年会论文集．2015：180-185.

[8] 黄小坤，田春雨，万墨林，等．我国装配式混凝土结构的研究与实践 [J]．建筑科学，2018，34 (9)：50-55.

[9] 喻振贤，李汇，喻杰，等．预制装配式结构节点连接方式的研究现状 [J]．甘肃科技，2017，33 (1)：79-81.

[10] 阎利，吴庭鸿，拓万永，等．预制装配式结构连接节点研究进展综述 [J]．建筑科学，2020，36 (5)：126-132.

[11] 李向民，高润东，许清风．预制装配式混凝土框架高效延性节点试验研究 [J]．中南大学学报，2013 (8)．

[12] 范力．装配式预制混凝土框架结构抗震性能研究 [D]．上海：同济大学，2007.

[13] 陈继开．柱中连接装配式混凝土框架结构抗震性能研究 [D]．重庆：重庆大学，2019.

[14] 陈子康，周云，张季超，等．装配式混凝土框架结构的研究与应用 [J]．工程抗震与加固改造，2012，34 (4)：1-11.

[15] 颜文．装配式混凝土结构施工现场连接质量控制技术研究 [D]．南京：东南大学，2018.

[16] 姚文杰．基于模块化装配式混凝土结构关键节点连接技术研究与应用 [D]．淮南：安徽理工大学，2017.

[17] 朱祥．装配式混凝土结构施工现场连接技术与质量控制研究 [D]．西安：西安建筑科技大学，2020.

[18] 仝少鹏．BIM 技术在电子工业厂房设计中的应用 [D]．西安：西安建筑科技大学，2019.

[19] 汪小霞．微电子工业洁净厂房的设计探讨 [D]．南京：东南大学，2006.

[20] 黄星元．步入信息时代的工业建筑——中国电子工业建筑发展回顾 [J]．世界建筑，2000 (7)：17-21.

[21] 电子信息产业现状和分析．重庆大学成人教育．
[22] 2020年中国工业地产行业现状研究分析与发展趋势预测报告．产业调研网．
[23] 魏后凯，徐．中国未来地区工业发展的政策导向[J]．经济研究参考，2006(95)：10.
[24] 舒赣平，王恒华，范圣刚．轻型钢结构民用与工业建筑设计（精）[M]．北京：中国电力出版社，2006.
[25] 李星荣，秦斌．钢结构连接节点设计手册[M]．4版．北京：中国建筑工业出版社，2019.
[26] 中华人民共和国住房和城乡建设部．混凝土结构设计规范（2015年版）GB 50010—2010[S]．北京：中国建筑工业出版社，2011.
[27] 中华人民共和国住房和城乡建设部．钢结构高强度螺栓连接技术规程JGJ 82—2011[S]．北京：中国建筑工业出版社，2011.
[28] 中华人民共和国住房和城乡建设部．高层建筑混凝土结构技术规程JGJ 3—2010[S]．北京：中国建筑工业出版社，2011.
[29] 中华人民共和国住房和城乡建设部．建筑抗震设计规范GB 50011—2010[S]．北京：中国建筑工业出版社，2010.
[30] 中华人民共和国住房和城乡建设部．建筑抗震鉴定标准GB 50023—2009[S]．北京：中国建筑工业出版社，2009.
[31] 顾桂汀．模块式钢结构框架组装、吊装施工工艺技术[C]//中国工程机械工业协会施工机械化新技术交流会论文集．2009：60-65.
[32] 中华人民共和国住房和城乡建设部．建筑施工模板安全技术规范JGJ 162—2008[S]．北京：中国建筑工业出版社，2008.
[33] 中华人民共和国住房和城乡建设部．钢结构设计标准GB 50017—2017[S]．北京：中国建筑工业出版社，2017.
[34] 王义敏．某厂房钢管混凝土组合结构施工技术研究[D]．青岛：青岛理工大学，2018.
[35] 中华人民共和国住房和城乡建设部．普通混凝土拌合物性能试验方法标准GB/T 50080—2016[S]．北京：中国建筑工业出版社，2017.
[36] 中华人民共和国住房和城乡建设部．混凝土物理力学性能试验方法标准GB/T 50081—2019[S]．北京：中国建筑工业出版社，2019.
[37] 中华人民共和国国家质量监督检验检疫总局．变形铝及铝合金化学成分GB/T 3190—2020[S]．北京：中国标准出版社，2020.
[38] 中华人民共和国国家质量监督检验检疫总局．铝合金建筑型材　第1部分：基材GB 5237.1—2017[S]．北京：中国标准出版社，2017.
[39] 中华人民共和国建设部．铝合金结构设计规范GB 50429—2007[S]．北京：中国计划出版社，2008.
[40] 中华人民共和国住房和城乡建设部．混凝土结构工程施工规范GB 50666—2011[S]．北京：中国建筑工业出版社，2012.
[41] 中华人民共和国国家质量监督检验检疫总局．钢结构用扭剪型高强度螺栓连接副GB/T 3632—2008[S]．北京：中国标准出版社，2008.

［42］ 中华人民共和国国家质量监督检验检疫总局．预载荷高强度栓接结构连接副第 9 部分：扭剪型大六角头螺栓和螺母连接副 GB/T 32076.9—2017［S］．北京：中国标准出版社，2017.

［43］ 中国机械工业联合会．钢结构用高强度大六角头螺栓 GB/T 1228—2006［S］．北京：中国标准出版社，2006.

［44］ 中华人民共和国国家质量监督检验检疫总局．钢结构用高强度大六角头螺栓、大六角螺母、垫圈技术条件 GB/T 1231—2006［S］．北京：中国标准出版社，2006.

［45］ 袁筑宇，陈楠，周鑫．出地坪泥浆护壁钢筋混凝土灌注桩施工技术应用研究［J］．智能建筑与工程机械．2019，1（5）：6-7.

［46］ 余地华，叶建．超大面积电子洁净厂房快速建造技术及总承包管理［M］．北京：中国建筑工业出版社，2021.

［47］ 北京土木建筑学会．钢结构工程施工组织设计实例［M］．北京：中国计划出版社，2006.

［48］ 工业和信息化部电子工业标准化研究院电子工程标准定额站．工程建设标准体系（电子工程部分）［M］．北京：中国建筑工业出版社，2015.

［49］ 崔国栋．北汽福田厂房建设施工管理实证研究［D］．北京：华北电力大学（北京），2010.

［50］ 李艳荣．建筑工程项目管理组织结构的设计［J］．建筑技术，2016，47（06）：565-567.

［51］ 肖亚，刘荣桂，韩豫．大型复杂工程项目群建设管理组织设计［J］．建筑技术，2017，48（04）：414-416.

［52］ 成虎．工程项目管理［M］．北京：高等教育出版社，2004.

［53］ 何清华．项目管理案例［M］．北京：中国建筑工业出版社，2008.

［54］ 杨玉河．M 公司工业厂房项目质量管理应用研究［D］．兰州：兰州交通大学，2019.

［55］ 谢金民．建设工程项目施工质量管理研究［J］．价值工程，2019（05）：42-43.

［56］ 魏爱生．成都银泰中心项目建设中的质量管理研究［D］．成都：电子科技大学，2015.

［57］ 谭宏斌．上海金山万达广场建设项目质量管理研究［D］．兰州：兰州大学，2015.

［58］ 黄春蕾．房屋建筑工程施工质量控制内容及方法研究［D］．重庆：重庆大学，2008.

［59］ 赵中超．远山洁净厂房建设项目质量管理研究［D］．天津：天津财经大学，2020.

［60］ 王峻岭．西气东输三线天然气管道 EPC 项目全过程质量管理研究［D］．大庆：东北石油大学，2015.

［61］ 约瑟夫·M·朱兰．朱兰质量手册［M］．6 版．焦叔斌，苏强，杨坤，等译．北京：中国人民大学出版社，2014.

［62］ 杨彬．沈阳开发区热电供热配套工程项目进度管理研究［D］．大连：大连海事大学，2020.

［63］ 尹东贤，王博．工程进度控制和质量控制的关系［J］．区域治理，2018（12）：223.

[64] 叶钰萱 . H168 项目进度管理研究 [D] . 成都：电子科技大学，2020.
[65] 郎学菊，秦庆平 . 电力设备工程项目进度管理探析 [J] . 引文版：工程技术，2016 (004)：189.
[66] 鲍晨 . 中国铁路客运移动管理系统的项目计划与进度控制 [D] . 成都：西南财经大学，2014.
[67] 何极 . YL 建筑工程项目成本管理改进研究 [D] . 大连：大连理工大学，2021.
[68] 战德臣，张益东，李向阳，等 . 基于工序费用标准的成本管理 [J] . 计算机集成制造系统，2012，12 (5)：311-315.
[69] 蒋鹤 . ST 公司 G 建筑施工项目成本控制案例研究 [D]. 大连：大连理工大学，2021.
[70] 张丽莉 . 现阶段工程项目施工的成本控制和造价管理 [J] . 大科技，2013 (06)：273-274.
[71] 郭承孜 . 基于 BIM 的建筑工程项目成本控制的管理研究 [D] . 绵阳：西南科技大学，2018.
[72] 谢帆 . A 加油站建设项目安全管理研究 [D] . 大庆：东北石油大学，2018.
[73] George S，Swales Jr，Joung Yoon. Applying artificial neural networks to investment analysis [J] . Financial analysts journal，2002，136-139.
[74] Corso，Philip P. Probabilitic risk assessment of equipment safety systems [J]. Journal of system safety，1999 (4)：25.
[75] 孙静静 . HD 项目施工安全管理研究 [D] . 济南：山东大学，2021.
[76] ZHOU Zhipeng，Yang Miang Goh. Overview and analysis of safety management studies in the construction industry [J] . Safety science，2015，10 (6)：100-129.
[77] 徐海峰 . 建筑施工项目安全管理研究 [D] . 北京：北京建筑大学，2018.
[78] 段冉 . 卷烟厂生产车间建设项目安全管理研究 [D] . 昆明：云南大学，2020.
[79] 郑生钦，王德芳，钱祝山 . 基于 SD 模型的建设项目资源管理 [J] . 土木工程与管理学报，2018，35 (06)：16-22+35.
[80] 张远惠 . 基于复杂系统理论的多项目资源管理模式——以某企业的信息化建设项目为例 [J] . 系统科学学报，2015，23 (4)：65-67.
[81] 黄健仓 . 建设企业多项目管理中的资源调度问题研究 [J] . 中国软科学，2016 (1)：176-183.
[82] 常金贵 . 基于系统动力学的建设项目工期控制模型研究 [J] . 西安建筑科技大学学报（自然科学版），2015，47 (1)：147-154.
[83] 王宇静，李永奎 . 基于系统动力学的大型复杂建设项目计划模型 [J] . 工业工程与管理，2010，15 (3)：87-94.
[84] 罗福周，刘静 . 基于建设项目多目标综合优化的关键链缓冲区研究 [J] . 西安建筑科技大学学报（自然科学版），2013，45 (6)：902-906.
[85] 冯勇，付克斌 . 多资源均衡的模糊综合相似选择法研究 [J] . 兰州理工大学学报，2004，30 (1)：103-108.
[86] 肖绪文，冯大阔 . 建筑工程绿色建造技术发展方向探讨 [J] . 施工技术，2013，

42 (11): 8-10.
[87] 李馨. 建筑工程绿色施工评价研究 [D]. 青岛: 山东科技大学, 2020.
[88] 中华人民共和国建设部. 绿色施工导则 [J]. 施工技术, 2007 (11): 1-5.
[89] 中华人民共和国住房和城乡建设部. 建筑工程绿色施工评价标准 GB/T 50640—2010 [S]. 北京: 中国计划出版社, 2011.
[90] 中华人民共和国住房和城乡建设部. 绿色建筑评价标准 GB/T 50378—2019 [S]. 北京: 中国建筑工业出版社, 2019.
[91] 中华人民共和国住房和城乡建设部. 建筑工程绿色施工规范 GB/T 50905—2014 [S]. 北京: 中国建筑工业出版社, 2014.
[92] 国家环境保护局. 污水综合排放标准 GB 8978—1996 [S]. 北京: 中国标准出版社, 1998.
[93] 中华人民共和国国家质量监督检验检疫总局. 建筑施工场界环境噪声排放标准 GB 12523—2011 [S]. 北京: 中国环境科学出版社, 2012.
[94] 赵顺清, 孙辉. BIM+在公路工程项目管理中的应用研究 [J]. 公路, 2020, 65 (09): 231-236.
[95] 王明明, 胡铂, 孙显状, 等. 公路建设中的 BIM 应用调查 [J]. 中国公路, 2018 (21): 78-83.
[96] 耿小平, 王波, 马钧霆, 等. 基于 BIM 的工程项目施工过程协同管理模型及其应用 [J]. 现代交通技术, 2017, 14 (01): 85-90.
[97] 李国威. BIM 技术在高速公路工程施工中的应用 [J]. 交通世界, 2019 (Z2): 252-253.
[98] 陈亚洲. BIM 技术在高速公路管理中的应用研究 [J]. 江西建材, 2017 (24): 148.
[99] 赵朴花, 左建芬, 赵忠杰. BIM 大系统在公路工程管理中的应用 [J]. 中国高新技术企业, 2016 (29): 168-169.
[100] 曾凝霜, 刘琰, 徐波. 基于 BIM 的智慧工地管理体系框架研究 [J]. 施工技术, 2015, 44 (10): 96-100.
[101] 王要武, 吴宇迪. 智慧建设理论与关键技术问题研究 [J]. 科技进步与对策, 2012, 29 (18): 13-16.
[102] 应惠清. 土木工程施工 [M]. 北京: 高等教育出版社, 2009.

工程效果一览（样图）

荣誉证书

荣誉证书
陕西建工第五建设集团有限公司
你单位承建的三星（中国）半导体有限公司12英寸闪存芯片二期项目：FAB生产厂房（总包）荣获第十四届第一批中国钢结构金奖工程，特发此证。
二〇二〇年五月

荣誉证书
陕西省建筑业创新技术应用工程
陕西建工第五建设集团有限公司
你单位承建的三星（中国）半导体有限公司12英寸闪存芯片二期项目FAB生产厂房通过陕西省建筑业创新技术应用工程评审，达到国内先进水平。授予陕西省建筑业创新技术应用工程称号，特发此证，以资鼓励。
陕西省建筑业协会
二〇二〇年十一月

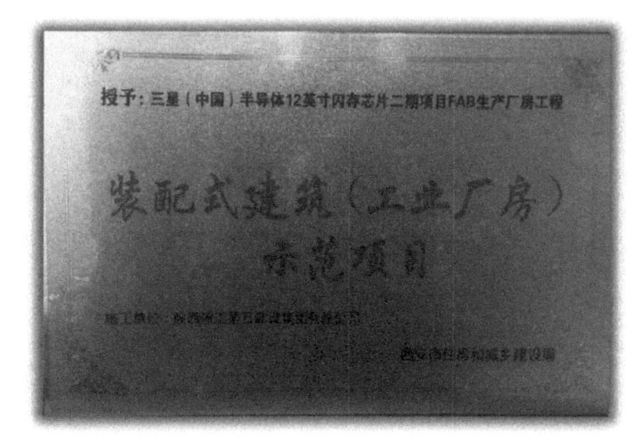
授予：三星（中国）半导体12英寸闪存芯片二期项目FAB生产厂房工程
装配式建筑（工业厂房）
示范项目

NO. 2019年 第一批050号
西安市文明工地证书
经西安市住房和城乡建设局验收评定，决定
授予 陕西建工第五建设集团有限公司
施工的三星（中国）半导体有限公司12英寸闪存芯片二期项目：FAB生产厂房
西安市文明工地称号。 项目经理：师小健
西安市住房和城乡建设局
西安市创建文明工地领导小组
二〇一九年五月

2018年度陕西省建筑业绿色施工示范工程
工程名称：三星（中国）半导体12英寸闪存芯片二期项目FAB生产厂房
承建单位：陕西建工第五建设集团有限公司
陕西省建筑业协会
二〇一八年八月